JN175773

NATURE'S NETHER REGIONS
WHAT THE SEX LIVES OF BUGS, BIRDS, AND BEASTS TELL US ABOUT EVOLUTION, BIODIVERSITY, AND OURSELVES

ダーウィンの覗き穴

性的器官はいかに進化したか

メノ・スヒルトハウゼン
田沢恭子 訳

早川書房

NATURE'S NETHER REGIONS

What the Sex Lives of Bugs, Birds, and Beasts Tell Us
About Evolution, Biodiversity, and Ourselves

by
Menno Schilthuizen

Translated by
Kyoko Tazawa
First published 2016 in Japan by
Hayakawa Publishing, Inc.
This book is published in Japan by
arrangement with
The Science Factory Limited
through The English Agency (Japan) Ltd.

装幀／吉野 愛
カバー・表紙・扉イラスト／いずもり・よう
本文図版／Jaap Vermeulen, JK Art & Science

目次

まえがき（フォアプレイ）　7

第1章　用語を定義せよ！　17
彼女と彼はどこから？／第一次性徴とは何か／「秘所」たる資格／ストーリー1　カラマリ・コイティオン／ストーリー2　ブルー・ヴェルヴェット

第2章　ダーウィンの覗き穴　44
多種多様なパーツ／ぴったりな関係

第3章　体内求愛装置　64
ダーウィンと卵（らん）のコスト／羽と陰茎／恋の骨折り損

第4章　恋人をじらす五〇の方法　97
この新しく無用な部位／真相の究明／雌の貯蔵庫と胎児放棄

第5章　気まぐれな造形家　131
琥珀(こはく)にこめて振り返れ／サイズは関係ない

第6章　ベイトマン・リターンズ　157
精子貯蔵庫強盗／心臓の弱い方はご遠慮ください

第7章　将来の求愛者　193
固体の精液／精液の化学作用／愛は痛みを伴うもの

第8章　性のアンビバレンス　225
悪事を働く者は悪事を恐れる者なり／去勢不安とペニス羨望／右か左か、それが問題だ

あとがき（アフタープレイ）　261
謝　辞　271
訳者あとがき　275
参考文献　316
原　注　340

……yesそして彼の心ぞうはたか鳴っていてそしてyesとあたしは言ったyesいいことよYes。

――ジェイムズ・ジョイス『ユリシーズ』
（丸谷才一・永川玲二・高松雄一訳、集英社文庫より引用）

まえがき（フォアプレイ）

最近まで、オランダ国立自然史博物館はライデンの歴史的中心地にある広々とした立派な建物に入っていた[1]。壮大な階段を上ると二層の講堂があり、何世代にもわたって生物学の学生がここで動物学の講義を受けてきた。甲殻類の脚の構造とか軟体動物の殻の歯式（しき）といったあまり気持ちをそそらない話のあいだ、学生はこの講堂を忘れがたいものとしている二種類の装飾品へと視線をさまよわせていたに違いない。まず、シカやアンテロープなどの有蹄（ゆうてい）動物の枝角が何百個も壁に飾られている。それから、一六〇六年に浜に打ち上げられたマッコウクジラの巨大な絵が教壇の上方に掛かっている。絵の中では何の変哲もないオランダの海岸に巨獣が横たわり、開いた口から舌がだらりと垂れて砂に触れている。まわりには、身なりのよい一七世紀のオランダ人が何人か立っている。死んだクジラに最も近い目立つ位置に、一人の紳士と妻らしき婦人の姿が見える。下卑（げび）た笑いを浮かべた紳士が連れに顔を向けて、クジラの死体からみだらにも突き出た長さ二メートルほどのペニスを指差している。数世紀分のタバコの煙ですすけていても、婦人の目に浮かぶ困惑の色は隠しきれない。

絵画でよく見られる黄金比を用いて巧みに構成された、この数平方メートルのカンバスからは、二つの事柄が読み取れる。一つは、人間は生殖器にあくなき興味を抱くという揺るぎない事実だ（何千年もの昔から続くトイレの落書き、数世紀前に出現したいかがわしい絵葉書、数十年前に流通しだしたインターネット上の画像がその証拠となる）。人間の生殖器はもちろんだが、それ以外の生殖器も興味の対象となる。動物の生殖器の形状、サイズ、機能に見られる驚くべき多様性は常に驚きをもたらし、そのおかげで一九五三年の『野獣の性』[2]（ユージーン・バーンズ著、大島正満訳、法政大学出版局）や一九八〇年代に教室の壁に貼られた「動物界のペニス」のポスター（二万枚以上売れた[3]）、女優のイザベラ・ロッセリーニがさまざまな動物の性交を体当たりで演じた短篇映像の《グリーン・ポルノ》シリーズ（サンダンス・チャンネルで配信[4]）が大ヒットとなった。

この一七世紀のマッコウクジラのペニスが明らかにしていると思われる二つめの点は、少なくともつい最近までは、人が生殖器に対して抱く執心に劣らぬ熱心さで、このテーマについて詳細な科学的探究がされてはこなかったということだ。例の講堂を出た廊下の先に並ぶ立派な研究室では、多数の生物学者が世界中の多様な生物の目録づくりを黙々と進めていた。昆虫やクモやヤスデの新種が発見されれば、彼らは分類学のしきたりにきちんと従って、生殖器の細部やその顕著な特徴をことこまかに図示し、測定し、撮影し、記述した。それでも、作業の手を止めて、それらの秘部がたどった進化の道のりに思いをめぐらすことはなかった。

じつをいえば、これはダーウィンのせいだ。彼は『種の起源』(渡辺政隆訳、光文社古典新訳文庫など)に次ぐ第二の代表作、『人間の進化と性淘汰』(一八七一年)(長谷川眞理子訳、文一総合出版)において、カラフルな鳥の羽やカブトムシの角、シカの枝角(つの)といった第二次性徴が自然淘汰(環境への適応)ではなく性淘汰、つまり異性の好みへの適応によって形成されたと説明している。彼は、性淘汰が交尾器や一次生殖器には関与しないと断言することによって、自分の理論に第一次性徴が入り込むのを拒んだ。[5]それらの器官はあくまで実用的なものであり、ふつう第二次性徴と呼ばれる形質に共通する装飾的な性質をもたないから、という理屈だ。つまり、博物館の講堂の壁に飾られた枝角の示す多様性はダーウィン以来の進化生物学の伝統とされたが、実用的な役目を務めてくれるもの——あの一七世紀に描かれた絵の中心に鎮座するものは、その顕著な例の一つにすぎない——の進化に関する研究は、その伝統に属するものとは見なされなかった。

進化生物学がようやく交尾器に関心を払うようになったのは、一九七九年だった。この年、ブラウン大学の昆虫学者ジョナサン・ワーゲが、カワトンボのペニスに関する短い論文を《サイエンス》誌に発表した。[6]そのちっぽけなペニスには小さなスプーンのようなものがついていて、雄は交尾中にこれを使って雌の膣を掃除し、自分より前に交尾した雄の精子が残っていたらすべてかき出す、ということを示したのである。このスプーンは精子をかき出すだけでなく、私たちの目を開かせた。動物の生殖器がただ精子を受け渡しするだけの実用的な器官ではなく、ある種の性淘汰が起きる場所でもあるという証拠が、このとき初めて得られたのだった。というのは、カワトンボの進化において、最良の精子かき出し器をもつ雄のほうがたくさんの子孫を残していたからだ。

この論文が世に出るべき機は熟していた。私がワーゲから当時の話を聞いたとき、彼は精子かき出し器の発見に至る前の数年間に世界中の生物学部で起きていた静かな革命に影響を受けたと語った。ジョージ・C・ウィリアムズの『適応と自然淘汰』や、リチャード・ドーキンスがそれを一般向けに書いた『利己的な遺伝子』（日高敏隆・岸由二・羽田節子・垂水雄二訳、紀伊國屋書店）によって、流れが一変したのだ。進化は「種の利益になるよう」作用するという誤った考え（時代遅れの考え方だが、自然ドキュメンタリーでは今もその名残が見られる）が捨て去られ始めた。そして進化というものが正しくとらえられるようになった。進化とは繁殖をめぐってある種の利己主義がもたらす作用であり、その目的は個体が自己の遺伝子を次の世代にうまく送り込むことに尽きると理解されるようになったのだ。進化は種のことなど「気にかけ」やしない。精子かき出し器がライバルの雄のチャンスをつぶせるのなら、それこそ進化の望むところだ。ワーゲは、進化の働きにかかわる重要な問いをいち早く発した科学者の一人だった。つまるところ進化というのはひたすら繁殖を目的とするものなので、ワーゲをはじめとする現代の生物学者がやがて生殖器を詳細に調べることになったのは当然のなりゆきだった。

同じ革命の時代に、同様の疑問を呈した若手生物学者はほかにもいた。たとえば、一九六〇年代にハーヴァード大学の比較動物学博物館の倉庫で、小遣い稼ぎに退屈な作業に携わる生物学専攻の学部学生がいた。アルコール漬けの動物の入った瓶にアルコールを注ぎ足すことと、未分類のクモの標本を整理することが彼の仕事だった。この学生はクモの同定ガイドを手に、クモの種は生殖器の形状によって区別されることが多いのはなぜだろうと考え始めた。博物館の人たちに訊いても、とにかくそういうものだという答えしか返ってこない。クモであれアワフキムシであれミドリゲンセイであれ、動物は種が異なれば生殖器も大きく異なることが多い。外から見るとそっくりな近縁の種でも、やはり生殖器は異なる。上司たちが言うには、遺伝子の変異が偶発的に生殖器の形状にも影響するのではないか。生殖器の違いはクモの同定には大いに役立つが、生物学的にはほとんど意味はないだろう、とのことだった。こう言われた学生は、釈然としないものの議論すべき立場でもないので、この疑問を頭の奥にしまったまま大学を卒業し、パナマにあるスミソニアン熱帯研究所で熱帯生物学者として数々の立派な業績を上げた。

この学生の名前は、ビル・エバーハードという。大学を出て何年も経ったころ、カワトンボのペニスに関するワーゲの論文を掲載した《サイエンス》がデスクに届いたとき、心の中で何層にも重なったざわめきの向こうから、はるか遠い学部時代の疑問がかすかな呼び声を発した。ほかの動物と同じくクモにおいても、種によって交尾器があれほど著(いちじる)しく異なるのは、それぞれが別のタイプの精子かき出し器だからなのだろうか。ちょうど、エバーハードは客員研究員としてミシガン大学に六カ月間滞在するところだった。そのおかげで、大学図書館で何週間か過ごすことができた。

図書館で、彼は生物学の統一という稀有な偉業をなし遂げた。[7] 生物学のインスピレーションの源泉、すなわち生命の示す無限の多様性が、生物学にとってきわめて大きな障害でもあるということはしばしば見過ごされている。化学者や数学者などと比べて、生物学者は目に見えない壁で区分されることがとても多い。この壁は、特定の種類の生物に関する専門知識によって築かれる。たいていの場合、昆虫を扱う生物学者は自らを昆虫学者と考え、植物を扱う生物学者は植物学者を名乗る。カイアシ学者、甲虫学者、タマバエ学者を自称する者さえいる（研究対象がカイアシ、甲虫、タマバエの場合）。対象生物にもとづいて形成される各領域にはそれぞれの会議や専門学会や学術誌があり、領域間の分離がさらに助長される。たとえば中性子はあくまでも中性子だと考える物理学者たちとは違って、生物学者は常に、ある生物にあてはまる事柄が別の生物にもあてはまるかどうか確信できず、極端な場合には幅広くあてはまるかどうかなどまったく気にかけなかったりする。ガリレオが生物学者だったなら、ピサの斜塔からさまざまな動物を投げ落としてその軌道を記録することだけに生涯を捧げ、重力加速度など思いつかなかったに違いないと、生態学者のスティーヴン・ハッベルが嘆いている[8]。

生物学の中に存在するこうしたばらばらの領域をすべて視野に入れて、全体に共通のパターンを探そうという意気のある者が現れれば、生物学は真の進歩を遂げることができる。これこそまさに、エバーハードがミシガン大学の図書館にこもって、ネズミやモグラやカタツムリやヘビやゾウムシやクジラの生殖器に関する本を書架から取り出したときにやったことだ。四年後の一九八五年、ささやかな趣味的プロジェクトとして始まった研究が、ハーヴァード大学出版局の『性淘汰と動物の交尾器』という二五六ページの名著となって結実した。エバーハードはその中で、驚くべき形状をもつ動物のペニスを延々と提示して読者の度胆を抜いただけでなく、二つの点を強調した。第一に、生殖器は性細胞の混ざった液体の受け渡しという比較的単純な仕事をするにはあまりにも複雑で、不可解なほど入り組んだ仕組みとなっている。たとえば雄のトリノミの「ペニス」は薄板や櫛（くし）状構造物やばねやレバーが満載で、注入器というより爆発した振り子時計のように見える。この器官が精子を雌の体内に注入する役割しか担わないのなら、ただの注入器で十分ではないか。エバーハードはさらに第二の点として、動物界で交尾器ほど急速に進化する身体パーツはほかにないと主張した。

　この本の中で彼は、動物の生殖器——ワーゲが発見したタイプのものも含まれるが、決してそれだけではない——は絶えず強力で多目的な性淘汰という圧力を受けていると訴えた。生殖器が非常に複雑なのはこのためなのだ。また、種によって生殖器が大きく異なる理由もここにある。分類学者（多様な生物種の境界を定め、記述し、命名し、分類することを務めとする特殊な生物学者）は二〇世紀のあいだ、種を識別する簡易な方法としてこの事実を巧みに利用してきた。動物の陰部というのは、ダーウィンでさえ赤面しそうな進化のドラマが演じられる舞台なのだ。交尾器というのが、進化の威力を示す例としておそらく最適な身体パーツであるにもかかわらず、代々の生物学者たちが完全に無視してきた進化のドラマが。

　それでも証拠はまさに、私たちの目の前でこちらを見すえていた。ヒトやその仲間の霊長類も、エバーハードの言う生殖器の加速度的な進化をまぬがれるものではない。前脳や犬歯、足指に拇指対向性がないことなどは、ヒトの独自性としては今やお呼びでない。私たちと最も近縁の親戚であるチンパンジーとのあいだに見られる最大の解剖学的差異は、陰部に存在するのだ。ヒトの膣は、小陰唇と大陰唇と呼ばれる二対のひだ状の皮膚に挟まれている。クリトリスは膣壁に沿って伸びる二股の構造物だが、外部から見えるのは、左右の小陰唇が合わさる位置にあって包皮に覆われた比較的小さな亀頭だけである。一方、チンパンジーの膣には小陰唇がなく、ヒトのより大きなクリトリスの亀頭が下向きについている。さらに生理周期の繁殖期に陰唇とクリトリスの包皮を著しく腫脹させることに特化した組織が備わっており、これによって膣が膨れ上がり、機能時には奥行きが五割増大する。(9) 一方、雄においても、これら二つの近縁種のあいだには、やはり著しい差異が見られる。ヒトのペニスは太くて先端が丸く、骨がなく、なめらかな亀頭を取り巻いてひとすじの隆起部があり、包皮がついている。勃起時に腫脹するスポンジ状の組織である陰茎海綿体が二つ備わっている。これに対してチンパンジーのペニスは細く、先端がとがっていて、内部に陰茎骨があり、亀頭と包皮はなく、海綿体は一つだけだ。それから、側面に小さくて頑丈なとげがたくさん並んでいる[10]。

つまり、私たちヒトでさえ、エバーハードが強調したような、生殖器の形状に見られるきわめて幅広い多様性——生物多様性——の例外ではないのだ。動物界のいたるところにこのパターンが存在するという証拠は、比較解剖学や動物分類学を扱った一九世紀から二〇世紀の権威ある多数の書物に見つかるが、エバーハード以前に誰も、取り立てて論じなかっただけのことである。

とはいえ、本書はビル・エバーハードをテーマとしているわけではない。彼の足跡を追った後継者たちを描くことが本書の目的だ。私自身を含めて世界中で何百人という科学者が、エバーハードの著作からインスピレーションを受けている。私たちは霊長類からモリネズミ、ウミウシ、それにシデムシに至るまで、多様な生物を対象として実験室実験、フィールドワーク、コンピューターシミュレーションを行ない、進化生物学の中にまったく新しい学問分野を生み出した。言うなれば「生殖器学」だ。学徒や学問の常として、私たちの議論の焦点はしだいに、生殖器の進化の正確な仕組みへと移っていった。エバーハードが常々言っていたように、ペニスは雌の体内で求愛するための「体内求愛装置」なのか。あるいはワーゲが示したように、雌の縄張りでライバル関係にある雄たちが闘いに使うものなのか。それともイングランドの動物学者トレイシー・チャップマンらが主張するように、ひょっとして雄と雌の交尾器は受精の主導権をめぐって争う関係にあるのだろうか。

こうした論争はあるにせよ、この科学者たちに共通する点が二つある。一つは、真実を知りたいという真摯な願いだ。進化によって動物界にこのようなあきれるほど多様な生殖器がもたらされた際の、曲がりくねった道のりを解明したいと彼らは思っている。もう一つの点は、私が本書を書き読者が今それを読んでいる理由と同じく、性にまつわるあらゆることに対する生まれついての好奇心だ。

秘められた身体パーツに興味をそそられているという事実こそいなめないが、私は一冊の本を丸ごとこのテーマに費やし、もっと複雑な事柄にも正面から取り組むことによって、生殖器研究者がメディアから浴びせられる忍び笑いを乗り越えられたらと願っている。[11] 本書のトーンがそうしたメディアよりもお上品なものになるかどうかは保障の限りでない。しかし生殖器の進化は今や、動物の奇態のすみずみから探し出したみだらなエピソードからなる見世物を脱し、この二五年間で、際立った生物多様性、高度な進化論、エレガントな実験が一体となった、一つの確固たる学問分野へと成熟した。私が目指すのは、生物学に誕生したこの新たな分野の、ありのままの姿を提示することだ。

はるか昔から、私たちは性交渉という仕組みについて、ただ「そういうものだ」としか思ってこなかった。しかし、私たち自身の生殖行動の核心にあるものは、決してデフォルトで用意されているわけではない。生殖器の進化によって交尾行動の進化の方向が決まり、またその逆も起こる。そして、

優美なダンスから冷酷な軍拡競争に至るまで、ありとあらゆるものが登場して複雑な進化の相互作用を生み出す無数のシナリオが描かれはするが、〝起こりえる結末のなかでたった一つ実現するものを手にすることができる〟という恵み（むしろいましめと言うべきか）を私たちにもたらしてくれる

のも、この生殖器の進化なのだ。このことに気づけば、私たちは繁殖に関する生命多様性においてヒトの占める位置がもっとよく理解できるようになるかもしれない。

第1章　用語を定義せよ！

本書はセックスをテーマとした本ではない。

こんなことを言ったら、とまどわれるだろうか。ここまでのページは、日常的な言い回しとしては明らかにセックス関連と見なされる単語やフレーズが満載だった。それは間違いない。しかし、生物学用語の意味は往々にして、日常的な場面で使われる場合と生物学者が使う場合とではかけ離れているものだ。生物学者にとって、少なくとも仕事中は、「セックス」という言葉は性器をほかの人の性器やらその他の穴に挿入する行為、あるいはそれに至るまでのもろもろを意味しない。「二個体間におけるＤＮＡの交換」のような意味になるのだ。そしてＤＮＡの交換にはさまざまな方法があり、その多くには巷（ちまた）の男女が「セックス」と見なすような行為がいっさい含まれない。

たとえば細菌について考えよう。[1] 細菌は頻繁にほかの細菌からＤＮＡの一部をもらい、性線毛と呼ばれる指状の突起物を使って自分の遺伝機構に取り入れる。微視的環境でほどけたＤＮＡ鎖に出会ってそれが気に入れば、自分の染色体に組み込んだりもする。微生物学者はこれを「細菌のセックス」

と呼ぶが、インターネットの検索エンジンに「セックス」と打ち込んだときに出てくる検索結果とはまるで別物だ。第一に、細菌がセックス——DNAコードの断片を周囲の環境から奪い取ること——をするのは、子孫を残すためではなく自分の境遇を改善するためである（これと同じ目的でその手のウェブサイトを閲覧する人も大勢いるが、それはまた別の話）。細菌が周囲の環境から取り込むDNAには、役に立つ遺伝子が含まれているものなのだ。たとえば自分のDNAの欠損を修復するため、あるいは自分本来のDNAでは消化できない食物を食べられるように、よそから遺伝子を取り込むのであり、繁殖を目的としているわけではない。繁殖したければ、ただ分裂すればよい。細菌の世界では、セックスと繁殖とはまったく無関係な別個の活動である。

　私たち自身のようなもっと大型の生物の場合はたいてい、セックスは繁殖につきものの要素である。私たちはすべての遺伝子が完全にそろったセットを母親と父親から一つずつ、合計二セット受け継いでおり、それらの遺伝子を一セットだけもつ卵や精子をつくり出し、それぞれ他者の精子や卵と結合させる。これによって、組み換わった遺伝子二セットをもつ子が生まれる。しかし生物が卵と精子を遭遇させる方法はいろいろあり、性交はその一つにすぎない。たとえばサンゴは礁に固着しているので、相手と交わることができない。そこで卵や精子を海中に放出して、それらが運よく偶然に出会うという最善の結果を祈るしかない[2]。多くの高緯度の国で街路樹として使われるカバノキは、毎年春になると無数の花粉を空中にまき散らす。それが風に乗り、ほんの一部が雌の尾状花序（びじょうかじょ）の雌しべにたどり着く。もっとも花粉症患者のなかで、自分がカバノキのまき散らした精液の雲に包まれてくしゃみしていることを知っている人はめったにいない。

細菌やサンゴのようになじみのない生物は風変わりなセックスをするとしても、もっとなじみのある動物のほとんどは自分とパートナーのＤＮＡを混ぜ合わせて子をつくるために「セックスする」はずだと思われるかもしれない。しかし残念ながら、それは違う。必ずしもそうとは限らないのだ。たとえばカニムシはセックスをしない。サソリを小さくして毒針を除いたような姿のカニムシは、雄が精子の詰まった小さな柄つき風船のようなものをそこらじゅうにまき散らしておく。このサプライズに出くわした雌は、その気になったら生殖孔を風船の上にあてがい、少し腰を落として中身を吸い出す。トビムシやサンショウウオの多くの種も、やはり相手と触れあわないセックスをする。[3][4]じつのところ生物学者の考えでは、これが本来のやり方であり、こうした精子のパッケージをもっと効率的にやりとりできるように、交尾器があとから進化したらしい。[5]ヒト中心の近視眼的な私たちの見方で「セックス」と見なされるものは、ＤＮＡのパッケージを個体間で結びつけるために生物が進化させてきた数々の方法の一つにすぎないのだ。

もう一つのよくある誤解は、少なくとも自然界においては、セックスと繁殖が同義語だという思い込みだ。じつはこの二つは同じではない。先ほど見たとおり、細菌はセックスする（つまり他者と自己のＤＮＡを混ぜ合わせる）が、それで必ずしも繁殖するわけではない。むしろ逆に、セックスせずに繁殖する生物はたくさんいる。細菌がそうだし、ほかにも多くの植物、寄生バチやナナフシなどの昆虫、ある種のトカゲ、それにヒルガタワムシという小型の水生動物など、挙げればきりがないが、これらはたいていセックスという手段をとらない。[6]これらの生物は全個体が雌で、遺伝的に自己の完全なコピーとなるクローンの娘だけを誕生させる。雄は存在せず、精子と卵によるＤＮＡの交換もなく、そして確かにセックスもないのだ。

じつを言うとこの点については、そもそもなぜセックスが存在するのか、生物学者は依然としてその謎が解けていない[7]。前の段落で挙げた動物たちのように自己のクローンをつくるほうが、有性生殖と比べて四倍も効率的だ。第一に、雄と遺伝子を分かちあう必要がない（二倍の効率）。第二に、全体の半数にすぎない雌だけでなく誰もが子を産める（さらに二倍の効率）。事実、自然界でセックスがこれほど広く行なわれているからには、クローンによるのと比べてセックスに何かきわめて大きなメリットがあるに違いない。しかしながら生物学では、「セックスの悦楽」はメリットと見なされない。驚くなかれ、有性生殖は寄生生物を出し抜くためか、あるいはＤＮＡから有害な突然変異を排除するための方法として進化したというのが生物学者の見解なのだ。

まずは寄生生物説から見てみよう。議論の都合上、ヒトがクローン生殖を行なう種だとする。言ってみれば、イヴが男性と寝ることなく、遺伝的に自分とまったく同一の娘たちをもうけ、その娘たちがさらにクローン生殖によって孫娘を産む。こうしてやがて、世界中がイヴの完全なコピーで埋めつくされる。

そこに強力な寄生生物が登場する。有性生殖をする種においては、たとえばウイルスのように死をもたらす寄生生物は広範囲に蔓延できないのがふつうだ。というのは、すぐに最初の犠牲者とは遺伝的に大きく異なる個体に遭遇するので、相手の免疫系に打ち勝つには寄生生物の側も突然変異する必要があるからだ。一方、クローン生殖する種は全個体が遺伝的に同一で、弱点も完全に同じなので、新たな寄生生物に対する脆弱性も等しい。このため寄生生物は野火のごとく蔓延し、瞬（また）くうちにイヴのクローンを全滅させる。

このようなわけで、クローン生殖にメリットがあったとしても、それは寄生生物の感染という破滅的な一撃で失われかねないものだ。これとは対照的に、有性生殖をする動物や植物にはこのリスクがない。子孫がみな遺伝的に異なる（両親の遺伝子がランダムに組み換えられている）ので、たちの悪い一種類の寄生生物に襲われても、子孫のなかには抵抗力の強いものが必ず存在する。

つまり、こういうことだ。急速に進化する寄生生物より常に一歩先を行くには、種のメンバーはセックスによって絶えず遺伝子を組み換え続ける必要がある。これはいくら速く走ってもどこにもたどり着けないようなものなので、寄生生物仮説は「赤の女王」仮説とも呼ばれる。赤の女王とはルイス・キャロルの『鏡の国のアリス』（高杉一郎訳、講談社青い鳥文庫など）の登場人物で、アリスに「この国では、おなじ場所にとどまっているためには、全速力で走らなければいけないんだよ」（高杉訳）と告げる。

寄生生物仮説は魅力的ではあるが、セックスのメリットについては人気の高い説明（少なくとも進化生物学者のあいだでは人気だ）がもう一つある。セックスとはDNAに蓄積したエラーを排除する巧妙な方法だとする見方だ。精細胞や卵細胞をつくったりクローンを生み出したりする際にDNAがコピーされると、そのつどDNAコードに含まれる何文字かが複製装置（物理的な装置ではなく化学的な作用のみを用いる）によって不正確に読み出され、コピーの中に誤って取り込まれる可能性がわずかながら生じる。そうなると、本来はAのあった場所にTが入ったり、Cが期せずしてGと入れ替わったり、あるいは一個のAが知らぬまにAAになったり、文字が完全に抜け落ちたりする。

こうした「スペルミス」は害のないこともあるし、有益な場合さえあるが、たいていは料理に入り込んだハエのごとく、遺伝子を台無しにしてしまう。自己複製のみで生殖する禁欲的な種においては、そうした有害な突然変異が世代ごとに蓄積するのを避けることができない。いわば、コピー機でコピーした書類をさらに何度もコピーしていくと、やがて文字が判読不能になるようなものだ。娘が母親からゲノムをそっくり受け継ぐ際に欠陥もすべて受け継ぎ、さらに娘の代で新たな欠陥が加わる。世代を重ねるにつれて、そうした小さなエラーが子孫に蓄積していき、遺伝子の健全性が全体として劣化していく。

セックスはこれを防ぐことができる。もちろん、同様のエラーは卵や精子をつくる際にも生じ、有性生殖で生まれる子孫に受け継がれる。しかし卵や精子をつくり出す際の遺伝子のシャッフルは偶然のプロセスであり、また精子と卵が組み合わさって新たな個体を生み出すのもやはり偶然のプロセスであることから、エラーをたくさん受け継ぐ子孫が生じる一方で、まったく受け継がない子孫も生まれる。つまり、受け継いだDNAのエラーが少ない個体は、ほかの個体と比べていくらか「適応度」が高いので生存できる。このようにして、最悪の遺伝的欠陥をもつ子孫は排除される。

以上の二つの説をめぐって、どちらのほうがセックスのメリットをうまく説明できそうか、科学者たちは今も論争を続けている。いずれにしても、メリットが存在するに違いないということには疑いの余地がない。仮にメリットがなければ、生物はすべて自己のクローンだけをつくるに違いなく、性も精子も卵も交配も生殖器も存在しないはずだ。これらをテーマとするポピュラーサイエンスの本だって書かれないだろう。だから、私たちにとってセックスはすっかりおなじみで、なくてはならないものと思われるかもしれないが、自然界では繁殖の方法としてデフォルトではないということを覚えておくべきだ。セックスはいわば生殖2・0であり、単純なクローン生殖による障害を回避するために進化してきた、驚くほど複雑な方法なのだ。

彼女と彼はどこから？

セックスについては、言うまでもないと思われるがよく見ると説明の必要な点がほかにもある。たとえば雄と雌について考えてみよう。そもそも雄と雌は何のために存在するのか。セックスによる生殖のレシピには、DNAを混ぜ合わせるのに種類の異なる二個体が必要だとは書かれていない。考えてほしい。性が一つしかなくて、誰もがほかの誰とでも交配できるなら、交配相手を見つけるのは二倍簡単になるが、遺伝におけるセックスのメリットは保たれる。性が二つ存在し、自分と異なる性の相手と遺伝子を混ぜ合わせなくては繁殖できないというルールを課すことに、いったいどんな意味があるのか。

自然はお役所仕事をするわけではないので、この奇妙な規則にも正当な理由があるはずだ。驚くにはあたらないが、生命の先史時代をはるかにさかのぼったところにその理由がどんなものだったかをめぐって、生物学者たちの見解は一致していない。いくつかの説が考え出されているが、別々の性が進化したのは細胞小器官どうしの闘いを回避するためだったという説が最も有力視されている。[8] いきなりこんなことを言われて、きっと読者は顔をしかめているに違いない。闘い？　細胞小器官？　では、説明させてもらう。

細菌より複雑な生物はすべて、細胞内に細胞小器官と呼ばれるものをもっている。細胞小器官というのは、重要な機能を果たす微小な装置である。その一例が植物細胞内に存在する緑色の葉緑体で、葉緑素などからなる光合成の機構を備えている。細胞小器官は特定の目的でつくられた装置のように思われるが、じつはそうではない。進化の歴史のはるか昔に自由生活性細菌が別の生物の細胞に侵入し、その生物との共同作業を始めた。この細菌から余分な部分を除いた子孫が細胞小器官なのだ。今でも独立性をいくらか保っていて、独自のＤＮＡをもち、分裂する。

　このように細胞小器官が独立性を保っているのが、問題の種（たね）となる。セックスの際、個体の性細胞一個が別の個体の性細胞一個と融合する。この融合によって生じる娘（むすめ）細胞に両親がそれぞれの細胞小器官を与えたら、娘細胞には双方からもらった二種類の細胞小器官が存在することになり、おそらくそれぞれの細胞小器官のＤＮＡは互いにいくらか異なるはずだ。どちらの細胞小器官も細胞内で同じ役割を担うので、進化においては細胞内のライバルとの競争をうまく切り抜けられるタイプのほうが有利になる。ということは細胞小器官が、同じ細胞を共有する別の細胞小器官よりも速く分裂できるように宿主細胞から大量の資源を受け取り、場合によってはライバルを殺すために、有毒な物質さえ産生するよう進化することだって考えられるのだ。

　個体にとって、自分の細胞の内部が細胞小器官どうしの戦場になることがありがたいはずはない。そこで有性生殖が同一の性細胞の融合から始まったにしても、やがて進化はもっとすぐれたシステムを生み出した。このシステムでは、一部の個体は細胞小器官がごくわずかか完全にゼロという非常に小さな性細胞をつくり、別の個体は細胞小器官をたくさん含むはるかに大きな性細胞をつくる。小さな性細胞どうしが二つ融合した場合、細胞小器官が欠けているので、新しい生命が生まれるには至らない。大きな性細胞が二つ融合すると、それぞれの細胞小器官が細胞内の覇権を争って消耗戦を始めてしまう。ところが小さな性細胞と大きな性細胞が一つずつ融合すれば、大きな性細胞に由来する細胞小器官が小さな性細胞に由来する数少ない細胞小器官をすぐに圧倒するので、新たに生まれる個体はもうその後の生涯を細胞小器官どうしの闘いで悩まされずにすむ。

この細胞内の和平プロセスによる結果として、進化によって種類の異なる二個体による有性生殖の仕組みが生み出された。一方（雄）は常に小さな性細胞（精子）をつくり、これは子孫にＤＮＡは与えるが細胞小器官は与えない。もう一方（雌）は、ＤＮＡとたくさんの細胞小器官をもつ大きな性細胞（卵）を提供するのだ。分離した雄と雌からなるシステムそのものの複雑さ、あるいはそれに伴って両性間の闘いといったものが引き起こされたとしても、それは私たちの細胞の中でさらに破壊的な微視的戦争が起きるのを回避するための、いわば〝必要悪〟と考えれば、腑に落ちる気がする。ただし実際には、本書の最終章で示すとおり、雄と雌は別々の体をもつ必要さえない。同時に雄と雌であり、雄性と雌性の両方の機構を備えて互いを受精させる「雌雄同体動物」というのが存在するのだ。しかし雌雄同体動物はこのように雌雄対等でありながら、「通常」の動物よりもさらに奇妙な性生活を営んでいる。

第一次性徴とは何か

第一次性徴とか第二次性徴というのは何なのかと医師に質問したら、全裸の男女が正面から描かれた図を壁に掛けて、それらの性徴の生じる場所を手際よく指し示してくれるだろう。[9] 男性の場合はペニス、精巣の収まった陰嚢（いんのう）、女性の場合は膣。これらが第一次性徴である——少なくともメスや検査鏡の助けを借りずに見える限りは。第二次性徴はこれら以外のさまざまな男女間の差異であり、体のあちこちに生じ、乳房、骨盤、身長、脱毛パターン、下あごの輪郭、臀部（でんぶ）の脂肪のつき方など多岐にわたる。第一次性徴は繁殖に直接かかわる特徴であり、第二次性徴はそれ以外の、さまざまな理由で生じる男女間の違いである。一見したところ、まぎれもなく明白なことのような気がする。

性差について「第一次」と「第二次」という用語を使いだしたのは一八世紀のスコットランドの外科医ジョン・ハンターで、彼はその区別になんら疑念を抱かなかった。しかし、そのほぼ一世紀後に著書を執筆する際に、チャールズ・ダーウィンは疑念を覚えた。[10] 一八七一年に刊行された『人間の進化と性淘汰』では、すべての動物にあてはまる一般論を引き出そうとすると、第一次性徴と第二次性徴のあいだに明確な境界線を引くのが容易ではなくなるという事実について考察している。「［第二次性徴は］繁殖という行いとは直接の関係のない性質」であり、「例えば、雌はまったく持っていないようなある種の感覚器官や運動器官を雄が持っていたり、または雌よりもずっと高度に発達した形で持っていたりすることがあり、そのような器官があるために、雄は雌を見つけたり、雌のところまで到着したりすることができる。または、雄が把握のための特別の器官を持っていて、それで雌をしっかり捕まえておくこともある」。ここまでは問題はない。しかしダーウィンは続いてこう述べているのだ。「これら後者の器官は、少しずつ異なるものが途方もなくさまざまに多様化しており、なかには、雄の昆虫の腹部に付属している複雑な突起のように、ふつうは第一次性徴と見なされているものと、ほとんど区別のつかないものさえある」

ダーウィンの直面した問題を理解するために、キクロネダ・サングイネアというテントウムシのペニスの両側についていて、雄が交尾時に雌を叩くのに用いる、ドラムスティック型の付属物を頭に描こう。[11]あるいは雄のロエストモンキーに備わる鮮やかなターコイズ色の陰嚢を思い浮かべてもいい。[12]テントウムシのペニスとロエストモンキーの陰嚢は第一次性徴のはずだが、どちらも精子のやりとりには不要と思われる特性を備えている。この区別についてすじの通った結論を出して、卵巣と精巣だけを第一次性徴と見なさない限り、「どれを第一次と呼び、どれを第二次と呼ぶかを決めることはほとんど不可能なくらいである」とダーウィンは記している。

結局、ダーウィンはこの微妙な領域を回避した（おそらくヴィクトリア朝時代の人々はずいぶん安堵したことだろう。本書第３章を参照）。「第一次的器官とはあまり関係のないところにも性差は見られるのであって」（以上長谷川眞理子訳）、この本の中ではそうした性差をもっぱら扱うと述べて、生殖器から十分な距離を保ったのだ。当然そのあとの考察は、雄には備わるが雌にはないあらゆる身体装飾、付属物、防護器官の進化についてのものへと逸（そ）れてしまう。それでもここでダーウィンが、第一次性徴と第二次性徴を区別するという、難題を回避する方法を私たちに授けてくれたのには違いない。自然淘汰による進化と性淘汰による進化の区別に着目するのだ。

オオツノカブトムシの角、甲殻類のはさみ、シカの枝角とその分枝、クワガタムシのあご、コオロギやバッタの鳴き声、鳥の羽、それ以外にも雄と雌とで明らかに異なるさまざまな形質は、ダーウィンが「性淘汰」と呼んだ進化プロセスによるものである。多くの点で、このプロセスの発見は、彼の最大の代表作である『種の起源』で焦点を当てた自然淘汰による進化の発見にまったく劣らず革命的だった。ダーウィンと性淘汰説についてはあとの章で改めて取り上げるが、今のところは進化におけるこれら二種類の淘汰の根本的な違いだけに目を向けよう。

自然淘汰による進化が起きるには、四つの条件が必要とされる。第一に、同じ種の中で個体間に変異が存在する必要がある。たとえば、ヤマウズラの背に現れる淡黄褐色やエビ茶色の斑点の個数とサイズの違いなどだ。第二に、この変異は遺伝されなくてはならない。際立って大きな淡黄褐色の斑点が背にあるヤマウズラから生まれた子は、親と同様に他の個体より大きな淡黄褐色の斑点をもたなくてはいけないということだ。第三に、生存可能な数を上回る子が生まれる必要がある。じつは、生物が子を生むときはそうなるのがふつうだ。ヤマウズラは最大で二〇個も卵を産むが、生まれたヒナがすべて成長したら、数十年のうちに世界はヤマウズラだらけになってしまう。しかし実際には、そんな事態はふつう起こらない。つまり、ヒナのほとんどは成鳥になるまで生き延びられず、病気で死んだり、猛禽に食べられたりするのだ。第四の条件は、個体の死がランダムには起きないということだ。生息地である乾燥した草地では背に淡黄褐色の斑点が多いほうが、通りかかったタカに見つかる可能性が少しでも低くなるのなら、淡黄褐色の斑点の多いヤマウズラのほうがエビ茶色の斑点の多いヤマウズラよりも死ぬ可能性がいくらか低くなるはずだ。以上の四条件がすべて満たされれば、自然淘汰による進化の舞台が整う。エビ茶色のヤマウズラは、餌をあさる猛禽による自然淘汰によって、何世代も経るうちに淡黄褐色のヤマウズラへと進化する。これが自然の法則だ。

性淘汰は、これとは異なる。[13] 性淘汰の場合、淘汰をもたらすのは飢えた鳥や寄生生物や気象といった外的な要因ではない。同じ種の異性なのだ。ヤマウズラを補食するタカも含めて環境が一方の色のヤマウズラを他方よりも好むということがない場合でも、雌のヤマウズラがエビ茶色の背の雄よりも淡黄褐色の背の雄を交尾相手として好む（またはその逆）なら、やはりこの種には進化による変化が生じる。淡黄褐色の背の雄はエビ茶色の背の雄よりも早くから頻繁に多くの雌と交尾できるので、たくさんの子の父親になることができる。こうして性淘汰が進んでいく。性淘汰と自然淘汰は、淘汰のふるいをすり抜けた者が次世代の遺伝子プールに遺伝子をより多く残せるという結果だけを見れば同じだが、作用の仕組みは異なるのだ。

ダーウィンは自然淘汰と性淘汰の境界を明確にしたうえで、さまざまな性徴がそれぞれどちらの淘汰によって生じているか特定することによって、第一次性徴か第二次性徴かを区別するという問題に再び取り組んだ。彼によれば、一次生殖器は自然淘汰によって維持される。雄のヤマウズラには、精子をつくる器官と精子を雌の体内に送り込むための何かが必要だ。雌も、卵をつくる装置と精子を受け取って貯蔵し輸送するための管を必要とする。これらの器官はすべて、生命の純然たる必要性によって課された自然淘汰によって形成されたものである。これらの器官をもたない個体は、子孫をまったく残せない。しかし、雄のヤマウズラが鮮やかな淡黄褐色の背をしていたり、眼の下に赤い肉垂れがあったり、あるいは首に奇妙な羽の束（たば）がついていたりして、雌にはそれがないならば、これらの第二次性徴は性淘汰によって進化した可能性が高い。祖先のなかでこれらの飾りを備えた雄のほうが、地味な雄よりも雌をめぐる性競争において優位だったことの結果である。

サンフランシスコにあるカリフォルニア科学アカデミーに所属する著名な生物学者で、哲学者でもあるマイケル・ギセリンによって、私たちが性徴――生物学者の好む言い方では性的「形質」――を話題にするときに用いられる用語の定義について、さらに掘り下げた検討がなされている[14]。先ほど私は、ヒトの陰嚢や別の哺乳類の青い陰嚢を性的形質だと言った。ギセリンがいみじくも指摘するとおり、「形質」という用語は許しがたいほどルーズに使われている、というのが実情だ。陰嚢をもつことがすでに形質であるなら、青い陰嚢をもつことは別の形質にはなりえない。ギセリンの考えでは、「パーツ」への言及と、「属性」や「特性」への言及を分けて扱うほうが適切である。陰嚢は「パーツ」だが、その色は地味であろうと鮮やかな青であろうと、あるいはアカゲザルのように派手なピンクであろうと、そのパーツの「属性」なのだ。

読者は本書を読み進めていかれるうちに、第一次性徴と第二次性徴というややこしいカテゴリーを扱うのに、ギセリンとダーウィンの論法を組み合わせるのが最良の方法だということがわかるだろう。交尾器は第一次性徴である。動物界全体でペニスや外陰部やそれに相当する多種多様な器官そのものは、自然淘汰によって進化した不可欠な「パーツ」なので「第一次」性徴である。しかしそれらのもつ「属性」（たとえばペニスがまっすぐか、らせん状か、二股に分かれているか、とげがあるか、二個あるか、へら形か）は性淘汰の結果なので、「第二次」性徴である。つまりたいていの第一次性徴は、個性的かどうかという点ではたいてい「第一」の名に値しないのだ！

「秘所」たる資格

おそらく読者ももうお気づきのとおり、第一次性徴と第二次性徴をしっかり区別しようとすると、意味論的な泥沼に陥る。本書ではこの先、これらの用語を用いることはおそらくもうない。これから私が語るのは、生殖器、交尾器、性器と呼ばれるものについてだ。ただし、さらに厄介な事態に飛び込むことになるかもしれない。というのは、これにもやはり定義が必要だからだ。幸いにも、すでに序章で取り上げたしこの先もしょっちゅう登場するビル・エバーハードが、その定義を示してくれている。[15] エバーハードによれば、雄性交尾器とは「精子を送り込む際に、雌の体内に挿入されるか、あるいは雌の生殖孔付近で雌の体を保持する雄の構造物すべて」である。「生殖孔」とは膣の気取った言い方にすぎず（「膣」自体、ほかのいろいろな呼び方と比べれば気取った言い方だが）、「付近」という表現はいささかあいまいだと言わざるをえないが、雄に関しては本書の扱う領域を記述するのにとりあえずよい方法が手に入った。

雌の交尾器については、エバーハードはこう記している。「雌の生殖管のうち、性交の最中または直後に雄の生殖器または雄の生産物（精子、精包（せいほう））とじかに接するパーツを交尾器と見なす」。ここでもやはり解釈の分かれる余地がいくらかあるが（「直後」とはいつまでか？）、本書の目的としてはエバーハードによる雌性交尾器の定義で十分なはずだ。要するに本書で私が扱うのは、精液を雌の体内に送り込むための雄の装置と、雌の側で精液を受け取って貯蔵するための装置である（つまり、精子と卵をつくる器官である精巣と卵巣にはあまり触れませんよ、という意味でもある）。

このように定義すると、交尾器とは体内受精をする動物だけに存在する器官ということになる。ここはぜひ押さえていただきたい。精子と卵を水中にただ放出する多数の水生生物には、交尾器がない（よって本書で脚光を浴びることもない）。前にも言ったが、私たちは自らのヒトとしての視点から、

「卵を大量にばらまく」動物が変わり者だと思い込みやすい。しかしじつは、私たちをはじめとする陸生動物こそ変わり者なのだ。[16]

なんといっても、動物は海で進化したのである。何億年ものあいだ、生命のドラマにおいて進化の主要な場面はすべて海を背景として演じられており、ようやく最終幕で壮大な進化系統樹の小枝が何本か陸上で広がりだしたのだ。そのなかに植物が含まれていたのは言うまでもなく、ほかに真菌類、節足動物、巻貝、それに数種類の蠕虫や脊椎動物がいた。これら以外の生命は、海水という安全な子宮にとどまっていた。そうするのがまさに正しかった。海洋生物の生息する環境は、性細胞にとってきわめて都合がよいのだ。海水は精子と卵にとって化学的なクッションとなる。水分があり、これらの細胞自体と塩分が同濃度なので、多くの海洋動物は精子を海水中に放出し、また多くの場合は卵も放出することで（かなりの）距離を隔てても安全に受精でき、これらが確実にめぐり会うことが期待できる。

一方、陸上に棲みついた初期の生物の体から出て行くときに性細胞が遭遇した状況は、ノルマンディー上陸作戦の日の海岸みたいなものだったに違いない。陸上で精子や卵を放出したら、悲惨な結果となる。どちらも干上がってしなび、ほんの数秒で死んでしまう。淡水も生命を脅（おびや）かす。たいていの細胞と違って、精子と卵は自己の塩分濃度を調節することができないからだ。オランダの化学者アントニ・ファン・レーウェンフックが一六七八年に発見したとおり、[17]精細胞を真水に入れると自動的に水を大量に吸収し、数秒で破裂してしまう[18]（ということは、女性がホテルのバスタブの縁に付着していた前の宿泊客の精子で妊娠するという都市伝説があるが、あれは嘘というわけだ）。

それならば、陸生動物や淡水動物（そしてじつは一部の海洋生物も——ただし理由は異なる）が、雄の体を出てから卵にたどり着くまで精子を保護する方法を進化させる必要に迫られたのも道理だ。絶対に安全な方法はもちろん、卵を雌の体内から出さず、精子を雌の体へじかに注入するというやり方だ。そして性交と交尾器はまさにこれを実行するためのものにほかならない。

それでもなお、生物のなかには変わったものもいろいろといるので、性交としか呼びようのない行為を行なう多くの動物が、精子の受け渡しにペニスや膣を使う以外の方法を選んでいる。本来は別の目的をもっていた身体パーツを使うのだ。たとえば土壌に生息するコシボソダニという捕食性のダニを見てみよう。雄はペニスではなくあごを使って精子を相手に送り込み、雌は膣を使わずに足の付け根にある穴からそれを吸い込むことがある。どう見ても、雄のあごと雌の腰の穴が交尾器となっている。

まっとうな性器ではなく別のものを使うのはダニだけではない。あるクモの雄は、雌に求愛する前に精液を入れる小さい特別な巣をつくり、そこへ向けて「マスターベーション」する。そして、精巧な万年筆のインク吸入器のような触肢でその精液を吸い上げる。触肢というのは頭部の両側についた短くて太い腕状のパーツで、先端に中が空洞になった「ボクシンググラブ」のようなものがついている。触肢に精子を詰め込むと、雄は求愛して精子を与えるべき雌を探しに出かける。精子は腹部の穴でつくられるが、性交を実際に行なうもの（つまり生殖器）は触肢である（今度『スパイダーマン』の映画を見るときには、このグラブからクモの糸ではない、もっと現実的な物質が発射されるところを想像してみよう）。

こうした交尾器の代用品の使用は、クモ、ダニ、甲殻類、節足動物、トンボなどの動物ではかなり頻繁に行なわれる。率直に言って、こうなった理由やいきさつはよくわかっていない。これらの動物の多くは、本来の交尾器が残っているのにそれを交尾器として使うのをやめて、別の身体パーツをそれと代わる地位に引き上げている。本章を華々しく締めくくるために、代用交尾器を新たな高みに引き上げた動物の話を二つ紹介したい。頭足類（タコやイカなどを含む軟体動物群）とカギムシに登場してもらおう。

ストーリー1　カラマリ・コイティオン

二〇一二年六月、ある仰天ニュースが世界中に伝えられ、しばし人々をぞっとさせ、やがて忘れ去られた。「カラマリを食べた六三歳女性、口の中で赤ちゃんイカを妊娠」というような見出しが数々の新聞に躍った[19]。いったい何が起きたのか。

韓国の海鮮料理店で、ある客が半ゆでのイカを一口食べたとたんに「口腔内の激痛」を訴えて、医師のもとへ搬送された。診察の結果、イカの精子の詰まった精包が一二個、頬の内側と舌と歯茎に食い込んでいるのが見つかった。女性客の食べた（雄の）イカが、どうやら頭足類とヒトの交配を狙った死後の悪あがきとして、いくつもの精包を女性の口内で射出したらしい。

この件を調べた医学専門家（および世界中の新聞読者）は驚愕したが、イカの生殖に詳しい人にとってはさほど驚くべきことではなかった。ブラジルにあるサンパウロ大学のホセ・エドゥアルド・マリアンもそんな専門家の一人であり、二〇一二年に《動物形態学》という学術誌に掲載された彼の論

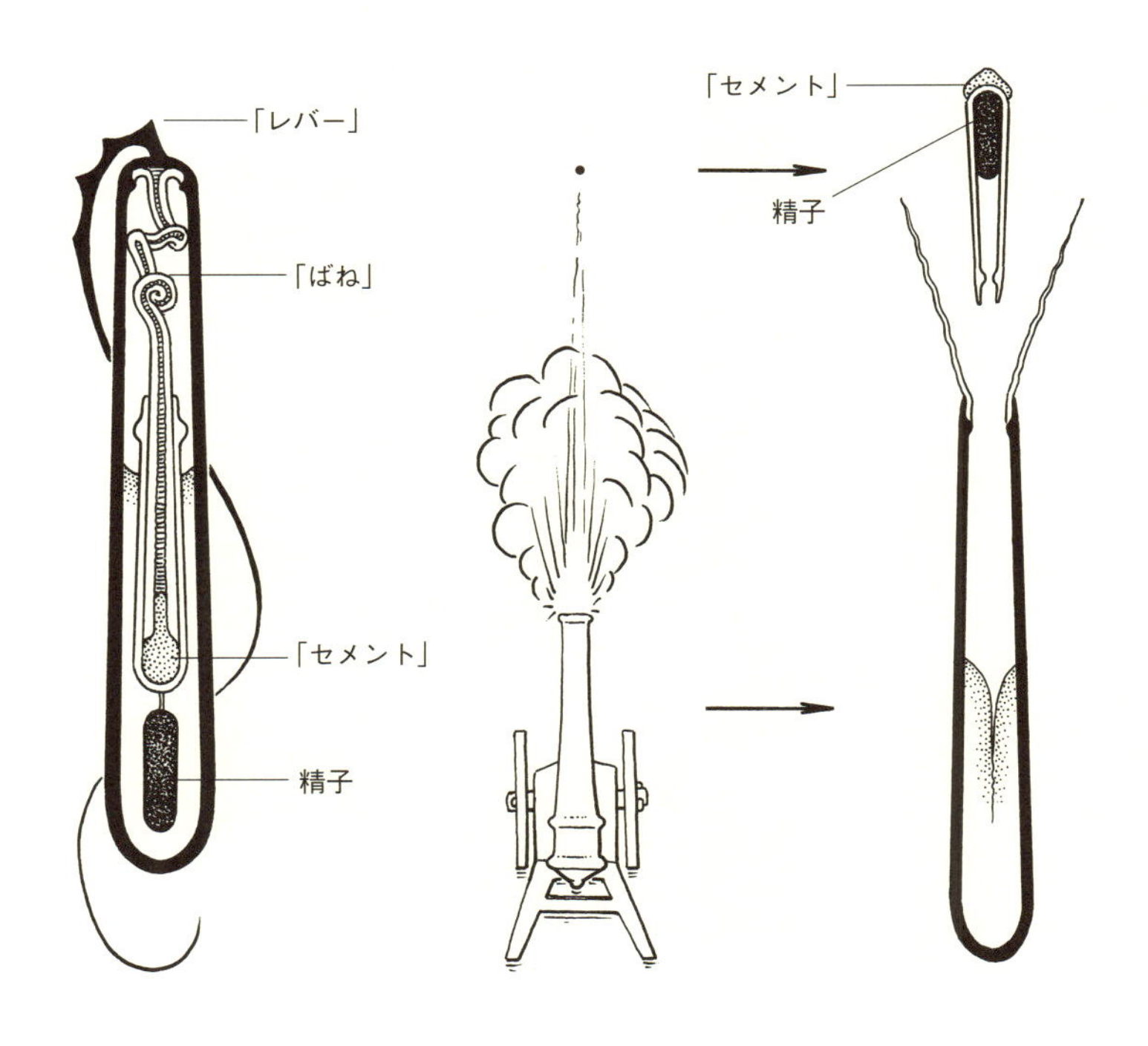

図１　ばね式の精子手榴弾。イカの精包が自爆すると、中身の精子が推進されて雌の体に付着する。

文によると、医学文献にはこれと類似した症例が少なくとも一六件記載されており、そのほとんどはイカを生(なま)か軽くゆでただけで食べる習慣が一般的な韓国と日本で起きていた。マリアンにとって、死んだ雄のイカが精包を射出して人の口の中に突き刺すことができるという話は意外ではない。彼の論文によれば、イカの精包は「体外で自律的に機能する」のだ。

イカの精包はフラスコ状の複雑な構造で、長さは一ミリ未満から大きなものでは数十センチ――このサイズになるのはダイオウイカのもののみ――になる[20]。何層かに重なった膜（一部はきつく巻かれて張り詰めている）、精子の入った袋、粘着性の物質でできている。一部の種では鋭いとげもついていて、まさにばね式の精子手榴弾だ。雄はこれを射出して、雌の体内か体表に付着させる。すると雄のペニスから離れる際の摩擦か海水によって、精包が自力で中身を射出する。そう、射出された精包がさらに精子を射出するのだ！　外膜が破裂してばねがはじけると、鋭いとげが雌の皮膚に穴を開けて、粘着性のセメントが中身を固着させるのを助ける。場合によっては、食事中の人の口腔上皮に固着することもある。実際、マリアンの指摘によれば、イカの精包の機能について知られている事柄の多くは、日本や韓国の救急治療室でヒトの組織に埋まった標本が恒常的に採取できるおかげで明らかになったのだ。

つまり重要なのは、雌のイカにはいわゆる膣がないということだ。雄が精包を付着させる場所は、雌の口のまわり、背中、腕（訳注　いわゆる足、ゲソ）、外套膜（イカ類の体を覆う弾力のあるミトン状の部分。輪切りにして油で揚げたものがリングフライになる）の内側など、種によって異なる。雌が産卵すると、精子は付着した場所から自力で卵にたどり着く。ただし一部の種では、精包の通常の付着部位付近に特別なポケットがあって、雌がこの中に精子を貯蔵する。

イカは雌に膣がないだけでなく、雄にもペニスがない。正確に言えば、ペニスはあるが、ペニスとして使わない。わかりやすく説明しよう。世界各地のレストランで出されるイカのほとんどは、雄がきわめて短いペニスしかもたない種に属する。ペニスは短すぎて、イカの「首」（訳注　腕〔〝足〟〕と胴体をつなぐ部分）の下にある外套膜の開口部から顔を出すには長さが足りない。では、雌の口のまわりなどにどうやって精包をうまく付着させているのか。これについては、通常は八本ある腕のうち交接腕と呼ばれる一本を使う。これは精包を扱うのに格別に適しているのだ（特別な溝やひだがあり、吸盤のついていない部分があることが多い）。

交接の際、雄と雌は互いに頭（訳注　腕がついている部分）をくっつけて、至福のうちに腕を絡めあう。雄は自分の外套膜の中に交接腕を差し入れて、ペニスから射出されたばかりの精包を取り出し、雌の体内か体表に付着させる。つまりエバーハードの定義に従うなら、実際に生殖器として働くのはペニスではなく、精子を雌に渡す交接腕ということになる。

カイダコ（アオイガイ）という特別な頭足類では、交接腕が独り歩きさえする[21]。カイダコは外洋に生息する謎めいたタコで、その生態はほとんど研究されていない。限られた情報から判断すると、七種のカイダコはいずれも明らかに多くの点で、頭足類のなかでもとりわけ奇妙な生物である。第一に、紫がかった半透明の体に青っぽい斑点のついた雌はタコらしいサイズだが、雄は体長が通常わずか一、二センチできわめて小さい。また、雌は水かきのついた腕を二本もつが、これがあまりにも大きいので、リンネは雌がこの腕を海面から突き出して帆のように使うのだと考えて、最初に見つかったカイダコの種をアルゴナウタ・アルゴ（ギリシャ神話に登場するアルゴ船とその乗組員にちなんだ名前）と命名した。しかし、リンネの見立ては間違っていた。絶滅したアンモナイトがかつてつくっていた殻にそっくりな、紙のように薄い殻をつくるのにこの腕を使うのだ。[22] この殻にはカイダコの風変わりな点がもう一つ存在する。ほかのあらゆる軟体動物と違って、カイダコは体を殻に固着させないのだ。雌は殻の中で産卵し、気泡を使って殻を水中で浮遊させ、子が成熟するまで殻をガードする。

しかし、産卵する前に交接する必要がある。カイダコの交接行為は頭足類のなかでも異端だ。雄は非常に大きな交接腕をもっていて、これに精包を付着させる。すでに見たとおり、これは頭足類の世界では格別に変わったことではない。ただし、雄が交接するのは生涯で一度だけなのだ。この点はどうすることもできない。というのは、交接の最中に雄は交接腕を付け根から切断し、この交接腕が自力でうねって雌の外套腔に入り、雌が産卵するまでそこで待つのだ。一匹の雌が複数の異性と出会ってそれぞれから生きた交接腕をもらい、何本も保持していることもある。実際、カイダコの交接腕は頭部と尾部を備えた奇妙な外見をしているので、フランスの動物学者ジョルジュ・キュヴィエは一八二九年にこれを寄生虫と勘違いして、ヘクトコティルス・オクトポディスという学名をつけた。[23] のちの科学者はその正体に気づいたがこの名前は生き残り、ヘクトコティルス（訳注　「タコの精莢（せいきょう）」とも呼ばれる）は今ではすべての頭足類で雄が性交に使う腕、すなわち実質的な交尾器を指す名称となっている。韓国の海鮮料理店の女性客は、口にイカの精包を射ち込まれる前に、雄イカの交接腕を飲み込んでいた可能性が高い。

ストーリー2　ブルー・ヴェルヴェット

一八八三年には、一〇〇ポンドは大金だった。とりわけ、遠い南アフリカの喜望峰に生息する灰色がかったイモムシのような生物のために支払う金額としては破格だった。ところが当時「ペリパトゥス」と呼ばれていたこの動物を発見してその繁殖を研究するためにイングランドに持ち帰る報酬として、英国王立協会は動物学者のアダム・セジウィックにその金額を支払った。学者たちがこの生物を研究したいと切望するのには、もっともな理由があった。一八二〇年代に発見されて以来、この謎めいた有爪（ゆうそう）動物（現在ではカギムシ（ヴェルヴェット・ワーム）と呼ばれている）は動物学者の想像力をかき立ててやまなかったのだ。こまかな突起に覆われた薄く柔らかいキチン質の皮膚と、全身に酸素を運ぶ管からなるシステムをもつ点は昆虫やその親戚と似ているが、長さ二～一〇センチの体を体節ごとに区切るリングや多数のずんぐりした脚のせいで、むしろ環形動物のように見えた。さらに興味を引いたのは、雌が胎盤などを備えた哺乳類の子宮と妙によく似た器官に子を身ごもって一年以上過ごし、その子を生きた状態で産むという事実だった。

有爪動物について、今では当時よりもはるかに多くのことが明らかになっている。節足動物と同じ階層の独立した一つの動物門であり、じつは節足動物と非常に近縁である（だが環形動物とは近縁でない）ことがわかっている。熱帯や南半球の全域でじめじめした場所に数百種が生息し、（場合によっては一族で集団をなして）シロアリなどの獲物を追い、口の下にあるノズルから粘着性の物質を噴出して獲物を捕まえるということも知られている。さらに、驚くほど多様な繁殖様式があることもわかっている。長期にわたる妊娠ののちに生きた子を産む種もあれば、卵を産む種もある。希少でなかなか捕まえることができないが、「かわいい」という非科学的な特性ゆえにある種のアイコンとなっている。ユーチューブではカギムシの動画がたくさん公開されているが、その一つへのコメントではカギムシが「ロンパース（訳注　上衣とズボンがつながったワンピース型のベビー服）を着たムカデ」みたいだと書かれている。なかなか言いえて妙だ。

かわいらしさはさておいて本章のテーマに戻ると、カギムシは雄が精子を雌に送りこむ方法で異彩を放っている。喜望峰から生きた有爪動物三〇〇匹をケンブリッジに持ち帰って研究したアダム・セジウィックが記しているとおり、「雄はきわめて無造作に精包を雌の全身にまき散らす」のだ。彼はさらにこう記す。「子宮や卵管にはいつも胚が詰まっているのに、精子はどうやってここを通過していくのか……見当もつかない」[24]。それから一二〇年近くが過ぎ、有爪動物のセックスに関する知見は大幅に増えた。そしてこのセックスというのが、セジウィックが夢にも思わなかったほど奇妙なのだ。

カギムシのなかには正統派の膣性交をするものもいるが、セジウィックの採集した種の属するミナミカギムシ科の雄は精包をつくり、イカと同じように雌の皮膚に付着させる。精子がまずは膣にたどり着き、それから発生中の胚でいっぱいの子宮を突破する必要があることを考えると、精子がどうやって卵にたどり着くのかという疑問をセジウィックが解決できなかったのも無理はない。じつはそんなルートはたどらないというのが真相だ。代わりに雌は精子がなんとも大胆な近道をするのを助ける。精包が雌の皮膚に付着すると、雌はその部位で自分の皮膚と精包の外膜を溶かす酵素を分泌し、それによって精子の塊（かたまり）を自分の体内に入り込ませる。それから精細胞は雌の血液中を泳ぎ始める。そして巧妙にできたじょうご状の構造物を通って、あるいは壁を突き破って、精子貯蔵器官にたどり着く。

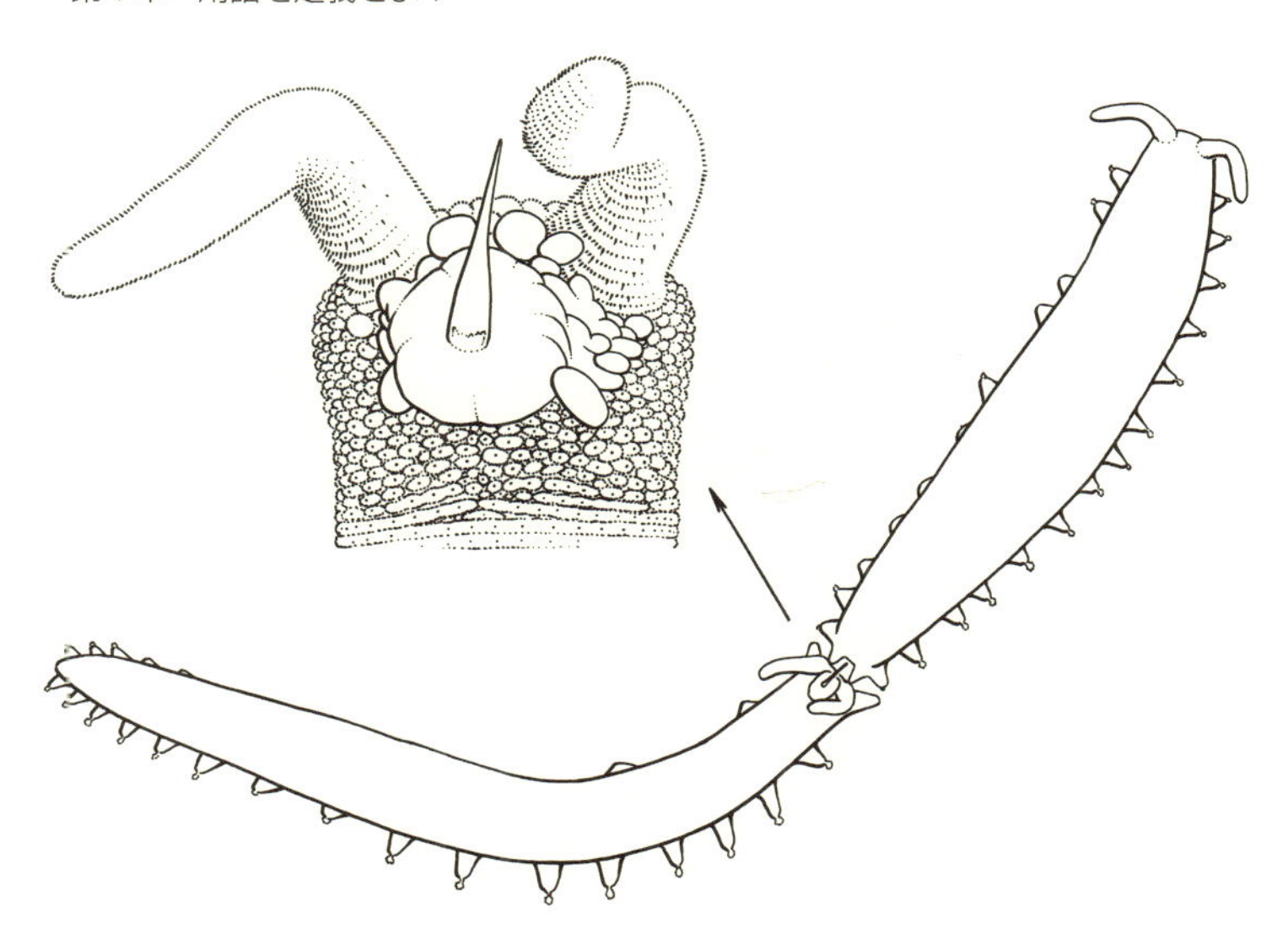

図2　頭部の交尾器。オーストラリア原産のカギムシ、フロレルリケプス・ストゥトクブリアエは、雄が頭部に生えた冠のようなものに精子をつけて、頭部を雌の膣に押し込むことにより交尾する。

しかし、話はさらに妙になっていく。一九八〇年代、シドニーのマクォーリ ー大学に所属するカギムシ専門家のノエル・テイトは、ニューサウスウェールズとクィーンズランドの森林で、いくつもの未知の種を発見した。すべての種が完全に新しい属のメンバーで、雄はみな触角のあいだに奇妙な「頭部付属物」を生やしている。[25] これらはこぶが花のように並んだものから、一本または複数のピンと直立する歯やとげまで、バラエティーに富んでいた。その用途がようやく明らかになったのは、一九九四年のことだった。この年の四月二七日、テイトはブリスベンから一三〇キロほど南に行ったナイトキャップレンジという山岳地帯の落葉層で、フロレルリケプス・ストゥトクブリアエという種が二匹で性交しているのを発見した。彼が《動物学ジャーナル》に寄せた報告によれば、「雄の頭部は雌の一番後ろの両［脚］に挟まれた生殖器部にしっかりと張りついていた。両者は雌のリードにより協調した動作であたりを歩き回っていた」。顕微鏡でこの二匹を詳しく調べると、詳細が判明した。雄が自分の頭部に生えた鋭い突起に精包をつけて、雌の膣の中へ送り込んでいたのだ。一方、雌は雄の体位を維持しようとするかのように、雄の頭部付属物周辺の皮膚に後ろ脚の爪をきつく食い込ませていた。

このカギムシの雄の場合、どうやらこの頭部の「冠」が交尾器であるらしい。精子を雌の膣に送り込むのに使う道具がこれだからだ。二〇〇六年にはさらなる進展があり、テイトと共同研究者らは、雄が頭部付属物をもついくつかの種の雌がやはり、血液を介して皮膚から卵に精子を運ぶ機構をもっていることを発見したと発表した。そこでテイトは現在、頭部を突っ込む性交行動をするのは、発生中の胚が詰まっていない空の子宮をもつ処女雌が相手のときだけで、子宮内で胚が発生中の成熟した雌の場合には、昔ながらの皮膚貫通方式で性交するのだと考えている。雄が雌の体表に精包を固着させる目的でも頭部付属物を使うのかについては、まだ明らかになっていない。いずれにしても、カギムシが「交尾器」という概念を刷新した生き物であるのは間違いない。

ここ第1章の終わりに至って私たちは、セックスに関して抱いてきた確信をことごとく見直すべきだという、目からうろこが落ちるような考えに気づかされた。雄と雌がセックスをする直接的な理由は、魅力、ホルモン、あるいは子孫をもうけたいという生得的な衝動かもしれないが、究極的な要因は、寄生生物から逃れるためには遺伝的変異が必要であること、闘う細胞小器官のあいだに和平をもたらす必要性、そして海から陸に上がった生物が出会う苛酷な環境への適応といった進化的事象の思いもよらない連なりである。これらすべてを達成するために用いられる道具、すなわちエバーハードの定義に厳密に従っても「交尾器」という用語に該当する器官は、ペニスからゾンビのごとき触腕、外陰部から上唇に至るまで、何でもありだ。

それでも、進化が自らの最高の妙技を誇示するために選び出したのは、まさにそうした交尾器らしい。次章では、この進化の偉業にいち早く目を向けたのが、進化生物学者ではなく分類学者だったという話を紹介する。

第2章　ダーウィンの覗き穴

私はパリ植物園と国立自然史博物館の周囲を縦横に行き交うほこりっぽい通路を行ったり来たりしていた。博物館の書店で『植物園の像たち』という本に目を通し、この有名なパリの公園の入り口に設置された案内図で、色分けして数字を付した丸印を順にチェックしていった。フランスの偉大な博物学者であるラマルクやビュフォンの立派な像を指す矢印があり、本には庭園に置かれた少なくとも二五体の胸像への行き方が出ている。ところが、私の探している昆虫学者ルネ・ジャネルの像のありかは、いっこうにわからない(1)。

三たびビュフォン通りを横切り、無計画に配置された一九世紀から二〇世紀初頭の建物のあいだを歩き回った。建物はそれぞれに傷みが進んでいるが、博物館の動物学と地質学の研究室が集まって、ちょっとした町のようになっている。メインゲートの守衛小屋で先ほどから不審そうな目をこちらに向けていた警備員に訊くと、自分の記憶では近くに像はないと答える。しかしちょうどそこにやって来た別の警備員が私の質問を耳にして、二時間にわたる徘徊を終わらせてくれた。「像ですか。この行き止まりの道の突き当たりにありますよ。あそこに青いトラックが停まっていますね。その向こうの隅です」

行ってみるとそのとおりだった。トラックの陰になっていたが、昆虫学部門の敷地に手入れの行き届かない一角があり、建物のがれき、物置小屋、駐車中の車がスペースを奪いあっている。それらに混ざって雑草や若木にほぼ埋もれるようにして、運搬用の木製パレットを何枚か立てかけられて、口ひげを生やした厳格そうな紳士の胸像が立っている。ルネ・ジャネル博士（一八七九〜一九六五年）が死去した際に、「昆虫学、洞窟生物学、動物地理学、進化学における偉業を称えて」ルーマニア政府から贈られたものだ。[2]

おそらく社会主義リアリズムに染まって革命の英雄たちを描くのを常としていたルーマニアの芸術家がつくった像は、狂気じみた目をして不気味さを漂わせているが、写真を見る限り、実際のジャネルはもっと温厚で髪もきちんと整えていたようだ。描写に不正確なところがあるにせよ、この胸像もそのモデルとなった人物も、パリの博物館の敷地にひそむ一角で忘れ去られていい存在などではない。というのは、ジャネルは真に偉大な昆虫学者だっただけでなく、交尾器研究の創始者の一人でもあるからだ。

フランス陸軍の軍医を父にもつジャネルは、父親と同じ道に進むはずだった。ところが医師への道を歩みだしてまもなく、その道は立ち消えた。ピレネー山脈のふもとにあるトゥールーズで学んでいたときに洞窟探検に興味をもったジャネルは、フランス南部で数々の鍾乳洞の探索を始めた。最初は趣味としてやっていたが、しだいに太古の洞窟の奥深くでじめじめした暗くて栄養分の少ない低温の環境に適応した奇妙な生物たちの研究に、本格的にのめり込んでいった。あるとき、オクシバル洞窟に探索に入ったとき、ジャネルは未知の洞窟性甲虫二種を発見した。彼に代わって有力な昆虫学者がこれを発表し、バティスキア・イエアンネリ（*Bathyscia Jeanneli*）およびアファエノプス・イエアンネリ（*Aphaenops Jeanneli*）（訳注　後者はメクラチビゴミムシの一種）と命名した。このころにはもう医師を目指す気はまったくなくなっており、父親はひどく失望したが、ルネはプロの博物学者になろうとしていた。

一九〇五年、ジャネルはルーマニア出身の若手生物学者でアマチュア洞窟探検家のエミール・ラコヴィツァと手を組んで、生涯にわたる洞窟生物学の共同研究に乗り出した。洞窟での生活で求められる条件に適応し、もはや外界では生存できなくなった奇妙な生物「真洞窟性動物」の進化の研究を始めたのだ。二人は人間界で過ごすよりも多くの時間を音のよく反響する地下洞窟で過ごし、彼ら自身もほとんど真洞窟性動物となったに違いない。なにしろ共同研究を始めてから一七年間だけで、南欧と北アフリカにある合計一四〇〇もの洞窟を探検しているのだ。二人は洞窟とそこに生息する動物についての記載を発表し、ついでに旧石器時代の最高の洞窟芸術もいくつか発見した[3]。のちにラコヴィツァがルーマニアのクルージュ市に洞窟生物学研究所を創設してほしいと母国の政府から依頼されると、ジャネルも一九二七年まで副所長を務めた（ルーマニアから像が寄贈されたのはこのためだ）。一九二七年にジャネルはパリの国立自然史博物館で昆虫学部門長の職を得て、やがて館長となった。

こうした管理職に就きながらも、何よりも第一に熱心な分類学者だったジャネルは、取り組むべき問題があればいつも何日間も続けて研究室にこもっていた。一九一一年にはメクラチビシデムシと呼ばれる洞窟性甲虫に関する博士論文（六四一ページで六五七点の図版を含んでいた）を発表したが[4]、このころまでに発表した論文は三〇本を超えていた。その後の研究生活でさらに五〇〇本の論文を発表し、著作の総ページ数は二万ページを突破した。そのほとんどは洞窟性昆虫を扱ったもので、図版はすべて器用な彼が自分で描いていた。

　ジャネルが研究していた洞窟性甲虫は、非常に古い種（しゅ）だった。数千万年前に地中海沿岸地域に生息していたに違いない地上性の祖先から分岐したもので、地下水や地下河川（かせん）にうがたれて生じた多数の孤立した洞窟に棲みつき、長い時間をかけて洞窟に固有の環境に適応していった。体色は白っぽく、眼と翅を失った代わりに長く華奢な脚と触角をもち、洞窟に入ってくるわずかな餌から養分を余さず吸収するための長い腸を収めた腹部が丸々としている。この点で、それらの洞窟性甲虫の種は互いによく似ていた。ジャネルと同僚たちが発見した種の数は数千におよぶが、その多くは近隣の洞窟系に生息する親戚から孤立して進化したため、一つの洞窟系でしか見られない。環境によって課される条件の制約のせいで外観のとりうる自由度が極端に小さいことから、これらがすべて異なる種だというのは、外から見ただけではほとんどわからない。しかし体内の器官、正確には交尾器を見ると、違いがよくわかる。

　多くの甲虫類と同様、洞窟性甲虫のメクラチビシデムシにもペニスがある。ペニスの両側には、先端に二本のとげがついた鞭（むち）状の「交尾鉤（かぎ）」がある。ペニス自体は中が空洞で、しわくちゃの柔らかそうな袋が入っている。交尾時にはこの袋が膨らんで、底部についている二つのフラップから中身を噴出する。この内袋は、完全に膨らむと最初の見た目ほどソフトではないことがわかる。頑丈な歯、それより大きなとげ、さらに種によっては数本のきわめて長く鋭いとげが、あちこちから突き出ているのだ。ジャネルはこのきわめてまがまがしく見える装置全体の機能についてじっくり考えなかった（本書ではこのあと第7章で検討する）。代わりに、メクラチビシデムシのそれぞれの種について、交尾鉤の形状とその上部に生えたとげの配置、ペニスの形状と曲がり具合をこまかく記録した。特に、内袋を飾るさまざまなサイズと形状をもつとげの列について正確に記している。その際に、彼はこの器官については、違う種があればそれと同じ数のバリエーションが存在することを明らかにした。それだけでなく、雄の交尾器の構造が種の分類において鍵を握っていることも発見した。こうして彼は、ペニスの外観にもとづいて種をさまざまな科に分類した最初の研究者となったのである。

甲虫のペニスがジャネルの研究の中心となった。甲虫のペニスに秘められた可能性を理解していた彼は、指導学生に甲虫をはじめとする昆虫類のペニスの解剖と記述と分類を含むプロジェクトを必ず割り当てたが、あるとき女子学生に泣かれてしまったのには困った。レディーにこんなことをさせるなんてありえないと抗議されたのだ。ジャネルは相手の気持ちを理解しようと努力したに違いない。ペニスの研究を命じられたというのは、正確には違うと説明し、その場を収めた。「ペニス」や「陰茎」、「包皮」という用語はふつう私たち自身のような脊椎動物だけに使われるものだから、自分としてはむしろ、「挿入器（aedeagus）」（「生殖器」を意味するギリシャ語の ta aidoia から）という言い回しを使いたい、と弁明したわけだ。

多種多様なパーツ

二〇世紀の初め、挿入器によって動物の種を識別して同定するというのは分類学者のあいだでまだ奇抜な試みであり、ジャネルは間違いなくその時代のトレンドセッターだった。ジャネルの先達の一人である脊椎動物古生物学者のキュヴィエは「歯を見せてくれれば、君が何者か当ててみせる」という名言を残しているが、ジャネルなら「ペニスを見せてくれれば……」と言ったかもしれない。研究生活も終盤に近づいた一九五五年、ジャネルは *L'Édéage*（「挿入器」を表すフランス語）と題した一五五ページの回顧録の大半のページを割いて、どれほどの洞察を与えてくれたかを説き語っている。[5]しかし現在では、生物学者は非常によく似た種を区別する手軽な便法として、雄と雌の交尾器を当たり前に使っている。あるいは同じ種の個体間で色やサイズの差があまりにも激しいので、種を識別する基準として信頼できるのは生殖器の形状だけという場合もある。

マルハナバチが好例だ。[6]このカラフルで愉快な装いをまとった毛むくじゃらの大きな昆虫が花から花へと飛び回るのを観察すると、黒と黄色と赤の派手な模様を昆虫観察図鑑でさっさと探せば種の名前など簡単にわかると思われるかもしれない。ところが残念ながら、現実はそんなにたやすくない。たとえばカシミールにはマルハナバチ属のハチがおよそ三〇種いて、どの種も黒に黄色とオレンジと赤のさまざまな横縞模様の入った、ほぼ同じ毛羽立った衣装を着けているように見える。そのため、体の色からは種についてほとんど何もわからない。詳しい専門家なら、あごと触角の形状や頭部表面のくぼみやしわのパターンの示すこまかい種間差を見分けることができる。それでも、これらの種の多くを確実に同定できる唯一の方法は、ハチに手をかけてペニスを引き出し、それぞれ特徴的な形をした三〇種すべてのペニスの写真と形状を比較することなのだ。イギリス国内に生息する二四種や、

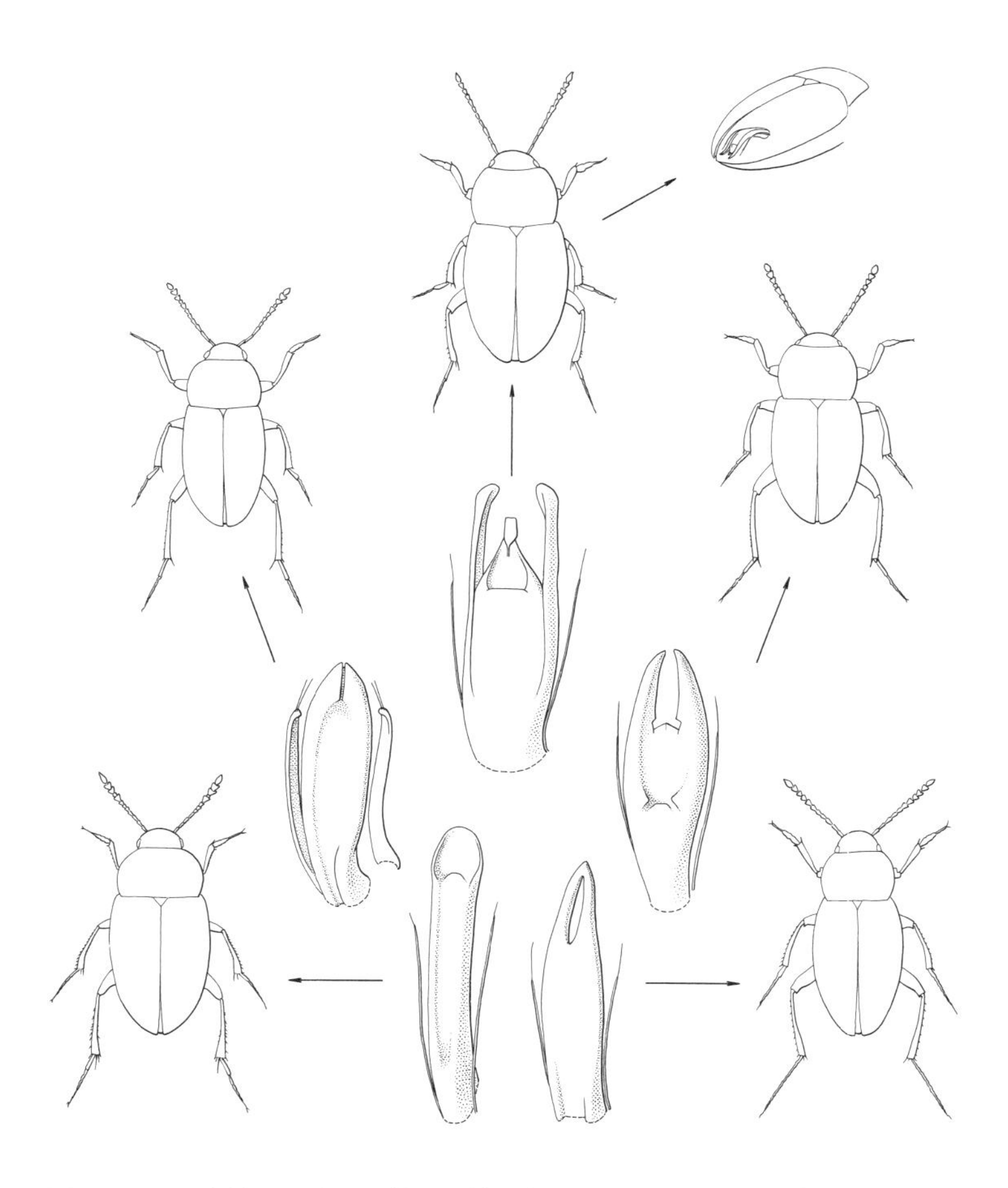

図３　ペニスを見せてくれ。外から見るとほぼそっくりな動物種も、交尾器はまったく違うということが少なくない。上の図では、外見上は互いによく似たチビシデムシ科の５種をそれぞれのまったく異なるペニスとともに示している。実際にはペニスは腹部に隠れていて、外からは見えない。

北米の三五種ほどのマルハナバチについても同様である。[7][8]

これらの昆虫の例をお見せしたことで、生物多様性の真髄が生殖器に集約されているというのが小さな虫たちに限られた事情であるなどと思い込んでいただきたくはない。じつは、このパターンは哺乳類をも含む動物界全体にあまねく見られるのだ。たとえば、一八種のハネジネズミについて考えよう。[9] ハネジネズミは食虫性で、アフリカ大陸全域のあらゆるタイプの生息地に暮らし、ハツカネズミ大からオポッサム大までさまざまなサイズのものがいる。長めの脚、長く伸びた鼻、そして種によってはカラフルでまだら模様の体毛を別にすると、ハネジネズミはトガリネズミとよく似ていて、かつては同じ種に分類されていた。しかしＤＮＡを調べたところ、別の種であることが判明した。ツチブタやゾウ、マナティー、テンレック（訳注　トガリネズミの一種）、ハイラックス（訳注　イワダヌキ。耳を小さくしたウサギのような外見）などと同じく、アフリカ原産の哺乳類を中心とする古くからの群であるアフリカ獣上目（じゅうじょうもく）に属していたのだ。

進化によって切り株に似たこっけいな長い鼻になったことに加えて、ハネジネズミは交尾器も独特である。雌にはいわゆる膣がなく（代わりに子宮が外界に対してむき出しになっている）、霊長類とコウモリ以外では月経のある唯一の哺乳類だ。雄はペニスの大半と精巣が腹部の内側に隠れている。ハネジネズミのペニスには、ほかにも変わった点がある。極端に長いのだ。体長の半分ほどの長さがあり、陰部から胸骨付近まで腹部内壁に沿って伸びている。胸骨の近くで鋭くＵターンし、腹部から下後方に出る。ただし勃起時には、皮膚内の筋肉の働きでもう一度前方に折れ曲がるので、ペニスの軸は横から見るとＺ字型になる。

ハネジネズミのペニスを付け根からたどり、毛むくじゃらの腹部から外に出るところまで見ていくと、すべてのハネジネズミで基本的な設計が同じであることがわかる。しかしペニスの先端にたどり着いたとたん、そこにはカオスが待っている。ハネジネズミのペニスの先端に関する詳細な研究（笑わないように！）を《動物学ジャーナル》一九九五年一一月号に発表したピーター・ウッドールによると、ケニア原産のコシキハネジネズミでは、スプーン形になったペニスの先端にとげが一列に並んでいる。東南アフリカ原産のヨツユビハネジネズミの場合、ペニスの先端はとがっていて、中世の三叉槍のように二つの「耳」が横に突き出ている。南アフリカ原産のコミミハネジネズミはペニスの先が膨らみ、先端付近に「襟」がついている。ハネジネズミ属の種はすべてペニスの先端にこぶがあるが、その形は種によってハート形、皿形、ブーメラン形、花形など違いがある。[10]

こんな話ならいくらでも続けられるが、とりあえず今のところはやめておく。どんな動物を調べてもたいていこのパターンが見出されるので、これは自然の法則に近いものだと考えてほしい。つまり、動物に備わるすべての器官のうち、種間の最大の違いが見られるのは脳やくちばしではなく、腎臓や消化管でもなく、生殖器なのだ。このことがあてはまる動物は、洞窟性甲虫、マルハナバチ、ハネジネズミだけでなく、カギムシ、ナメクジ、水生甲虫、ハネカクシ、ヨーロッパリンゴスガ、ユウレイグモ、ショウジョウバエ、ハナアブ、卵寄生バチ、水生環形動物、有蹄(ゆうてい)哺乳動物、サメ、エイ、霊長類、グッピー、イトトンボ、陸生プラナリア、センチュウ、ケダニ、メクラグモなど、挙げればきりがない。

生物の形態や形状をめぐるこうした驚くべき多様性を自分で探索したり発見したりできることをあ

りがたがる分類学者にとっては、感謝の種(たね)は尽きることがない。彼らにとって、これまでに研究されていない種の標本から交尾器を切り出すことは、クリスマスプレゼントの包みを開くようなものだ。どんな思いがけない形状が現れるかわからぬまま、彼らは顕微鏡をのぞき込む。全神経を集中させて取り組む丹念な解剖学的作業のさなかにときおり差し挟まれるのが、彼らの上げる押し殺した歓喜の叫び声だ。私がまだ感化されやすい中等学校の生徒で、オランダ昆虫学会の地区集会（序章に登場したシカの枝角の飾られた講堂で開かれた）に通い始めたころ、初めて参加したセミナーにガの専門家として有名なロシア人が招かれていた。[11] 高齢で体は弱っているものの若々しい情熱をもつ彼は、楽しくてたまらないといったようすで、終えたばかりの研究の話を聴衆に聞かせた。科学界にとって未知の種が多数生息する、未踏の遠いアジア大陸の片隅で採集された一箱分の小さな標本を調べたときのこと。彼は驚くべき生殖器を発見したそうだ。毛ととげに覆われて整った形をしたキチン質の細片を写したスライドを何枚か見せながら、彼は激昂の叫びを上げた。「これだ。まったく。初耳だ。聞いたこともない！」

性器の形状に隠されたこの美しさの意味、その感覚に訴える含意、そしてさまざまな形態が存在する未開拓地の無限の広がりをすみずみまで明らかにするには、科学だけでなく芸術も必要となる。コロンビア出身のアーティスト、マリア・フェルナンダ・カルドーゾは、『交尾器ミュージアム』というプロジェクトでこれをやってのけた。[12] これまでのキャリアを通じて生きた動植物や死んだ動植物のパーツを用いて創作を行なってきたカルドーゾがつくりあげるのはたとえば、骨や乾燥した爬虫類やチョウの翅からなる魅惑的な立体作品だ。第五二回ヴェネツィア・ビエンナーレではコロンビアの代表として、乾燥させたヒトデを使った巨大な作品を出品している。一九九〇年代にはインスタレーション作品『カルドーゾのノミのサーカス』で世界的な名声を得た。これは一九世紀のサーカスの出し物を芸術的に解釈した作品である。

カルドーゾはノミのサーカスについてリサーチしている最中、ノミの交尾器の複雑さとサイズに関する驚くべき記述に出くわした。ノミのサーカスのプロジェクトが終了したときには、「節足動物のなかで立派な性器をもつのはノミだけなのか、それともほかにも同様の仲間がいるのか」を突き止めようと心に決めていた。現在はオーストラリアのシドニーを拠点とするカルドーゾは、オーストラリア博物館の図書室で一夏を過ごし、すぐにビル・エバーハードの『性淘汰と動物の交尾器』を見つけて、このプロジェクトにどれほど大きな可能性が秘められているかを見て取った。それ以来、昆虫学者、３Ｄモデル製作者、電子顕微鏡技師と共同で、カニムシの精包(せいほう)をガラスで再現した作品や、カワトンボのペニスのブロンズ像、巨大なサイズに引き伸ばしたカタツムリの生殖器の電子顕微鏡写真といったものを次々に制作している。

とりわけ想像力をかき立てるのが、タスマニア原産のメクラグモ九種のペニスを表現した作品だ。電子顕微鏡写真からスタートして、これらの器官がもつ奇抜な形状を３Ｄコンピューターモデルに写し取り、それから３Ｄプリンターを用いて白いプラスティックを成型し、密閉式の鐘形ガラス器に収めて完成だ。オーストラリア現代美術館の館長を務めるエリザベス・アン・マクレガーは、カルドーゾの作品についてテレビのドキュメンタリー番組でこんなふうに語っている。「この作品を見た人は、もちろんすぐにペニスを連想します。ガラスのケースがコンドームにそっくりですから。そこですぐえてきます」

さま検証が始まります。近くに寄って目を凝らします。すると妙なる美しさで、まるで花のように見えてきます」

ぴったりな関係

もちろん、このユーモラスな生殖器「芸術」によって、私たちはいやがおうにも「なぜか」という問いを突きつけられる。どれも同じ単純な機能を果たす器官なのに、種によって形状がそれぞれまったく異なるのはなぜか。先に挙げたキュヴィエの警句が示すとおり、種によって食べる餌が違えば歯の形状が異なるというのは理解できる。しかし、ペニスや膣の形状が種ごとに違うのはどういうわけか。生物学者は長らく、このように生殖器が多様性に富むことの意味を自分は正確に理解しているとふんぞり返っていた。ジャネル以前にも、一九世紀に入ってかなり経ったころすでにこの点について記していた、フィリップ・ヘンリー・ゴスという博物学者がいる。「非常にこまかく精巧な細工の施された鍵がたくさんあって、一本一本がすべて異なるならば、それぞれが特別な鍵穴に合うようにつくられていると考えぬわけにはいかない[13]」

つまり、同じ種どうしでしかうまく交接できないように、ペニスと膣の組み合わせが種ごとに決まっているという考え方だ。これは同時に、別の種との交雑は阻まれる（うまくかみ合わないから、あるいは「間違っている気がする」から、といういずれかの理由で）ということでもある。ここから「鍵と鍵穴」仮説という、いかにもな命名のなされた説が出てくる[14]。この考え方は直感的に納得でき、美的観点からも肯け、完璧にすじが通っている。第一に、異種間の交雑が実際に起きた場合、生まれる子は繁殖不能であったり（ラバがその例だ）、病弱であったり、あるいはうまく適応できなかったりすることが多いので、進化がそんな哀れな子の誕生を妨げるのは当然だ。第二に、違う種に属する交尾相手のために時間を浪費し、重ねて悪いことには精子や卵まで浪費してしまうのも、異種の鍵穴には鍵が適合しない仕組みになっていれば阻止できる。[15]さらに第三の論点として、自然界はセックスにまつわるそのようなミスを犯す切実なリスクで満ちている。近縁の種どうしが同じ生息地で暮らしていることが少なくないからだ。

死肉食動物の世界をちょっとのぞいてみれば、この第三の論点がよくわかる。生態学者のペトル・コチャーレックがチェコの森で実際にしたように、死肉を食べて暮らす甲虫を間近で観察すると（鼻をつまむのを忘れずに！）、近縁の死肉食種どうしが互いに肩を触れあわせているのがわかるだろう。コチャーレックは同じ腐肉塊を食べて暮らすチビシデムシを一一種、ヒメハネカクシを九種、シデムシを五種、それぞれ発見している。これらの甲虫はいずれも、少なくとも人間の目にはそっくりに見える。たとえばチビシデムシはどれも体長が約三ミリで色は灰色、胴体は楕円形で、脚や触角はほぼ同じ形状で、体のプロポーションもよく似ている。ところがペニスの形状は種ごとに特有で、カトプス・トリスティスは槍のような形、C・ニグリタは角が三本、C・モリオは丸のみのような形、C・ヴェスティはフォーク形、C・クリソメロイデスはスプーン形となっている。鍵と鍵穴が互いに適合するか確かめることが、間違って不適切な種とセックスしてしまうことへの効率的な防止策になるということは容易に想像できる。[16]

この考えのさらなる裏づけとして、〝同じ種の雄と雌の交尾器が完璧にかみ合う〟というケースのあることを生物学者が発見している。《ネイチャー》一九六七年五月二七日号で、シカゴにあるフィールド自然史博物館の霊長類学者ジャック・フーデンは、中国南部原産のアカゲザルとベニガオザルという二種のサルに見られる、そうしたケースの実例を報告した。[17] アカゲザルの雌はヒトと同じような膣をもち、雄の陰茎亀頭はヘルメットをかぶったように先端が丸くなっている。一方、ベニガオザルの亀頭は長く平べったい槍のような形で、長さは最大で七センチにおよび、内部には支骨がある。また、雌の膣は天井部からぶら下がる分厚い組織塊でほぼ完全にふさがれている。フーデンによれば、雄の細いペニスは「細いすきまを通って膣の開口部に到達して中へ進入するのにぴったりな形状をしている。……逆に、アカゲザルの短くて先の丸い陰茎亀頭には、この通路を通過するのは難しそうである」。「丸い穴に四角い杭を打ち込む」ということわざを地で行くことになるから無理だ、というわけだ。

このようにさまざまな裏づけがあるのだから、「鍵と鍵穴」仮説が深刻な疑義を呈されることなく、一世紀以上生き延びているのも不思議ではない。また、ほんの数十年前まで生物学者のなかで交尾器への関心が最も高いのは分類学者だったというのも、理由の一つかもしれない。彼らは黙々と整理して解剖し、標本の絵を描いて言葉で記述するだけで、厳密な試験や実験にはさほど関心がなかったのだ。それでも時には水平線の向こうから、暗雲が顔をのぞかせることもあった。一九二〇年代にはすでに、マルハナバチ（当時はまだもう少し愛らしい名で呼ばれていた〔訳注　二〇世紀初頭まで英語ではhumblebee（つつましいハチ）と呼ばれていたが、その後bumblebee（ブンブンうるさいハチ）と呼ばれるようになった〕）を研究する生物学者は、雄が多種多様な形状の「鍵」をもっている（すでに紹介したとおり）

のに、それらを受け入れる雌の「鍵穴」は一種類しかないことに気づいていた。マルハナバチの研究者は、この毛玉に翅を生やしたような虫を調べて鍵穴に変異を見出そうとしたが、膣の内部の形状はどれも同じであると結論せざるをえなかった[18]。さらに悩ましいことに、ある種の昆虫の雄が別種の雌の鍵穴に心地よさそうにしっかりと鍵を挿入しているのが発見されたという報告例は引きも切らず、研究者は頭を抱えた。ロッテルダム在住のチョウ収集家から「現行犯事例」ですがと称して、標本の詰まった引き出しを見せられたことがある。ピンで留められた雌のチョウから、別種の雄が互いの生殖器でつながったままぶら下がっていた[19]。

しかし一九八〇年代には状況が変わり、進化生物学者が交尾器にきちんと着目するようになると、「鍵と鍵穴」仮説のまわりには暗雲が立ち込め、もはやその命は風前の灯と言ってよい。では、一〇〇年以上にわたって高い支持を得てきたシンプルで魅力的な説が不意に人気を失ったのはなぜなのか。第一に、考えてみると（いち早く気づいていた聡明な人たちもいる）、この説は一見すると理にかなっているようだが、じつはそうでもないのだ。このような進化をもたらした目的が交雑の阻止だったなら、鍵を鍵穴に差すまでにいろいろと段取りを踏んだあげく、最後の最後に決定的な障壁が待ち構えているというのは、いささか効率が悪くないだろうか。

それだけではない。マルハナバチの雄のペニスがいろいろな形状であるのに対して、雌の膣にはそのような多様性がないらしいことが、かなり早い時期からわかっていた。ということは、「鍵と鍵穴」の考え方がマルハナバチではまったく成り立たない。実際にほぼ例外なく、生殖器の種間差は雄の側にあり、雌の側にあることはめったにないのだ。

ここでほんの少し脱線して、言っておきたいことがある。雌の「鍵穴」に多様性がないように思われるのは、本書でこれから何度も立ち返る問題によって生じる誤解かもしれない。雄の交尾器については研究が十分にされているのと比べて、雌の交尾器の詳細についての研究はじれったいほど進んでいないのだ。男性中心主義のせいで、ヒトの男性器の研究は女性器の研究よりも許容されやすく有意義なものだと見なされてきたが、動物学もこの男性中心主義から逃れられていない。また、現実的なバイアスもある。雄の交尾器はたくましく外に突き出ていることが多いので、折りたたまれて体内に納められた柔らかい雌の交尾器と比べて、解剖学者にとっては格段に扱いやすい。乾燥させてピンで留めた体長数ミリの昆虫が相手となればなおさらだ。ゆえに、科学を取り巻く社会的な事情と、保存や解剖にまつわる現実的な事情の両方が絡みあって、雌の交尾器に関する知見の欠如をもたらしてきたと考えられる。となれば、雌の交尾器が「すべて同じ」であると言われている動物集団の多くにおいては、じつはこの言葉は「誰もきちんと調べていない」という意味だと解釈すべきだろう。この点についてはのちほど、ヒトの生殖器を扱う際にもまた触れるつもりだ。

このようなバイアスを念頭においても、科学者が雄と同程度に雌についても存分に交尾器の解剖や測定をしてきた種類の動物においてさえ、やはり全体的な傾向としては雌よりも雄の生殖器のほうが多様性に富んでいる。一方、相手の雄が「不適切」だと雌は受精器官を相手と接合させた状態が維持できないとする報告も途切れることがない。

最後に挙げた問題のとりわけ示唆に富む例として、キウルフィナ属のカマキリがいる。この（カマキリとしては）小型で見栄えのよい昆虫は、オーストラリア北東部の森林に生息し、生殖器にきわめて特殊な性質がある。ある種の雄の生殖器が別の種の生殖器の鏡像となっているのだ。あるカマキリのペニスが常に著しく左右非対称だと想像してほしい。ペニスを後ろから見ると、板やスポークや突起がごちゃごちゃに組み合わさっている。そして左右非対称の形はすべてそうだが、鏡像をもとの形と重ね合わせることはできない。この性質をキラル（掌性）という。ギリシャ語で「手」を意味するcheirに由来する用語だ。私たちの手はキラルな形状の完璧な例であり、左手と右手の形状はそっくりとも言えるがまったく違うとも言える（キラルな交尾器については第8章でも取り上げる）。つまりキウルフィナ属には、雄がいわば「右利き」の生殖器をもつ種と、「左利き」の生殖器をもつ種が存在するということだ。ところがニュージーランドのオークランド大学でこのカマキリの研究をしているグレッグ・ホルウェルによると、雌の交尾器はすべて左右対称だ。そのため、ホルウェルが左利きの種の雌を右利きの雄と交尾させたり、あるいは逆の組み合わせを試したりしたところ、雌の鍵穴は自分と同じ種の雄の鍵でもその鏡像の鍵でも、開けやすさに差がないことが判明した[20]。本物の鍵穴で試せば、今の話が「鍵と鍵穴」説と合致しないことがわかるだろう。

そうは言っても、まだ弁護の余地はある。〝雌の鍵穴には多様性がないというこの主張は「鍵と鍵穴」仮説を否定する状況証拠にすぎない〟とも言えるからだ。じつは交尾器は昔ながらの鍵と鍵穴の関係ではなく現代的な電子式のカードキーのように作用する仕組みになっていて、機械的な適合によるのではなく微弱な感覚信号のやりとりを利用しているとも考えられる。そのような感覚信号ならば、雌の生殖器の形状として目に見えるものである必要はない。

いや、生殖器をめぐる「鍵と鍵穴」仮説を決定的な窮地に追いやる事実が、じつはビル・エバーハードの『性淘汰と動物の交尾器』第三章に記されていた[21]。機械的なものにせよ感覚的なものにせよ、雄と雌の生殖器がぴったりかみ合うという証拠（または証拠の不在）を探すのではなく、彼は「鍵と鍵穴の仕組みが進化することを期待できない状況を探そう」というアプローチをとった。そういう状況では、事態はどうなるか。そういう状況にあてはまる種があれば、その種の一員は、近縁種の好色なメンバーに遭遇するリスクを決して冒さず、それゆえいかなる特殊化した鍵や鍵穴も意味がなくなるはずだ。ジャネルが研究した洞窟性甲虫のメクラチビシデムシが、格好の例と言える。洞窟にはそれぞれ固有の甲虫の種が存在し、それらは決して洞窟外に出ていかないので、近くの洞窟にいる近縁種と出会うこともまったくない。あるいは群島を思い浮かべてもいい。ある島にはそこにしか生息しない固有の種がいて、隣の島にはその種のかわりにそれと近縁だが別の種がいる、という状況だ。また、特定の宿主の体表か体内だけで生息し交尾する寄生生物というのがいる。そのような寄生生物にとって宿主はいわば「島」であり、別の宿主の体内で特殊化した近縁種とは絶対に遭遇することがない。

　エバーハードが文献を探索すると、同様の例が数十件見つかった。ガラパゴス諸島のコメネズミ、西インド諸島のアトランテア属のヒョウモンチョウ、大西洋南部の島々に生息するダルマガムシ科の水生甲虫、それにホリネズミの毛に棲み着くシラミ、カラスに寄生するハジラミ、ヒトなど哺乳類の腸内に生息するギョウチュウ……これらはみな複数の種からなる集団で、各種がそれぞれ固有の「島」に生息し、同じ集団の別の種には決して遭遇しない。それでもこれらの種間に見られる生殖器の差異にいずれも、不適切な種と交尾するリスクが存在する種どうしの差異とまったく同程度の大きさである。「鍵と鍵穴」仮説に従えば、これは理にかなわない。難破した船員が無人島にたどり着き、ヤシの実を集めに行くときに必ず小屋の鍵とかんぬきをかけるのと同じくらいばかげている。

エバーハードの著作以降、同様に「鍵と鍵穴」仮説を否定する証拠が蓄積されており、今ではもうこの問題は決着しているように思われる。次章で見るとおり、自然界ではありふれているらしい生殖器の多様性に対して、別の説明を探す必要があるのは明らかだ。それでも私は、この章を締めくくるにあたって、ひとつの逆説的な真実を読者に告げなくてはならない。つまり、「鍵と鍵穴」説の息の根が止められても、生殖器が適合しないせいで近縁種との交尾ができない動物が存在しないということにはならないのだ。この点についてはすでにアカゲザルとベニガオザルの例で軽く触れたが、同様の例はほかにもある。

真の「鍵と鍵穴」的状況に関する好例が、二〇一二年に慶應義塾大学の上村佳孝(かみむらよしたか)と三本博之(みつもとひろゆき)という二人の進化生物学者によって発表された[22]。彼らはアフリカのサントメという小さな火山島に生息する二種のショウジョウバエ、ドロソフィラ・サントメアとドロソフィラ・ヤクバ（ヤクバショウジョウバエ）を調べた。D・ヤクバの雄はペニスの付け根に二本の鋭いとげをもち、交尾時にはこれが雌の膣にある二つの丈夫なポケットにぴったりとかみ合う。一方、D・サントメアにはこのようなとげもポケットもない。そのため、雄のD・ヤクバと雌のD・サントメアの交尾はどちらにとっても不快なものとなる。雌は膣を守る防御機構がないので、雄のペニスのとげに傷つけられる。一方、雄も満足できない。というのは、とげをかみ合わせるポケットがなく、ペニスの位置が膣と合わないため、射精しても精液が膣に入らず、雌の尻にこぼれてしまうのだ。精液のしずくは物理的に少量なのでたちまち乾燥し、（相手への熱情はすでに急速にしぼんでいる）二匹を互いにしっかりと固着する。このため雄と雌はなんとか身をほどこうと激しく蹴りあって、三〇分ほど悪戦苦闘する。

生殖器における「鍵と鍵穴」の不適合の例は、ほかにも存在する。それでもなお、これらを「鍵と鍵穴」仮説の裏づけとなる証拠と見なすべきではない。その理由として決定的なのが、これらのどの例においても、「鍵と鍵穴」のような生殖器のペアが進化したのは交雑の回避が目的だった可能性は低い、ということである。他種との交尾ができないのは単に、まったく別の理由で進化した生殖器の形状の違いによる不運な副作用である可能性のほうが高い。そしてその理由というのは、次章で見るとおり、鍵と鍵穴よりもはるかに、「そそるもののある」ことなのだ。

第3章　体内求愛装置

わが家の狭い屋根裏に、私は自分だけの探検家の部屋をつくった。屋根の梁(はり)に囲まれて、木製や籐製の家具が雑然と置かれ、棚には貝殻や熱帯雨林で採取した巨大な種子などフィールドトリップから持ち帰った記念の品々が並び、お決まりのカイマンワニの剝製が天井からぶら下がっている。インドネシア製のチーク材の書棚もいくつか置いて、野外観察用の自然図鑑を詰め込んだ。私はミャンマー製の書き物机に向かい、書棚から引き抜いた二冊の本をぱらぱらとめくる。一冊めはアレン・ジェヤラジャシンガムの『西マレーシアとシンガポールの鳥類図鑑』だ。熱帯の雷雨でびしょ濡れになったことがあるので、アラン・ピアソンによる壮麗な図版がところどころ貼りついてしまっているが、幸いにして図版六三は無事だ。一二種のヒタキが描かれ、いずれも派手な雄と地味な雌のペアという形で、鮮やかに描写されている。雄の種(しゅ)は簡単に見分けられる。それぞれの種（スズメくらいの大きさで、頭部を飾る逆立った剛毛の下から短くて頑丈なくちばしが突き出ている）が、群青色、黄褐色、オフホワイト、すすけた黒色の組み合わさった独特の羽をまとっている。これに対して雌はたいてい冴えない茶色一色だ。机に広げたもう一冊の本は、オランダのバッタとコオロギの図解書である。ヨーロッパのバッタの多くは雄が互いによく似た姿をしているが、雌の気を引くための鳴き声はずいぶん違う。一一三ページから一一五ページには直翅類（ちょくしるい）のヒットパレードの解説が書かれ、巻末にはＣＤがついている。これを聴けば、バッタマニアは耳で種が識別できるようになるというわけだ。

図鑑をめくっていくと、キジやヒキガエル、ホタル、カメレオンなどのよく似た種どうしを雄のさかや鳴き声の音程、明滅のパターン、皮膚の色などによって同定する最適な方法が何十例も出てくる。雌への求愛に用いられるこれらの雄のシグナル（ダーウィンの言い方を借りれば「第二次」性徴）は、どうやら自然界で最も急速にきわめて多様な方向へ進化するものの一つであり、種のあいだで最も大きな差異を生み出す。これらの鮮やかな羽や美しい声など、雄が自分に注意を引きつける手段はすべて、環境に適応するのではなく常に雌の好みに適応している。

ほこりをかぶった本を書棚からもう一冊抜き出す。ハインツ・フロイデ、カール・ヴィルヘルム・ハルデ、グスタフ・アドルフ・ローゼの『中央ヨーロッパの甲虫類』第三巻だ。[1] 第七章を適当に開くと線画が並び、ドイツや周辺諸国の小川や湿地に生息する小型の水生甲虫ダルマガムシのおよそ三〇種を同定する方法が説明されている。といっても、虫そのものは描かれていない。どれも外から見る限りはそっくりだからだ。代わりにキッチン用品の通販カタログさながらの図版が載っていて、奇妙な形のペニスが何列も並んでいる。これがダルマガムシの種を正確に同定する唯一の方法なのだ。

水生甲虫のペニスの多様性は、同一種内で雄の装飾物に多様性が存在する動物に共通の、一般的なパターンにあてはまる。この事実を知れば当然、ヒタキの羽やバッタの鳴き声と同じように、生殖器もダーウィンの言う性淘汰によって進化するのだろうかと考えたくなる。

本章では、雄の交尾器の進化を促進するのは雌の好みだとするエバーハードの説を扱う。しかしまずは、ダーウィンが鳥類の雄の精巧な羽のディスプレイや、脊椎動物と無脊椎動物の雄の頭部や胸部を飾るきわめて多彩な角(つの)や枝角や突起物についての議論に何ページも費やしながら、さらに踏み込んで雄々しいペニスのバリエーションについて論じなかったのはなぜか、その理由を探ってみよう。

ダーウィンが生殖器を扱わなかったのは、機能が明白（卓越した鳴き声やピンクの羽毛の房などとは対照的に）だったからかもしれない。雄には（繁殖の必要性を満たすために）ペニスがとにかく必要だという事実こそ、ダーウィンが生殖器を第二次性徴ではなく第一次性徴に分類した理由であり、それゆえ生殖器の進化は性淘汰ではなく自然淘汰の結果であると考えた理由でもある、ということを思い出してほしい。しかしじつは、これは理にかなわない。鳥には生殖器と同様に頭も必要だが、だからといって〝頭に加わった派手な属性なら何でも雌に選択される可能性がある〟という事実に変わりはない。これは第1章で出てきたギセリンによる「パーツ」対「特性」の区別だ。同様に、ペニス自体はその機能ゆえに必要なものかもしれないが、その装飾的な属性（とげ、フランジ（訳注　環状の出っ張り）、隆起、こぶなど、注入器として妥当な機能を果たすのに必要ではないあらゆるもの）は性淘汰の眼鏡にかなうかもしれない。

あるいはダーウィンは単に、ペニスの多様性の大きさに気づいていなかっただけかもしれない。エバーハードは一九八五年の著書で、ダーウィンがこのテーマについて沈黙した理由はまさにこれだと考えて、次のように述べている。「性淘汰の力に対するダーウィンの信念は非常に強かったようなので、生殖器の複雑さや多様性が当時の動物学者のあいだで広く知られていたならば、あるいは彼がフジツボではなく甲虫類を調べていれば、ダーウィンのリストに交尾器が含まれたのではないだろうか[2]」

しかし、ダーウィンは実際に甲虫類を調べている。ケンブリッジの学生だったころ甲虫収集に夢中で、巨大なフンコロガシに馬乗りになりながら小さな網でそれを捕まえようとするダーウィンの戯画を描いた同級生がいたほどだ[3]。ダーウィン自身、甲虫採集に明け暮れた当時のことを懐かしむのに自伝の数ページを割いている。その一方で、獲物をピンで留めて同定するくらいでさほど熱心に研究したわけではなく、解剖はいっさいしなかったと認めているのも事実だ。それならば、翅鞘の下に隠れた生殖器の驚異を本当に見過ごしていたのかもしれない。それでもやはり、ダーウィンが（まともな動物学の論文を一本も書かずに進化の研究に着手することはできないと感じたので）八年間にわたって気の向くままに研究や解剖を行なったフジツボの生殖器の多様性は、彼にとってなんら秘密ではなかった[4]。彼の発見した長いペニスは、動物界の最長記録を今も保持している。その記録保持者であるクリプトフィアルス・ミヌトゥスというフジツボの雄性性器は、本体の八倍もの長さがあるのだ[5][6]（フジツボは岩や船に固着して一生を過ごすので、水中に精子を放出しても波で流されてしまう。このような環境で近くの個体を受精させるには、知覚をもつ長いペニスを伸ばして相手を探すしかない。ペニスが長い理由はこれで説明できる。フジツボのコロニーが特に熱気を帯びた日には、長く伸びた数十本のペニスが〝隣人〟たちのあいだをくねくねと這い、ペニスを差し込めるすきまがあればすかさず奥を探っているようすが見られる。あまりにもたくさんのペニスが同時に行き交い、誰と誰が交尾

図4　波に洗われる岩の表面で立派な性器を誇示する。ダーウィンは、自力で交尾相手に接近できないフジツボが動物界で最長のペニスをもつことを発見した（体のサイズに対する相対比で比較）。上図では、左下のフジツボがヘビのようなペニスを右上のフジツボに挿入し、一番右のフジツボが交尾相手を求めて周囲を探り始めている。

しているのか判然としない場合もある[7]。

いや、ダーウィンが著書でセックスや生殖器に関する露骨な言及を避けた（フジツボ愛好家という特殊な読者層を対象とした刊行物を除いて）のは、おそらくヴィクトリア朝時代ならではの慎みゆえだろう。チャールズ・ダーウィンというと、もみ上げをたくわえて日焼けしたヴィクトリア朝時代の探検家が膝丈ズボンを履いて、ガラパゴス諸島で進化の証拠を探して火山岩をよじ登っている姿がしばしばイメージされる。しかし実際には、多大な名声を享受するようになったころには、探検の大半を頭の中と図書館でするようになっており、その一方で日常生活はごく平凡だった。七児の父となった彼は子煩悩で、世界を揺るがす科学理論を書き上げることに次いで彼の関心を占めていたのは、上層中流階級の円満な一家の主（あるじ）であることだった。

当然ながら、この二つの望みが衝突することもあった。ダーウィンと妻のエマは「進化」対「神の創造」をめぐって長らく意見の相違を抱いていたが、険悪に対立したわけではない。セックスというテーマとの格闘は、長女ヘンリエッタ（エティ）に象徴されているようだ。『人間の進化と性淘汰』の執筆中、ダーウィンは書名に「性」という言葉を入れさせまいとする出版社に抵抗したし、文章の一部（たとえば色鮮やかに膨れ上がったサルの「尻」についての一節）については難解なラテン語にしたうえで脚注に追いやることで削除を免れた。だが、エティには逆らえなかった。彼女は原稿の校正中に、ヴィクトリア朝時代らしい節度から逸脱したと感じられる箇所を見つけると、すかさず訂正用の赤いクレヨンを取り出したのだった。

ただし公平に言えば、ダーウィンの伝記作家たちはしばしばエティを父親の研究に悪影響を与えた潔癖症の娘として描いているが、最近公開された彼女の日記を見ると、実際にははるかに思慮深い人物だったことがわかる。また、ダーウィンが死の床でキリスト教の教えに回心したという噂と激しく闘ったのも彼女だった。それでも晩年になって、スッポンタケがその卑猥な形状で未婚女性に悪しき影響を与えるという理由で、イングランドの田舎からこのファルス・インプディクス（訳注　「みだらな男根」の意味）というキノコを排除しようと孤軍奮闘したという話には、なんともいえない気持ちにさせられる。(8)

ダーウィンと卵（らん）のコスト

ダーウィンは、性淘汰に関する著作で妙に生殖器の多様性を避けている（例のサルの尻を除いて）。そのため、このテーマは拾い上げてくれる人を待っていた。そしてずいぶんあとになったが、実際に手がけたのがビル・エバーハードだった。だが、生殖器と性淘汰に対するエバーハードの見解を検討する前に、性淘汰の理論そのものをもっと詳しく見ておこう。第1章で基本原理を扱ったのは、おそらく記憶にあるだろう。雄が雌との交尾をめぐる競争でほかの雄よりも有利になるような、遺伝により受け継がれる「魅力的」な属性をもっていれば、その雄はより多くの子をもうけ、次の世代ではその遺伝可能な属性をもつ個体の割合が高くなる。こうして進化が生じる（背中がエビ茶色のふつうの雄よりも淡黄褐色の突然変異体のほうが雌に好まれるとどうなるかという例を示した）。ここで、逆が真であってはいけないのかと疑問に思うのはしごく当然だ。ある雌がほかの雌よりも雄にとって魅力的な場合——想像できなくはないだろう——には、性淘汰は起きないのだろうか。

答えは、イエスでありノーでもある。ややこしい話なのだ。ややこしすぎて、数式だらけの研究論文六五年分が必要だった。しかし、心配は無用だ。数式を使わずに四つの段落で概要を説明しよう。進化をめぐるこの議論の主役はダーウィンではなく、アンガス・ベイトマンというイングランドの遺伝学者である。一九四八年、ベイトマンは《遺伝》誌に発表した論文でこう述べた。「ダーウィンは、雄がどんな雌とでも交尾したがるのに対し雌は受動的ではあるが相手を選択するということが、広く観察される事実だと考えた。しかし、この性差がきわめて重要なものであることは明らかだが、それについてどうしたら説明できるかについては皆目わからなかった」[9]。つまり、自然界では雌よりも雄のほうが単純な思考をするという話が一般的に正しいのなら、なぜそうなるのだろう。それぞれの性で優先順位がこれほど違うのはなぜなのか。ベイトマンの論文は多くの議論を巻き起こし、発表から何年も経った今でも議論は続いているが、私たちは「卵のコスト」という核心を突いた問題を詳しく説明してくれた彼に感謝しなくてはいけない。

ベイトマンの論はこうだ。まず、動物の繁殖コロニーを頭に描く。たとえばヤマウズラの群れとしよう。そしてこの鳥たちの体内を見ることができるとする。透明な雌はみな卵巣の中に多数の卵をもっているのが見える。また、すべての透明な雄の体内には精巣があって、その中には無数の精子が見て取れる。このイメージをずっと念頭に置いておいてほしい。進化論的に見ると、これらの空中に浮かぶ精子と卵の塊（かたまり）はコロニーの次世代をつくり出す材料であり、それを保持する透明な鳥の体はその材料を次世代へ運ぶ乗り物となる。

貴重な荷物を運ぶ透明な生き物をよく見ると、精子は小さくて大量にあるのに対し、卵は比較的大きくて数が少ないのがわかるだろう（その理由はわかっている。第1章で出てきた細胞小器官の闘いを思い出してほしい）。ヤマウズラを新たに一羽生み出すには卵と精子が一つずつ結びつけばよいので、精子はかなり余る。実際、一羽の雄のつくる精子はコロニーにいるすべての雌のすべての卵をこれから何年間も受精させても、おそらくなお余る。つまり需要が高いのは精子ではなく卵であり、進化という観点から言えば、精子は最大数の卵にたどり着けるよう、自分をつくり出した雄に最善を尽くしてもらわなくてはならない。この雌雄間の根本的な不平等から、性淘汰の非対称性が生じる。雄はたくさん交尾すればメリットが得られるが、雌はそうではない。少なくとも雄ほどではない。そこで、雌にとって雄の魅力を高める要素はすべて性淘汰を受けることになる。一方、雌は受精すべき卵をもっている限り、雄にとって常に望ましい存在となる。

ベイトマンによれば、このことから「相手を選ばない雄の積極性と、相手を選ぶ雌の受動性」が生じる。彼は牛乳瓶に入れたショウジョウバエを使った一連の実験により、自説を証明した。実験では雄と雌を瓶に入れて、餌を大量に与えた。雌が一回、二回、またはそれより多く交尾した場合に産まれる子の数を数え、また雄についても交尾に成功した回数と子の数の関係を調べた。すると、結果は明らかだった。雌からは交尾の回数とは無関係に、常に数十匹の子が生じた。ところが雄の場合には、子の数は全面的に性の技量にかかっていた。交尾の回数が多ければ多いほど、子の数も多かったのだ。その結果、雌についてはどの個体でも子の数はおおむね一定だったが、雄に関してはわずか一〇匹くらいから数百匹まで差が開いた。

それ以来、「精子はコストが低く、卵はコストが高いので、雌はえり好みするが雄は相手を選ばない」というベイトマンの原理は、性淘汰説の中心的な教義となっている。しかし、これには批判もある。のちに実験した者がベイトマンのショウジョウバエ実験に問題点を見つけたにとどまらず、サイズもコストも大きな（サイズもコストも小さくない）精子、コストの低い（高くない）卵、えり好みする（手当たりしだいではない）雄、相手を選ばない（好みがうるさくない）雌など、多くの例外が見つかっているため、この原理は逸脱が多すぎるから捨て去るべきだと主張する科学者さえいるのだ。それにしても私の考えでは、この説を全面的に退けるのは行きすぎだ。ベイトマンが牛乳瓶の中につくり出した世界よりも現実の世界が複雑なのは間違いない。それでもベイトマンの原理（正確には「ベイトマンの経験則」くらいの言い方に抑えたほうがよいかもしれない）の基本的な教義は、やはり成り立つ。通常は雌よりも雄のほうが子一個体あたりに費やす投資が少ないので、雌のほうが雄よりもえり好みするというのはふつうは割に合うのだ。

ベイトマンの話はこのくらいにして、ダーウィンに戻ろう。彼は雌が雄を追いかけるのではなくて雄が雌を追いかけるという傾向を単に自明のことと受け止めていた。それでも、雄が雌を追うのに二通りのパターンがあることには気づいていた。ほかの雄を威嚇して邪魔するか、あるいは雌に求愛するかのいずれかである。彼は威嚇について、「最も強くて活気に満ちた雄、または最もよい武器を備えた雄が栄える……。死をも招く闘争がくり返されるなかでは、ほんの少しでも変異が……あれば、性淘汰がはたらくには十分であろう」（『人間の進化と性淘汰』より、長谷川眞理子訳）と述べている。雄ジカ《スタッグ》（クワガタ《スタッグビートル》でもいい）が一匹の雌をめぐって闘う場面を見たことのある人なら、ダーウィンに異を唱えることはあるまい。

求愛のほうがもっと厄介だ。私はちょうど今ボルネオ島にいて、この段落をバルコニーで書いている。私の眺めているスターフルーツの木は、深紅色の活発なタイヨウチョウの雄の縄張りとなっていて、この鳥は紫色の花から花蜜を吸うことに多くの時間を費やす。しかし、（地味な緑がかった灰色の）雌がこの木を訪れると、雄は必ずお気に入りの花を吸う作業を一時中断して、雌の気を引こうとする。枝から枝へ飛び跳ね、翼を震わせ、自分の赤や黄色やメタリックな紫色の華麗な羽が日光を美しく反射させているのを雌に気づかせようとしているらしい。タイヨウチョウの雄は、色鮮やかな羽を使ってライバルの邪魔をするのではない。羽で雌を夢中にさせる伊達男なのだ。ダーウィンはこんなふうに書いている。「雌たちは、よりよく飾られた雄、最も歌の上手な雄や、または最も踊りの上手な雄によって最も興奮させられ［る］。……人間が……雄の家禽に美を与えていくことができるのと同様、自然界では、長い間にわたって雌の鳥がより魅力的な雄を選ぶことによって、彼らに美をつけ加えてきたのだと思われる」（同書より、長谷川訳）

このタイプの性淘汰がダーウィンの時代にはあまり受け入れられなかったのは、男性中心主義のヴィクトリア朝時代には女性が――ひいてはすべての雌が――従順であるものとされ、性的なものであれ何であれいかなる選択も自分でしたがらないし、そうする能力もないと考えられていたからだ。ダーウィンはそうした批判をかわすために、「もちろん、こう考えるためには、雌の側に区別する能力と好みがあると仮定せねばならず、一見したところそんなことはほとんどあり得ないように思われるだろう」（同書より、長谷川訳）と記し、さらに動物の雌がじつは、人間の目にはどれも似たり寄ったりに見える派手な雄のあいだで微妙な選択が十分にできるのだということを示した。それでも雌による選択が動物学研究のテーマとして流行し始めたのは一九六〇年代の性革命の時代を迎えてからであり、このころようやく生物学者は実験を開始し、やがてダーウィンの伊達男理論の正しさを証明するに至った。霊長類でも鳥類でも昆虫でもクモでも、動物の雌は実際にしばしば、格別に外見のよい雄、声のきれいな雄、ふるまいの「美しい」雄との交尾を望むのだ。

今もなおちょっとした謎として残っているのは、赤いとさかがほかの雄より長いなどの派手な雄を雌が好むのはなぜかという疑問である。雌にとってどんなメリットがあるのか。しばらくのあいだ、二つの確立した陣営のあいだでこの問題をめぐって論争が交わされた。イングランドの伝説的な進化論学者のロナルド・フィッシャーから名前をもらった「フィッシャー派」は、雌というのはダーウィンの言うように、最も見事に身を飾り立てた雄に「最もそそられ」、その性的興奮にもとづいて相手を選ぶと考えた。フィッシャー派に対抗したのが「優良遺伝子派」で、こちらの一派にとって、長い赤色のとさかをもつ雄のほうが「すてきに見える」というだけの理由で雌が気まぐれに雄を選ぶという考えは受け入れがたかった。特に立派な装飾をもつ雄は力や健康状態も特別にすぐれているはずなので、雌は自分の子孫にそのような雄の精子に含まれる優秀な遺伝子を与えるために、雄特有の装飾を利用して雄の「遺伝子の質」を測っている。優良遺伝子派はそう考えたのだ。

生物学者がフィッシャー派と優良遺伝子派との見解の相違は思い込みにすぎないということに気づきだしたのは、今からほんの一〇年ほど前だ。雌が交尾相手をどう選択するかによって子がどんなメリットを得るかは重要ではない。交尾相手が魅力的だったおかげで息子たちも魅力的になるのなら、この息子たちは父親と同じく巧みな求愛者となることでメリットを手にするだろう。病気との闘いや生存に関してすぐれた遺伝子をもっているということを父親が自らの魅力によって示し、そのおかげで子どもたちも特別に強くて健康になれるのなら、子どもたちにもメリットがあるはずだ。つまり、魅力的な雄と交尾することで得られるメリットは種によって異なるが、雌が求める遺伝子ならばいつも「優秀」ということだ[10]。

当時テキサス大学に所属していたマルティネ・マーン（現在はフローニンゲン大学）は、パナマのボカス・デル・トーロ列島原産のイチゴヤドクガエルにおいて、外見が魅力的な変異体と生存能力のすぐれた変異体のどちらからも、雌はメリットを得るということを明らかにした。この小さなカエルは鳥などの動物に捕食されないように、致死性の毒素を皮膚内に蓄えている（自分で毒素を産生するのではなく、餌のアリから摂取する）。食用には不適だと捕食者に警告するため、派手な体色を進化させてもいる。たとえばオレンジの地に黒い斑点、赤い胴体に青い腕と脚、あるいは黄緑色の体に黒いまだら模様などのパターンだ。列島全域で、体色のパターンは島ごとに異なる。マーンと同僚らは、派手な色のカエルのほうが毒性も強いということを発見した（多数の気の毒な実験用マウスが証明してくれた）。「つまり、潜在的な捕食者はカエルの色から毒性の強さを判断することができる」とマーンは説明する。それからマーンらは、雌に二匹の雄を見せて、好きなほうを選ばせた。二匹のうち一方は他方より派手に見えるようにした（「見えるように」というのは、派手さの影響だけを調べられるように、同じ派手さの雄を使って、一方だけにスポットライトを当てたからである）。すると、たいていの雌は派手に見える雄を選んだ。すなわち現実世界では、フィッシャー派の主張するような意味で雌が単に派手な雄を好むのだとしても、その結果として、より安全に捕食者から守ってくれる優秀な遺伝子が子に受け継がれるということがわかった[11]。

鳥類の世界でも、このように好みと実利が結びつくことはめずらしくない。クジャクのひなは、最も長い尾をもつ最も魅力的な雄を父として生まれた子のほうが発育が早く生存率も高い。ツバメの場合、尾羽の最も長い雄は感染症を撃退するのに最もすぐれた遺伝的な能力をもつ[12]。しかし、雌の心をつかむ雄の装飾がすべて健康や長寿を意味すると考えることはできない。雌の選択による性淘汰は、のちほど見るように、ただ抗(あらが)いがたい魅力によって起きる場合もある。

羽と陰茎

偶然の発見(セレンディピティー)の価値を実感している人がいるとすれば、それはカリフォルニア大学アーヴァイン校の行動生物学者、ナンシー・バーリーに違いない。彼女の業績の多くは、一九七〇年代の終盤に試みて失敗した実験に端を発している。当時、若いポスドクだったバーリーは、イリノイ大学（訳注　現在のイリノイ大学アーバナ・シャンペーン校）でオーストラリア原産のキンカチョウの繁殖行動を研究していた。キンカチョウは共同で巣をつくるので、広い鳥小屋で飼育しても個体が識別できるように、実験で使う四〇羽の脚に七色のリングをそれぞれ異なる組み合わせで装着した。すると、思いがけない事態が起きた。実験開始から五カ月が過ぎたころ、まだつがいになっていない雄が何羽かいたのだが、いずれも脚環(あしわ)に赤とピンクが含まれていない鳥だったのだ。つがいになっていない独身の雄を何羽か選び、すでにたっぷりの脚環に赤い環を二つ足すと、すぐさま相手が見つかった（そして自分がもてるようになったことに気づいたとたんに女遊びを始めて、多くはまるで自分が雌のキンカチョウにと

図5　女の理屈。雌のキンカチョウは白いとさかをもつ雄に心を惹かれる——たとえ研究者が接着剤で貼りつけたものであっても。

って魅力にあふれる雄であるかのようにふるまいだした）。雄の脚につけたプラスティック製の脚環によって、セックスアピールが増減することは明らかだった。赤やピンクの脚環がついていれば、雌が群がってくる。緑や青だと雌はそっぽを向く[13]。

もっと力量のない研究者だったら、想定外の展開に悪態をつき、鳥をすべて捕まえてニュートラルな色の脚環で実験をやり直したかもしれない。実験者が実験対象の行動に影響を与えてはならないのだ。しかし、ナンシー・バーリーは違った。自分がじつは非常に興味深い実験をしていることに気づいた。キンカチョウの脚はもともと派手な色ではないので、鳥小屋に入れた雌は本来なら行使されるはずのない美的嗜好にもとづいて交尾相手を選んでいたということになる。いったいどういうことかと興味をもったバーリーは、雄にほかの人工的な飾りをつける実験を開始した。抜け落ちた羽根を染めて白と赤と緑のとさかをつくり、ビーズの冠とともに大量の接着剤を使って雄の頭頂部に貼りつけて直立させた。キンカチョウやその近縁種にはもともととさかがないにもかかわらず、この新しい頭飾りにまたしても雌は胸をときめかせた。ただし、その反応を引き出したのは白いとさかだけで、赤と緑のとさかが無視されたのは、あたかも「女の理屈」の気まぐれを強調するかのようであった。[14]

バーリーが発見した驚くべきキンカチョウの美意識は、「感覚便乗」と呼ばれる性淘汰理論の拠りどころとなる。[15]この説では、明らかに動物は自分の感覚で評価できるものにもとづいて交尾相手を選ぶはずだとされる。どの種でも、感覚の作用する範囲や感度はその種の生息地や生活様式に最適なものとなっているが、その種にとって「能力的」に可能かどうかという制約の範囲内に収まらざるをえない。たとえば視覚について考えよう。ナンシー・バーリーのキンカチョウは種子や果実をついばむので、周囲の木の葉の中でそれらを見つけて識別できる多色型の色覚をもっている。網膜に四種類の色素があり、紫外、青色、緑色、赤色の領域に対する感度が高い。これらの色素は錐体細胞に入っていて、錐体細胞はそれぞれがニューロンによって脳につながっている。ヒトの色覚はこのような四色型ではなく、色素は三種類（青、緑、赤）だけである。ほとんどのサルは色素が二種類で、ヨザルの眼はモノクロの像しか生成できない。対照的に、シャコには少なくとも七種類の色素があり、そのうち三つは紫外域に対応する。視覚をまったく使わない動物もいて、聴覚、嗅覚、触覚やそれ以外のもっと変わった感覚の世界で暮らしている。たとえばカモノハシは電気受容という感覚を使う。

つまり、雌を（この特定の目的に関して）いくつもの入力チャネルが複雑に連なった中央演算処理装置（ＣＰＵ）と見なすことができる。入力チャネルはそれぞれ感度が異なり、感度域内の刺激によって生理応答が生じる。たとえばキンカチョウの眼がとりわけ高い感度を示す色の一つはオレンジ色に近い赤色なので、ぴったりな赤色の飾り（天然でも人工でも）をもつ雄は、雌がそれを好むかどうかにかかわらず雌の眼のニューロンを刺激するはずだ。あるいは感覚便乗の信奉者なら、刺激は好みと「イコール」だと主張するだろう。求愛行動中に雄の提示するものが雌の目を引き、耳をくすぐり、あるいは感覚全体を魅惑することができれば、それらはすべて心に刻まれ、認識され、自動的に好まれる。

ここで陰茎が登場する。ビル・エバーハードは、繁殖という舞台におけるペニスの主たる役割は精子の運搬だけではなく（もちろんその役目もあるのだが）、むしろ感覚便乗の劇場で演じられる求愛であるという画期的な説を唱えた。彼の主張によると、雌は雄から差し出されるほかの飾りと同じく陰茎についても自らの感覚を用いて好みを発揮する。これが視覚にもとづく場合もある。二〇一三年、ブライアン・マウツと同僚らはアニメーションソフトウェアを使って作成した実物大の裸の男性たちをスクリーンに映し、女性被験者にそれぞれの魅力を評価させた。被験者は明らかに、ペニスの大きなバーチャル男性モデルを好み、ペニスのサイズに加えて背が高いか、肩対腰の比率が男らしいという条件が満たされると、その傾向がとりわけ顕著になった。ヒト以外の脊椎動物でも、トカゲやカダヤシ、霊長類などの雄は実際に雌を獲得するためにペニスを誇示することがある。たとえば《動物行動学》誌に掲載された一九六三年の論文で、研究者のデトレフ・プロークとポール・マクリーンは、リスザルの「陰茎勃起のディスプレイ」をこんなふうに描写している。「雄は雌やほかの雄に正面から近づき、片手か両手を自分の背に当てて、勃起したペニスを相手の顔に向けて突き出す。この際に『股開き』をして、視線は相手からそらす」（この行動を描いた印象深いペン画が小さく添えられている）[16]

霊長類の露出癖はさておき、感覚便乗による雄の交尾器の進化は、ほとんどが雌の触覚によって進むとエバーハードは考えている。その理由にはかなりの説得力がある。まず、ペニスの複雑さがある。すでに見たとおり、精子を雌の体内に注入するだけなら不要と思われるさまざまなおまけがついている。仮にペニスが精子の注入だけすればよいのなら、多くの動物のペニスはループ・ゴールドバーグ・マシン（漫画家のループ・ゴールドバーグが考案した滑稽な装置で、互いに連結した多数の部品で構成されているが、ばかばかしいほど単純な作業をする。たとえば鉛筆削り器が凧や古い靴、生きたキツツキなど一九個の部品でできていたりする）みたいなものだとエバーハードは言う。[17] しかし自然がユーモア感覚を発揮するはずもないので、ペニスの構成パーツにはなんらかのもっと有意義な目的があるに違いない。そして単純に言えば、どうやらその目的とはなるべく多くの方法で雌の歓心を買うことらしい。かなり説得力のある例をまず一つ挙げるとすれば、エバーハード自身が二〇〇九年に発表した、ペニスにバイブレーターのついたガガンボになるだろうか。

二〇〇六年一二月の涼しい朝、パナマのスミソニアン熱帯研究所での仕事に加えてコスタリカ大学にも勤務するエバーハードは、サンアントニオ・デ・エスカスで二匹のガガンボ（おそらくベラルディ亜属の新種）が民家の壁にとまって交尾しているのを見つけた。この虫の通常の体位で、雄が雌の体からぶら下がっていた。動物の交尾のカタログを拡充させたいと常に機会をうかがっていたエバーハードは、雌を巧みに誘導して小枝に載せると、そのまま実験室に駆け込んだ。そこで二匹を顕微鏡下に置き、一部始終をビデオ撮影したが、そこには予期せぬ、驚くべき展開が待っていたのだった。《国際熱帯生物学ジャーナル》の二〇〇九年一一月号で、彼とガガンボ専門家のジョン・ゲルハウスはガガンボの「セックスと虫とビデオテープ」の物語を報告した。

まず、二匹の交尾器はかなり複雑にかみ合っていた。雄の挿入器（ジャネルの用語を使えば）は、たくさんの管状や板状のパーツがぎっしりと寄せ集められている。これらの一部が円筒を形成し、交尾時には雌の腹部にある尾角（びかく）という二つの付属器がそこから挿入される。エバーハードの捕まえたペアは、この体勢で最初の一五分間のほとんどを身動きせずに過ごした。それから不意に、かすかな反復的動作が始まった。顕微鏡の下で、研究者による史上初の確認例となった、雄の交尾器による「交尾の摩擦音」が奏（かな）でられていたのだ。挿入器の外側には毛に覆われた鉤爪のような一対の器官があり、これは外生殖端節と呼ばれる。雄は雌の尾角を取り囲んでいる挿入器の円筒部の外側に沿って、これをリズミカルに前後に動かす。よく見ると、円筒のうち鉤爪でこすられる部分は、鉤爪の動作方向に対して垂直に並んだ小さな平行の畝（うね）状の隆起で覆われていた。別の言い方をすると、ミニチュアの洗濯板を毎秒一五〜三〇回のテンポで二秒間ずつ何度もかき鳴らして振動を発生させ、中央C音よりわずかに低い音を出していたのだ。雌は尾角を洗濯板にしっかりとつかまれているので、生殖器のある領域全体でその音の反響を感じていたに違いない。

これはおそらく特殊な事例ではない。エバーハードとゲルハウスが発見したように、ほかの種のガ

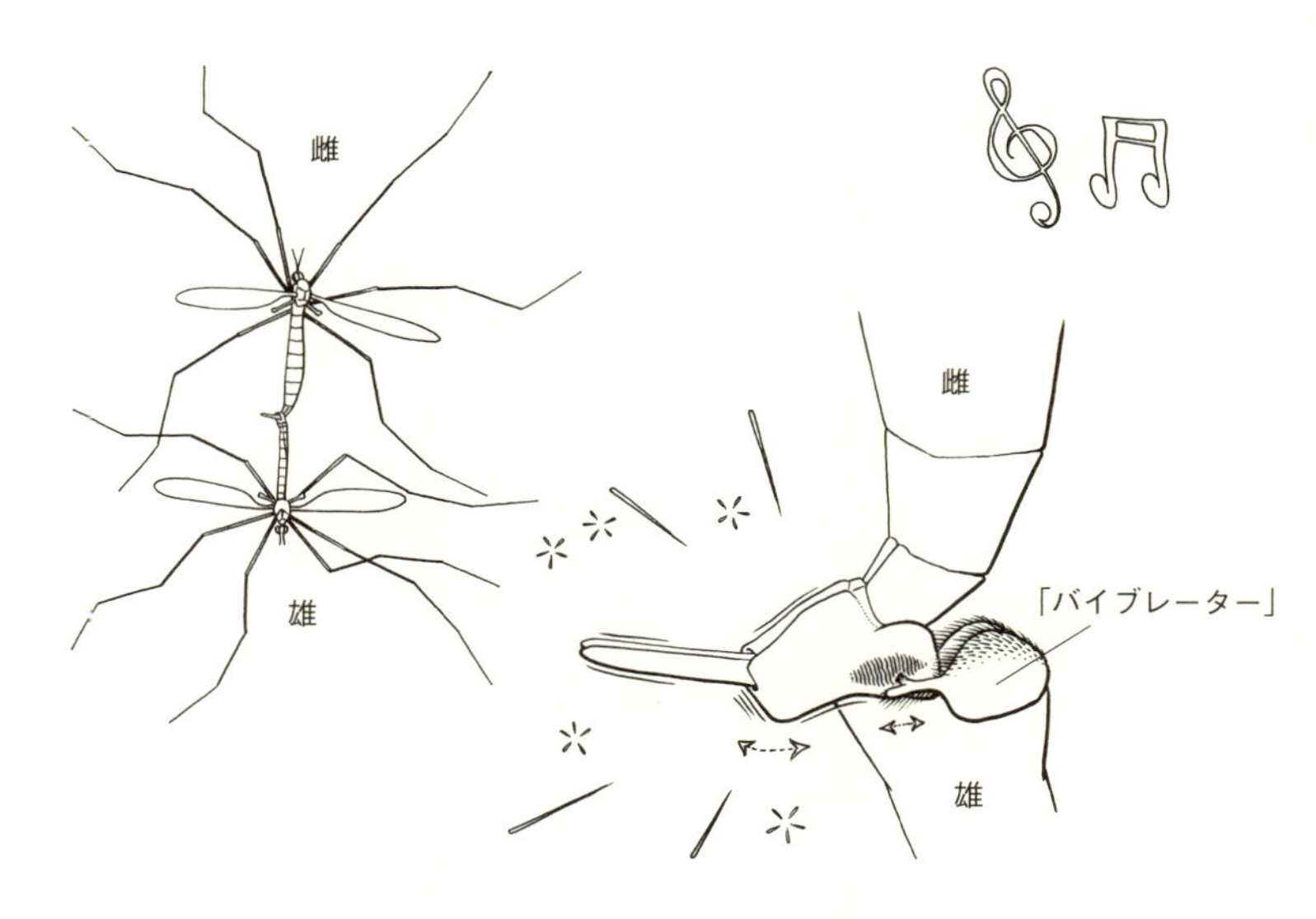

図6　歌うペニスをもつガガンボ。交尾中、雌の陰部が雄の生殖器の筒状部に差し込まれる。雄の側には洗濯板のような仕掛けがあり、これが振動して中央C音よりわずかに低い音を発する。

ガンボでも雄の生殖器に鑢状器と摩擦片からなる仕組みが備わっているものはたくさんある。エバーハードが撮影した雄と同じく、洗濯板のような外観の鑢状器もある。また、隆起が畝状ではなくこぶ状やギャザー状になっている種もある。おそらくこれらはまったく違った感覚をもたらすだろう。一部のガの科でも、雄の生殖器に同様の仕組みが見られる。このガの一部については、雄がこれを使って超音波の鳴き声を発し、遠くから雌とコミュニケートすることがすでに知られていた（ガは自分を追ってくるコウモリの発する超音波のクリック音が自分の聴覚で検知できるので、これも感覚便乗の例にほかならないことになる）。しかし、交尾中に生殖器の摩擦音が奏でられる現場を目撃したのは、エバーハードが初めてだった。二匹を離して「落ち着かせる」（昆虫をアルコール瓶に浸けることを表す昆虫学者の婉曲な言い方）と、彼は淡々とこう記している。「雄が息絶えようとしているあいだも、外生殖端節はゆっくりと摩擦運動を続けた」[18]

ガガンボのバイブレーターつきペニスは、動物界の分厚い性具カタログに掲載されている注目商品の一つにすぎない。前に交尾鉤（かぎ）の話をしたのを覚えているだろうか。多くの甲虫類のペニスに備わる鞭（むち）かドラムスティックのような付属器で、ジャネルが洞窟性甲虫を分類する際の基準として用いたものだ。これらはまさに鞭を振るったりドラムを叩いたりするのと同じ働きをする。甲虫、ハエ、チョウ、ガなど多くの昆虫のペニスにはそのようなアクセサリーがついていることが多く（ただし昆虫の種類によって呼称は異なる）、セックスの際に雄は挿入器のほかの部分で雌の体内に働きかけながら、交尾鉤で雌の生殖器領域の外側を打ち鳴らしたり、タップしたり、叩いたり、こすったりする。ハムシの交尾鉤の使い方を調べていた、ドイツのボン大学に所属するズザンネ・デュンゲルヘーフは、交尾中に雌がしばしば一方の後ろ脚で雄の交尾鉤の位置を直すことを発見した。雄を蹴飛ばすほどの強さではなく、やさしく脚を動かすのだ（「もっと左――そう、そこよ！」）。アメリカでよく見られるキクロネダ・サングイネアという斑点のないテントウムシなど、一部のテントウムシはとりわけ大きくて平べったい交尾鉤をもっている。交尾中のペアを間近で観察すると、毛で覆われた交尾鉤が二本のミニチュア卓球ラケットのように、雌の生殖器をまさに叩くようすが見られる。すべては雌の目の届かないところで起きるので、感覚便乗の信奉者は、雌が陰部の神経終末を刺激されることによって雄の「メッセージ」に注意を向けるのだと考えている[19]。

ガガンボのバイブレーターやテントウムシの交尾鉤は雌の体内に入らないので、厳密にはエバーハードの言う「体内求愛装置」に該当しないと言えなくもない。しかし雄の交尾器で雌の体内の奥深くまで挿入されるパーツにも、雌に快感を与える役割があると思われる。たとえば、ペニスの先端から鞭のようなものが伸びている昆虫はたくさんいるし、一部の哺乳類にもそれが見られる。一例として有蹄類では、ペニスから左側へ尿道が伸び、センチュウのような形の細長い付属器の中に続いていく（雄ヒツジの場合、この付属器のおかげでペニスの長さが四センチプラスされる）。雄ウシでは、射精時にこの尿道突起と呼ばれる部分が雌の体内で鞭を振るうような動きをすることが観察されており、おそらくこれによって雌になんらかの刺激を与える[20]。ほかにもヘビ、サル、ネコのペニスについたとげやこぶ、サイの陰茎で側方に張り出したいくつもの突起（ボルネオ島の一部の先住民族には、男性がこれをまねてペニスに金属製のピンを刺して左右に貫通させるパラン〔ペニスピアス〕という風習がある）[21]など、奇妙な飾りがいろいろある。それから、硬そうに見えるがじつはどうやら柔軟らしいスズメバチのペニスを忘れてはいけない。エバーハードの妻にして著名な昆虫学者でもあるメアリー・ジェイン・ウェスト＝エバーハードは、スズメバチのペニスについて「私がこれまでハチ類において観察したなかで、最もなめらかでこまやかに調整された運動」ができると表現している[22]。

運動といえばほかならぬ、私たちにとっては性交とほぼ同義と思われる性器のスラスト運動自体が、エバーハード仮説の裏づけとなっている。この古典的な性交方法のどこが特別なと思われるかもしれないが、精子を注入するために性器をリズミカルに動かすべき明白な理由は存在しないのだ。動物は毒液や尿、糞便、粘液といったさまざまな液体を排出するが、そのときに使う排出器官をリズミカルに動かす必要性などまったくない。それでも昆虫、クモ、哺乳類の種全体の四分の三において、そしてヘビ、ヤスデ、カイチュウにおいても、明らかにそのような動作が行なわれている。それも射精の前だけでなく、多くの種は雄が射精したあともしばらくスラストを続ける（オオガラゴの場合は四時間半におよぶこともある）。外部に動作を見せずに交尾する昆虫でも、ペニスが雌の体内で前後に動いたり律動したりすることは少なくない。エバーハードはこれを「密かなスラスト」と呼んでいる。こうした運動は精子の射出を可能にするためというよりも、雄がペニスを体内求愛装置として使い、こぶや畝やとげやパランなどペニスに備わるものを雌に感知させるのに最も効率的な方法なのだという説明のほうが妥当に思われる。交尾相手の内なる秘所の神経受容体を特に強く刺激することのできる雄は、雌の印象に長く残り、求愛者として選ばれる可能性が高くなる。[23]

鳴き鳥にはペニスがなく、つかのまの「総排泄腔（訳注　魚類、両生類、鳥類が備えている、排泄器と生殖器を兼ねた器官）のキス」（雄と雌が生殖孔を互いに押しつけあうこと）だけで交尾する。交尾はほんの数秒で終わり、その際にリズミカルな運動はしない。この事実はじつに示唆に富んでいると言えよう。ただし鳴き鳥のなかでも唯一、ある種のペニスをもつウシハタオリ（長さ一・五センチの棒状器官が総排泄腔の前についている）だけは例外で、雄は最大三〇分間も雌の総排泄腔にペニスをこすりつけ、それから翼を震わせて足をふんばりながら絶頂に達する。[24]

もちろん、雄による体内での求愛が功を奏するには、雌側の交尾器がこれらの微妙な形状や運動を感知できるよう、それなりの仕組みを備えている必要がある。残念ながら、膣の感覚器官に関する研究はまだ緒についたばかりだ。しかしこれまでの研究では、雌の秘部にきわめて繊細な感受性があることを示す証拠がたいてい見つかっている。たとえばイトトンボの場合、膣の内壁の両側に一枚ずつ膣板と呼ばれるものがついていて、それぞれが数十個の独立した感覚器官で覆われている。粗野な害虫とされるゴキブリはその悪評に似合わず、雌の性器に鐘状感覚子と呼ばれる小さな器官が巧妙に配置されており、外陰部を支えるキチン質の微妙な屈曲やたわみを感知することができる。しかしもちろん、最もよく知られている（これから見ていくとおり、まだ十分に研究はされていないが）雌性交尾器といえばヒトのものだ。女性の膣壁には全長にわたって二種類の神経（太いものと細いもの）が一様に分布しており、クリトリスの包皮と亀頭のあいだの細いくぼみにはさらに多数のさまざまな微視的器官が存在する。これらの器官はかすかな接触、圧力、振動を感知することができ、マイスナー小体、パチーニ小体、クラウゼ終末小体、ルフィニ小体、粘膜皮膚小体といった聞き慣れない名前がついている。いずれも、複雑な形状をもち運動する男性性器からの刺激を感知する。[25]

これではっきりした。陰茎の形状、サイズ、装飾はかなりの程度まで遺伝可能だと考えると（そして研究で判明している限りでは、実際にその傾向がある）、雌の選択による性淘汰は交尾器の進化を突き動かす強い原動力となるはずなのだ。[26] だが、ちょっと待ってほしい。この本節の話全体に、どこかつじつまが合わないという感じが拭えずにいるのではないだろうか。通常の求愛儀式では雌が雄を拒絶することは可能だが、一度ペニスの挿入を許してしまったら、「やっぱりこの雄に私の卵を受精させるのはいや」と思ってもいささか手遅れだという意味で、求愛と交尾のあいだには決定的な違いが存在するのではないか。じつはあなたのセックスに関する固定観念がここでまた一つ打ち砕かれるから、覚悟しておいてほしい。

恋の骨折り損

研究論文というのは、通常は格別に胸がときめくような読み物ではない。「対象と方法（Materials and Methods）」のセクションはしばしばそのなかでも最もおもしろみに欠け、もう少し気持ちのそそられる部分を求めて読み飛ばされることも少なくない。しかしこの「M&M」（科学者はチョコレートの商品名にかけてこう呼ぶ）のセクションにこそ、退屈な専門用語に隠れたり受動態に包まれたりしながら、オリジナリティーに満ちた科学研究の白眉（はくび）がひそんでいるのだ。苦労や喜び、楽しさにあふれる（しかし死ぬほどつまらないことも多い）数日、数カ月、場合によっては数年におよぶ作業、絶望と歓喜の瞬間、出だしのつまずき、断念の瀬戸際、一条の光をもたらすアイデア、革新的な発想が、そっけなく淡々とした文章の中に、どれがどれとわからないほど凝縮されている。多大な勇気が埋まっていることも少なくない。

ロビン・ベイカーとマーク・ベリスは《動物行動学》誌の一九九三年一一月号に二本の論文を発表し、そのM&Mセクションで史上最も勇敢な生物学実験のいくつかを紹介している[27]。勇敢といっても、希少な動植物を探して熱帯の断崖をよじ登るのとは違う意味の勇敢さである。なにしろベイカーとベリスは研究室から一歩も出なかったのだ。勇敢というのは、ごく親しい同僚や学生にセックスの実験台になってくれるように頼んだことを指している。簡潔にして明快な文章で、M&Mセクションに実験方法が記されている。「性交またはマスターベーションの際にコンドームで精液をすべて採取した。被験者には、指示書と必要な器具一式の入った『キット』を渡した。その中には潤滑剤（殺精子作用なし）つきと潤滑剤なしのコンドームも含まれていた。精液の採取と固定、精子の計数は、二重盲検法に従った」。さらに、こんなことも書かれている。「『逆流液（フローバック）』（性交後に精漿、精子、女性自身の分泌液、女性自身の組織が混合して膣外へ逆流するもの）中の精子の計数［を行なった］」

ベイカーはその後、半ばポルノ本、半ばポピュラーサイエンス書である『精子戦争』（秋川百合訳、河出文庫）を執筆し、科学的事実とSFとの境界をなし崩しにしたといって一部の同僚から激しく批判されたが[28]、ベイカーとベリスによる一九九三年の論文二本は今でも有効だ。今までのところ、ヒトの「逆流液」を用いた実験はほかに行なわれていない。

そもそも「逆流液」とは何か。逆流液は——もっと露骨に（しかしおそらくもっと正確に）言えば「精子排出」は——交尾という猥雑な行為から不可避的に生じるものというより、今では精液の注入後でもどの雄に卵を受精させるかを雌が能動的にコントロールできるさまざまな手段の一つと考えられている。動物界全体で、雌は雄との性交直後にしずく程度から奔流と呼べるほどの量に至るまでさまざまな量の逆流液を排出することが観察されており、ヒトも例外ではない。

ベイカーとベリスはマンチェスター大学の同僚や学生をなんとか説得して、まさに文字どおり「きわめてパーソナル」なものを提供してもらった。数カ月間、マンチェスターの異性愛カップル三五組（内訳は男性三三人と女性三三人。なんらかのパートナーの入れ替わりが起きたということだ）が、自分たちの性生活について証言する液体の入った封筒を、指示どおりベイカーのメールボックスに届けた。コンドームを使用した膣性交かマスターベーションで生じた精液の入ったコンドームの口を縛ってきちんとラベルを貼ったものや、コンドームを使わずにセックスした場合には逆流液（女性はビーカーの上にしゃがんで咳き込むというやり方でこれを採取せよと指示された）を入れたコンドームが提出されたのだ。カップルは性行為の日誌も指示どおりにつけ、特に女性のオルガスムについて記録した。最終的に、ベイカーとベリスはユニークな試料で冷凍庫をいっぱいにすることができて、意気揚々としていた。冷凍庫の中には、マスターベーションによる精液六七個、性交による精液八四個、逆流液一二七個が収められていた。次に彼らは顕微鏡を取り出して、計数と計算を開始した。

各試料について、標準的な顕微鏡法により精子数を特定した。まず、二種類の精液を調べた。マスターベーションによるものと性交によるものだ。ベイカーとベリスは精子数と日誌に書かれた情報、その他の個人情報にもとづき、前回のマスターベーションや性交からの間隔、男性とパートナーが前回のセックス以来一緒に過ごした時間、そしてずいぶん意外だが女性の体重にもとづいて、各男性の精液中の精子数をかなり正確に予測できる式を考え出した。それから逆流液の試料に取りかかった。

逆流液についても、精子数を数えた。もちろん、女性が精液の何割くらいを排出したのか直接的に特定することはできない。女性の膣や子宮に残ってベイカーとベリスの冷凍庫に届けられなかったぶんがあるからだ。それでも二人には魔法の式があったのでそれを使って、男性の精液に最初は精子がどのくらい含まれていたのか、すべての逆流液についてかなり正確に算出することができた。非常に興味深い結果が得られ、プリンストンで開かれた学会で二人がこの研究を発表したとき、会場には聴衆が詰めかけた。それに対し、「同じ時間帯に行なわれた別の発表では、発表者はほぼ空っぽの会場に向かって話すことになった」と、ある参加者が語っている[29]。

第一に、ほぼすべての性交後にどの女性も精液をいくらか排出していた。平均では注入された精子のおよそ三五パーセントが逆流液中で排出されるが、この数字には大きな開きがある。逆流液中の精子数がほぼゼロで、女性が精液をすべて生殖器官の中に保持している場合もあった。また、相手から受け取ったばかりの精子のほとんどを排出する場合もあった（逆流液試料全体の約一二パーセント）。つまり理論上は、精子排出によって女性は男性の生殖を成功させたり邪魔したりすることができるのだ。しかし女性は本当にそんなことをしているのか。しているとすれば、どうやって？　ここでオルガスムに光が当てられた。

ベイカーとベリスは、精子排出の比率は女性のオルガスムによって決まることを発見した。絶頂に達しなかった場合、または男性が射精するよりも一分以上早く絶頂に達した場合には、膣内に残る精子は少なかった。しかし男性の射精中または射精後に女性がオルガスムに至った場合、残留する精子は多かった。つまり女性は特定の男性が卵を受精させてくれる可能性を操作する一つの方法として、自分のオルガスムを「利用」することができるのだ（ヒトにおいても、「利用」という言葉を用いたからといってそれが意識的な判断を意味するとは限らないことに注意されたい。進化して複雑になった生理機能のおかげで、無意識のうちにそうしているのだ）。女性のオルガスムについては、のちほどまた取り上げる（そう、本書ではさまざまなオルガスムを貪欲に追求するのだ！）が、とりあえずヒトはあとにとっておいて、もっと目立たない種の雌による精子排出に目を向けよう。あとで見るとおり、ヒトの雌はじつにさまざまな動物種とこの習性を共有しているのだ。

タマゴグモ科のシルエッテルラ・ロリカトゥラの雌にオルガスムがあるかどうかはわからないが、精子排出をすることは間違いない。このちっぽけな「小鬼グモ（ゴブリン）」は、土壌の中やイナゴマメの木の下にたまった落ち葉の中に生息する。スイスのクモ学者マティアス・ブルガーがこのクモを見つけたのも、そんな場所だった。雄と雌を数匹ずつベルン自然史博物館にある自分の実験室に持ち帰った彼は、雌が雄との交尾中に精子の入った小さな袋を交尾器から放出するのに気づいた。第1章で出てきた話を覚えているだろうか。雄のクモは交尾する際に、まず触肢と呼ばれる「セックス用の脚」に精子を詰めて、雌の生殖孔に下から注入する。ちなみにこれは、単純なやり逃げの情事（ヒットエンドラン）ではない。実際には、交尾は延々と時間のかかるプロセスとなる場合があり、雄はそのあいだに触肢を使ってありとあらゆる複雑な方法でよじったりひねったりするような動作（これも体内での求愛？）をする。

ブルガーは、ヒトの女性の場合とは違って、このクモの雌が排出する精子は交尾中の雄のものではなく前の交尾相手のものであることを発見した。この成果を得るために、ブルガーは二つの準備をしなければならなかった。まず、交尾中のペアに液体窒素――温度はおよそ摂氏マイナス二〇〇度だから、冷水シャワーなんてものではない！――を浴びせて瞬間冷凍し、それから「行為中に凍りついた」交尾器を丹念に解剖した（まったく恐れ入る。このクモは体長が一・五ミリくらいしかないのだ）。

ブルガーが発見したのは、雌に備わる驚くほど高度な精子処理メカニズムだった。雄が触肢を雌の交尾器に挿入して精液のしずくを注入する際、触肢は受精嚢と呼ばれる膣前庭部より奥には進入しない。卵を受精させるには、その先にある子宮に入る必要があるが、触肢の行く手は固い弁で閉ざされているので、それ以上は進めないのだ。ブルガーは、受精嚢の内壁には腺が一面にあって、この腺から生じる分泌物が雄の精液をカプセル状に包み込むことを発見した。カプセルは先端から引き伸ばされて細い管となり、子宮につながる膣板のあいだに挟まれる。言い換えれば、雌のゴブリングモはさまざまな雄の精子を別々にパッケージし、少なくとも理屈のうえでは、自分の卵を受精させるのに使うか、あるいはもっと優秀な雄（たとえば触肢をさらにエレガントに操る雄）が現れたら丸ごと捨てるか、「決める」（カギカッコつきの用語であることに注意）ことができるのだ。[30]

　精子排出をすることが知られている種はたくさんあり、シルエッテルラ・ロリカトゥラとホモ・サピエンスだけに限られるわけではない。ほかのクモ（よく見かけるイエユウレイグモもその仲間だ。このクモは世界各地の人家に棲み、平穏を妨げられると巣を激しく揺らす）、多くの昆虫、それにヒト以外の哺乳類についても、この習性についての研究がある。たとえば雌のグレビーシマウマは、交尾後に大量の精液を排出する。動物学者のジョシュア・ギンズバーグが精液溜まりの直径と深さを測定し（ケニアの平原の乾いた土にしみ込んでしまわないうちに急いで）、排出される精液の量は平均で〇・三リットルだと推定した。レベッカ・ディーンらもスウェーデンの鶏舎で同様の実験を行なった。ニワトリの交尾を一〇〇〇回以上ビデオ撮影し、雌の総排泄腔に向けた二台のカメラでとらえた映像を分析した結果、若くて序列の低い雄にマウントされたときのほうが排出する精液の量が多くなることを突き止めた。

　センチュウのようなつつましい生物さえ、精子をとっておくか捨てるかについて高度な「選択」ができる。カエノラブディティス・エレガンス（訳注　いわゆるC・エレガンス）は土壌に生息する微小なセンチュウで、一九六〇年代以来、発生学者に尽くしてきた。長さ一ミリほどで九五九個の細胞からなる単純な体を見ただけでは、デイヴィッド・バーカーが一九九四年の論文で愛情たっぷりに報告した数々の複雑な交尾行動は想像できないだろう。この論文によると、雌に遭遇した雄は、交尾器周辺の皮膚がひだ状に延展（えんてん）した「嚢」を伸ばして雌に巻きつけ、相手の体をまさぐって外陰部を探す。センチュウの体の構造上、身体部位が特定できる手がかりはあまりない。そのため雄が雌のわき腹をさんざん探って途方に暮れ、反対側を試してみたらようやく探していたものが見つかるということもある。

外陰部が見つかると、雄は交接刺（こうせつし）を挿入する。これは要するにセンチュウのペニスだ。全体に締まりのない体とはうらはらに、交接刺は頑丈で硬く、複雑で曲がりくねった形をしている（すでに私たちがペニスに対して抱くようになった期待にたがわず）。二本組になっていることが多く、雌の外陰部を開くのに使われるだけでなく、体内での求愛に似た行為にも使われる。二分間の交尾の本番前に、何度もスラスト運動をするのだ（二分というとあっけなく感じられるかもしれないが、センチュウは一世代の寿命が四日であることを考えると、決して短い時間ではない）。この小さなセンチュウはありがたいことに体が透明なので、バーカーは交尾が始まると雌の体内で精液がどうなるのかしっかりと観察することができた。雌の外陰部に交接刺が挿入されてから一〇秒後、精巣から交接刺につながる細管に精液が集まり始め、それからどくどくと雌の膣に流入する。二分間の終わりが近づくと、注入される精液の量が減っていき、やがて雄が交接刺を引き抜き始める。このとき（目を見開いて顕微鏡をのぞき込むバーカーが押し殺した声で悪態をつくのを想像しないのは難しい）、雌があからさまな拒絶の意思表示として、注入されたばかりの精液をすべて排出することがある。バーカーはこう書いている。「外陰部が開き、精液がすべて圧力を受けて子宮から噴出するように見えた。通常はこれによって、雄の交接刺も外陰部から吹き飛ばされる(31)」

この雄のセンチュウで見られるように、精子注入は文字どおり逆噴射することがある。この広く知られた事実から、エバーハードの表現を借りれば「男性からすると残念な結論」が出てくる。交尾は必ずしも精子注入や受精につながるわけではないということだ。スロットマシンにコインを投入しても自動的にジャックポットが出るわけではないのと同様に、ペニスを外陰部に挿入できたとしてもそれは障害物競走のスタートを切っただけであり、行く手には精子排出のリスクをはじめとして数々の障害物が待ち構えている。エバーハードによれば、「受精は雌の体内で起きるので、生殖に関する最終決定権を握るのはふつう雌であり、『雌による密かな選択』が実行可能になる」というわけだ。

ベイトマンが示したとおり、雄にとって一回分の精子を雌に与えるためのコストは比較的低いので、どんな交尾もやる価値はある。スロットマシンにコインを一枚入れたときに勝てなくても、それはどんなギャンブラーにとっても許容可能な損失である。交尾はこれと同じことだ。ところが雌の計算は違う。産める卵の数には限りがあるので、この貴重な賞品を差し出すときには打算が必要だ。最も優秀な遺伝子をもつ雄だけに渡すか、それとも子のあいだで遺伝的多様性が生じるように多くの雄に均等に分配するか、考えなくてはならない。そこで、雄の射精と雌の受精とのあいだにハードルをいくつか設けて主導権を握り、それぞれのハードルで雌に有利な決定を下すことが、雌の利益になる。性淘汰が交尾で終わるわけではないというのは、このせいなのだ。雌がすべての感覚器を動員して雄の資質を測り、マウントさせるかどうかを決めたあと、交尾の開始後にもさまざまな性淘汰のチャンスがあり、精子排出もその一つというわけである。動物（ヒトを含む）の雌は自分の膣が遭遇するペニスの持ち主である雄たちをえり分けるために、精子排出以外にも多様なフィルターを利用する。次章では、そうしたえり分けの策略をさらにいくつか見ていく。

第４章　恋人をじらす五〇の方法

いや、五〇は大げさかもしれない。しかし少なくとも二三はある。ビル・エバーハードは一九九六年の著書『雌の支配――雌による密かな選択がもたらす性淘汰』でそう言っている。[1] この本は一〇年前に同じ著者が書いた『性淘汰と動物の交尾器』に続くもので、一つのテーマだけを追求している。直感的には納得しがたいことだが、雌が雄と交尾するとき、それは子孫を残したいという雄の欲望に雌が屈したという意味にとらえるべきではない。この本はそう指摘しているのだ。エバーハードによると、交尾は「雌による選択における最終的な受け入れを表す指標」ではない。むしろ、雌によって課される一連のハードルの途中にある一つの段階にすぎない。従来の性淘汰研究は交尾を対象としてきたが、ハードルは交尾よりもずっと前から始まっている。さらに、一九九〇年代には生物学者もまだ十分に理解していなかったに違いないが、交尾の開始後にもハードルは延々と続くのだ。交尾は必ずしも精子注入に至るわけではなく、精子注入ができたとしても受精には至らないかもしれないし、受精も繁殖とイコールではない。エバーハードの考えでは、これらのステップにはそれぞれ、彼が「雌による密かな選択」と呼ぶさまざまな戦略において、雌主導のもと進められる。「密かな」というのは、これらの決定が雌の体内の奥深くで下され、交尾相手や観察する人間からは見えないからだ。

エバーハードが言うには、交尾相手の選択が体内で長々と続くという事実を無視することは、生物学者にとって重大な過ちである。雌というのは「受動的な子孫製造装置」ではなく、進化にかかわる選択がもたらしたきわめて高度な産物であり、自己と子孫の利益にかなうよう最適化されているのだ。こうした最適化は、雄が雌の体内にペニスを挿入したあとだけでなく、挿入する前に下される繁殖にかかわる決定にも適用される。交尾の前の段階で雌の下す判断は、さまざまな感覚（視覚、聴覚、嗅覚）で感知した雄の多様なシグナル（体の色やサイズ、フェロモン、求愛の歌と踊りなど）にもとづいている。しかし交尾が始まってからは、判断にかかわる雌の感覚や意思決定の仕組みだけでなく雄のシグナルも、双方の性器の内部と表面に集中したものへとシフトする。性器が体に占める比率は小さいが、だからといって性器によるシグナルの評価とそれにもとづく決定が、重要性や有効性においてほかの器官の下す決定に劣るということにはならない。

精子排出は、雌が自分と交尾する複数の雄から相手をえり分けることのできる有効な方法の一つだ（格別にこまやかというわけではないかもしれないが）。本章ではこれ以外にも、雌が特定の求愛者による繁殖の意図をくじくために隠しもっている多様な戦略について検討する。

とりわけ巧妙な戦略として、一部の齧歯類（げっしるい）が行なう二段階方式の交尾がある。シロアシネズミやモリネズミなど、アメリカ原産のハツカネズミ一三〇種からなる、ウッドラット科という科があるのだが、フロリダ大学の研究員ドナルド・デューズベリーによる粘り強い取り組みがなかったら、今でも私たちはこの科に属する小さな哺乳類のセックスにまつわる嗜好について何も知らずにいただろう。デューズベリーは一九六〇年代の終わりごろから三〇本近い論文を発表したが、それらはすべて「〇〇における交尾行動」（ウッドラット科のネズミの種名を〇〇に入れる）というタイトルだった。[2]どの論文でも、対象としたネズミについて、「追いかけとマウント」、「挿入スラスト頻度」、「射精までの待ち時間」、「性器のグルーミング」、そして「横臥姿勢」（私は最後の項目に最も興味を引かれる）など、齧歯類のセックスで見られる個々の要素の所要時間、展開、頻度の詳細な観察が報告されている。デューズベリー博士からネズミに関する論文原稿の入った茶封筒を次々に送りつけられて、専門誌編集者が覚えたであろう鈍い疲労感については想像するしかないが、デューズベリーが《動物行動学》、《米国動物学者》、《哺乳類学ジャーナル》などの幅広い専門誌をターゲットとしたのはおそらくそのせいだろう。それでもデューズベリーの論文全体をまとめると、齧歯類に関する最高のキンゼイ報告（訳注　一九四八年と一九五三年に性科学者キンゼイが発表した人間の性行動に関する報告書）となり、注目すべきいくつかのパターンが浮かび上がる。それらのパターンによって、交尾中に雌のネズミが例の密かな選択を実行できる時点が明らかになるかもしれない。

ウッドラット科のネズミのほとんどにおいて、交尾中には交尾器が互いにしっかりと固定される。棍棒のような形のペニスが膨張して、引き抜くことができないからだ。このため、雄は射精後もペニスが萎えるまでしばらく雌を引きずり回すことがある。このような結合をせずに、もっと雌にやさしい交尾スタイルをとる種もある。カリフォルニアシロアシマウスの場合、雄が続けざまに何度か雌にマウントする。マウントするたびに一連の「深い腰スラスト」をしてから降りるが、再びマウントして同じことを繰り返す。さらにもう一度することもあるが、いずれの回にも射精はしない。最後のスラストのときだけ、雄は絶頂に達するが、これは「数回の深いスラストのあと、急速で浅い膣内スラストを伴う一連の痙攣性の筋収縮を示し、それから雄が雌の体をつかんだまま長時間にわたって身動きしないことから」容易に認識できるという。やれやれ。

このように、射精しない「ドライセックス」を何回かしてから射精の伴う「ウェットセックス」をするというのは、雌が雄を選ぶのにとりわけ都合のいい方法かもしれない。雌は雄の交尾器から出される合図——エバーハードの言い方では「交尾による求愛」——だけにもとづいて、ドライ段階のあとで決定的なウェット段階を許すかどうか決めることができる。二、三段階からなる交尾は、多様な動物で意外にも広く行なわれている。ハンミョウがそうだし、ガ、ハチ、ナナフシ、タマムシ、ダニ、ラット、クモにもそうするものがいる。[3][4] 一九六〇年代にサラグモ（小型のクモからなる大きな科。その多くは背の高い草か低木に小さなシート状またはハンモック状の巣をつくって朝露を集める）のドライ交尾が発見されたことは、少なくともクモの専門家にとってはちょっとした驚きだった。第1章と第3章で触れたのを覚えているかもしれないが、クモのセックスについて一般に受け入れられている知見によれば、雄が小さな巣をつくり、そこに生殖孔から精液を注入し、触肢（奇妙な形状をしていることが多い）にこの精液を吸入すると、これを注入させてくれる雌を探しに出かける。クモの多くの種はこのようにして交尾に臨むので、オランダのクモ専門家ペーター・ファン・ヘルスディンゲンは、一九六二年にヨーロッパ原産のサラグモ科で洞窟や家屋の地下室に棲むレプティファンテス・レプロススの交尾行動に関する研究を学部の卒業研究として始めたとき、当然のこととしてそのような交尾行動が見られると思っていた[5]。

ファン・ヘルスディンゲンは、マーストリヒトの近くにある聖ペーター山（標高一七〇メートルなので「山」とは呼びがたいが、オランダのように平坦な国では高さの基準が他国とは違うのだ）で数世紀にわたる泥灰土の採掘のあとに残された人工の洞窟でこの種のクモを確保した。地元の農家が洞窟に置いている農機具のあいだから、未成熟な雄と雌を数十匹採集し、ライデンにある動物学研究所の湿っぽくひんやりとした暗い地下室に持ち帰った。そして洞窟を模した条件のもとで、最後の脱皮をして成熟期に入ったところでクモに交尾を初体験させ、それを小さな電球で照らして顕微鏡で観察するつもりだった。

ところが驚いたことに、交尾中のカップルたちはクモ学のマニュアルを堂々と無視していたのだ。じめじめした地下室で震えながら顕微鏡をのぞく彼の目の前で、交尾の寸前まで行った雄グモが触肢を精液で満たさないで、雌の子宮への入り口となる複雑な形状の生殖孔に空っぽの触肢を何度もすばやく突っ込む行為を延々と繰り返した。最初のうちは雄の触肢が雌の生殖孔から滑って外れるというぶざまな失敗を何度かするが、ふつうはしばらくすると雄がコツを会得することがわかった。触肢が生殖孔にはまっているのは毎回ほんの数秒で、それから数秒ほどクリーニングと休息をすると、雄は疲れも見せずにこの「ドライ」な挿入を数百回、あるいは場合によっては数千回も繰り返し、これが最長で六時間も続くのだ！　交尾を中断させて雌を隔離し、産卵後に調べると卵はすべて未受精だった。このことから、この段階では精子がまったく注入されていないことが確認できた。

ドライ段階を延々と続けたあと、雄は不意に雌から離れ、雌の巣の端で小さな三角形の精網をつく

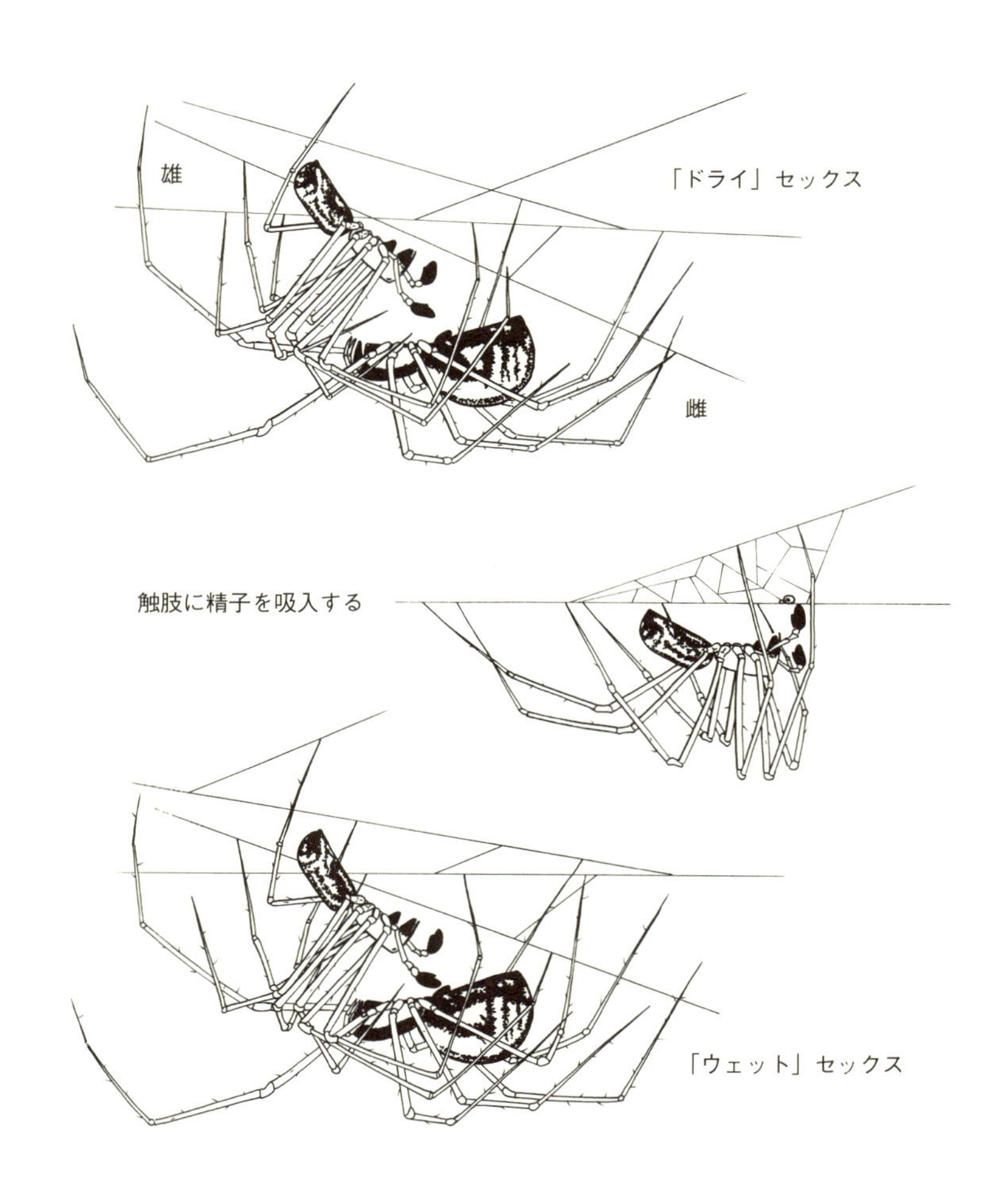

図7　クモのドライセックス。多くのサラグモの雄はまず触肢が空の状態で交尾し、いったん雌から離れて特徴的な形状の精網に精液を垂らし、そのしずくを取って、それから雌のもとへ戻って精子を注入する。

り始める。ここに精液を一滴垂らして二本の触肢に吸い上げると、やる気満々で雌のもとへ戻って「本番」の交尾を始める。触肢を雌の生殖孔に押し込んで、中身をそこに空けるのだ。

ファン・ヘルスディンゲンは何年間も、クモの学会で会う研究者たちに同様の行動を目撃したことがないか尋ね続けたが、答えはいつもノーだった。むしろ研究者たちはみな、雄グモは交尾を始めるときにあらかじめ触肢を精液で満たすものだと考えていた。しかし定説に疑いを抱いてクモの行動を観察する生物学者が増えるにつれて、長々と行なわれる「ドライ」段階がすべてのサラグモやほかにもいくつかの科のクモのあいだに共通する交尾の特徴であるということが、徐々にではあるが明らかになっていった。たとえばシエラドームスパイダー（ネリエネ・リティギオサ）と呼ばれる北米原産のサラグモは、ファン・ヘルスディンゲンが洞窟で採集した種とよく似た方法で交尾する。ニューメキシコ大学の進化生物学者ポール・ワトソンは、三〇年以上前からモンタナ州のフラットヘッド湖のほとりに設けた野外実験場で、このクモ（木の枝のあいだにドーム形の巣をつくることからその名がついた）の研究をしており、クモのドライセックスとウェットセックスの研究をさらに一歩前進させた。

ワトソンは、呼吸計と呼ばれる装置に交尾中のクモを入れた。この装置を使うと、動物のエネルギー消費量を正確に測ることができる。実験の結果、激しいドライ交尾一回で、雄のサラグモのエネルギー出力はおよそ〇・一ミリワットに達することが判明した。一般消費者が電球を買う場合なら微々たる数字と思われるかもしれないが、ワトソンによれば「これはクモに可能なほぼ最大限の仕事量である」。まさに八本脚で全力疾走するに等しいのだ。これほどエネルギーが消費されるのに、触肢を生殖孔に固定するために、血嚢(けつのう)と呼ばれる袋を膨らませるのに力を振り絞る必要があるからだ。そのために、触肢内にあって液体の詰まった大きな袋である血嚢に血液を送りこまなくてはならない。血液が送り込まれると、この血嚢はピロピロ笛（吹き戻し）のように広がる。すると、複雑な触肢に備わるさまざまな可動パーツが膨らんだりずれたり、あるいは雌の生殖器側の対応したスペースに入り込んだりできるようになる。ワトソンは、雄が触肢の膨張と収縮を繰り返すペースが速ければ速いほど（毎分一回から一〇回以上まで幅がある）、エネルギー出力が高くなり、交尾相手としての望ましさが高まる可能性もあるということを発見した。

一匹の雌は通常一シーズン中に二〜五匹の雄と交尾するが、ワトソンはＤＮＡ指紋法（訳注　各個体で異なる、ＤＮＡの塩基配列の「繰り返し」の個数に注目する手法）を使って、この雌の子のうち最も多くの父親になる雄はどれかも調べた。その結果、繁殖成功率が最も高いのは最初に交尾した雄であるのがふつうだが、二匹め以降の成功率はドライ挿入のペース、失敗の回数、ドライ交尾段階の持続時間を組み合わせた「交尾精力」によって決まる部分が大きいことが判明した。つまり雌のシエラドームスパイダーは、一シーズンに受け取った精子のうち、生殖孔への刺激が最も激しく印象的だった雄のものを選ぶのだ。この選択をする一つの方法として、ウェット段階まで待たず、雄がせっせと触肢を満たしているあいだに雌が姿を消すことにより、雄が交尾による求愛に何時間もかけたとしても卵の父親になるチャンスを与えないというやり方がある。[6] このクモ以外にもウェット段階の前にドライ段階のある多くの動物において、両段階のあいだの中休みに逃げ出すことが、雌の選択を表明するきわめて有効な方法となる。

この新しく無用な部位

考えてみると、交尾中の二匹のサラグモというのは、雌による密かな選択がいかに優位にあるかということを、いくぶん時間のかかるかたちではあれ、説得力豊かに物語る証拠なのかもしれない。事実を知らなければ、私たちはヴィクトリア朝的にお上品な目でこのペアを見るかもしれない。つまり雄が雌を選び、求愛に成功した者の権利を行使するのに忙しいと考えるのだ。しかし実際には、雄のほうが雌の奏でる調べに合わせて踊らされているのだ。雄は空っぽの触肢を用いた無為な交尾のために、短い生涯のうち多くの時間を費やす――雄としては、雌にアプローチする前に触肢を精液で満たしておき、雌に出会ったらただちに注入できるほうがはるかにありがたいとしても（クモの脳に何かをありがたがる能力があるならの話だが）。このクモの雄やほかにも多くの動物の雄が、性淘汰のせいで長たらしい交尾プロセスを余儀なくされるが、そのプロセスにおいては射精が最重要というわけではないらしい。この事実から、繁殖をめぐる雄の運命がいかに雌の手に握られているかがわかる。

それでもなお、雄が目的を達成する前に雌に逃げ出されたり、貴重な精子の一部が捨てられたりするリスクがあるとしても、だからといって触肢による無益なドライスラストを延々と続けるような無駄が妥当とは言いがたい。もっと普遍的な言い方をするなら、雄はなぜ手っ取り早いヒットエンドラン（すなわち挿入と射精）戦略を押し通さないのか。この戦略をとれば時間が節約でき、最終的に自分の精子を使ってくれない雌に費やした時間が無駄になっても埋めあわせられるはずだ。

その理由は、雌の生殖器の複雑さにある。雄が拙速に射精すると、雌の卵を受精させられる可能性

図８　迷路のような生殖管。多くの動物において、雌は渦巻状の管や弁からなる壮大な仕組みの奥に卵を隠している。（A）ムクゲキノコムシ、（B）ショウジョウバエ、（C）サラグモ、（D）サラグモの渦巻きの拡大図。

が下がるだけではすまない。多くの生物において、せっかくのチャンスがまさに台無しになるのだ。というのは、雄が雌の卵に精子をじかに注ぐことのできる動物はほとんどいないからである。大多数の動物において、雄が自分の力で精液を送り込めるのは中継地点までで、その先にはバルブやロック、狭い通路、水門、袋小路などからなる迷路のような仕組みが控えている。たとえばヒトの場合、雄は子宮の入り口にある水たまりに精細胞を届けるだけで、それから精細胞は粘液の詰まった子宮頸管を通過し、子宮の壁に沿って送られ、弁のような入り口を抜けて、受精卵を運ぶ輸卵管にたどり着く。精細胞は、卵巣の近くで輸卵管が急カーブする膨大部まで到達しない限り、卵を受精させる可能性はない。そこまでの道のりでは最初から最後まで、外向きに生えた微細な毛や狭い通路といったさまざまな障害物が待ち受けている。

それでもヒトの女性の体内にある生殖器の迷路を通り抜けることは、たとえばハムスターの精細胞が雌の生殖管でクリアしなくてはならない冒険と比べれば何でもない。ハムスターの場合、狭い輸卵管が子宮の奥の袋小路につながり、一五回以上のジグザグのループを描いて折りたたまれている。[7] ムクゲキノコムシやある種のショウジョウバエでも、やはり雌の生殖管はやたらと入り組んでいる。サラグモでも生殖孔から精子の貯蔵場所に続くトンネルはあきれるほど長く複雑をきわめ、最大で一〇回のループをなす渦巻き二個で構成されていることもある。このことから、精子注入が受精とイコールではないことがよくわかる。繁殖をもくろむ雄にとって、雌の体内への射精は最初の一歩にすぎず、体内に入った精子が迷路を通過するには雌の助けが必要なのだ。

ドライ交尾段階で雄の与えた刺激に満足できなければ、雌は精子に対して内なる扉を開かないかもしれない。家畜の人工授精がしばしば失敗するのはこのためだ。「家畜の繁殖」業界で働く人なら知っているとおり、ポリエチレンのピペットに対して雌ブタが示す反応は、本物の雄ブタの本物の交尾器に対する反応と比べれば明らかに乗り気でない。しかも、白衣の男性が処置した場合は本物の雄ブタが射精した場合よりも子宮に入る精子の数が著しく少ないという、きわめて重大な問題がある。このためブタの人工授精では、その気にさせる道具として本物の雄ブタを使い、ブタのペニスと妙にそっくりな感触のラテックス製ピペット（特別なバイブレーターを装着することもある）を使用する。こうしてブタの感覚を演出することで、実際に繁殖性の向上が図られている。[8]

つまり、雄がペニスを体内求愛装置として使う重要な目的は、劣った雄に対しては開かれない内なる扉を開かせることだ。大小を問わずほとんどの動物において、雌の生殖系にはそのような弁が一つ以上あり、それが開かれるかどうかは雌の無意識の判断にかかっているということが生物学者によって突き止められている。たとえば交尾中のジュウイチホシウリハムシの雄は、挿入器を雌の体内に挿入した状態で触角を使って雌の体をリズミカルになでる。しかしそのあいだずっと、雌は雄の挿入器が雌の精子貯蔵場所に到達できないように膣の筋肉を緊張させている。雄が十分なスピードでなでてくれたと判断したときのみ、雌は膣の筋肉をゆるめて雄を受け入れる。そうでない場合、雄は延々と雌をなで続け、やがてげんなりして雌の体から降りるのだ。[9] しかし本節では、哺乳類に焦点を絞る。一般にほかの動物よりも哺乳類のほうが、雌の交尾器の内なる働きがよくわかっているからだ。また、第3章で約束したとおり、雌のオルガスムを改めてきちんと取り上げることもできる。このような生殖器の弁の開閉において、どうやらオルガスムがきわめて重要な役割を果たしているらしい。

女性のオルガスムやそれに関連したクリトリスをめぐる派手な言説や論争は、今どきのアダルト雑誌のごちゃごちゃした誌面だけのものだと思っていたとしても無理はない。しかし実際にはこのテーマを扱った学術文献も、過剰反応、誇張、誇大表現の埋まった地雷原なのだ。[10]一六世紀の半ば、クリトリスを「発見」した（といっても、男性中心の科学界にとっての発見である。言うまでもなく、女性は大昔からその存在を知っていたのだから）と主張する解剖学者のガブリエレ・ファロッピオと、この「新しく無用な部位」はおそらく両性具有者だけに存在するといって反駁した解剖学者のウェサリウスとのあいだで交わされた激しいやりとりは、その後の四五〇年にクリトリスをめぐる言説がたどった、ジェットコースターのような浮沈を先取りしていたと言ってよい。

一七世紀の大半において、解剖学者はクリトリスを見つけたらただ切除するだけという程度の認識をもっていた。権威者のウェサリウスが主張したように、女性にそんなものがあるのはけしからんとする誤解がまかり通っていたのだ。しかし一六七二年ごろ、オランダの医師ライニア・デ・グラーフがクリトリスの全貌の詳細な説明を発表し（この全貌というのが実際にどの程度だったかについては、のちほど紹介する）、「自然界にこの部位がまったく存在しないかのごとく、これについていっさい言及しない解剖学者がいる。このことにわれわれは非常なる驚きを禁じえない」と声高に訴えた。彼はまた、自然が女性にそのような快感スポットを与えたのは間違いないと、かなり明確に述べた。そしてそのようなものをもらっていなかったなら、女性が妊娠や出産に伴うリスクを冒すことなどあるだろうかと問うている。

デ・グラーフによるクリトリスの再発見とともに、クリトリスに関する啓蒙に目が向けられるようになった。ところがまもなく、デ・グラーフはライバルのスワンメルダムとの解剖学の議論で突発的なうつに襲われて、自ら命を絶った。主たる擁護者を失い、医学の世界でクリトリスの存在は一五〇年以上にわたって再び忘却の淵に沈んだ。再び日の目を見たのは、一八四四年にドイツの解剖学者ゲオルク・ルートヴィヒ・コベルトが発表した名著『ヒトおよび一部の哺乳類における雌雄の情欲器官』においてであった[11]。

二〇世紀の終盤になっても、発見、忘却、再発見の最終的（現在のところ）なサイクルで、歴史が繰り返された。デ・グラーフとコベルトがヒトのクリトリスについて記述した際、それぞれによる解剖はいずれも、このよく知られていて通常はごく小さなボタン状の亀頭と、そこから体内に入って急角度で折れ曲がる陰核体が、じつはもっと大きな器官の一角にすぎないことを明らかにした。クリトリスの大部分は骨盤脂肪と骨盤骨に隠れているが、じつはずいぶん堂々たる器官である。長さ一〇センチの細い二本の柄が分岐して臀部方向へ伸び、これに挟まれて膣のもっと奥に柄より短くて幅のある洋ナシ形の「球根」状の構造物が二つある。この四つのパーツが大きなピラミッド形を形成しているが、外から見えるのはその頂点のみ、つまり一般にクリトリスと呼ばれている部分だけだ。この器官は腫脹（しゅちょう）できるように多数の血管が全体に行き渡り、信じがたいほど太い神経線維束（そく）が張りめぐらされている。これについてコベルトはこう記している。「このとおり、クリトリスに入る前でも非常に太いので、このごく小さな構造物を走る無数の血管のあいだにこれほど多数の神経束がスペースを見出せるとは、およそ想像もできない」

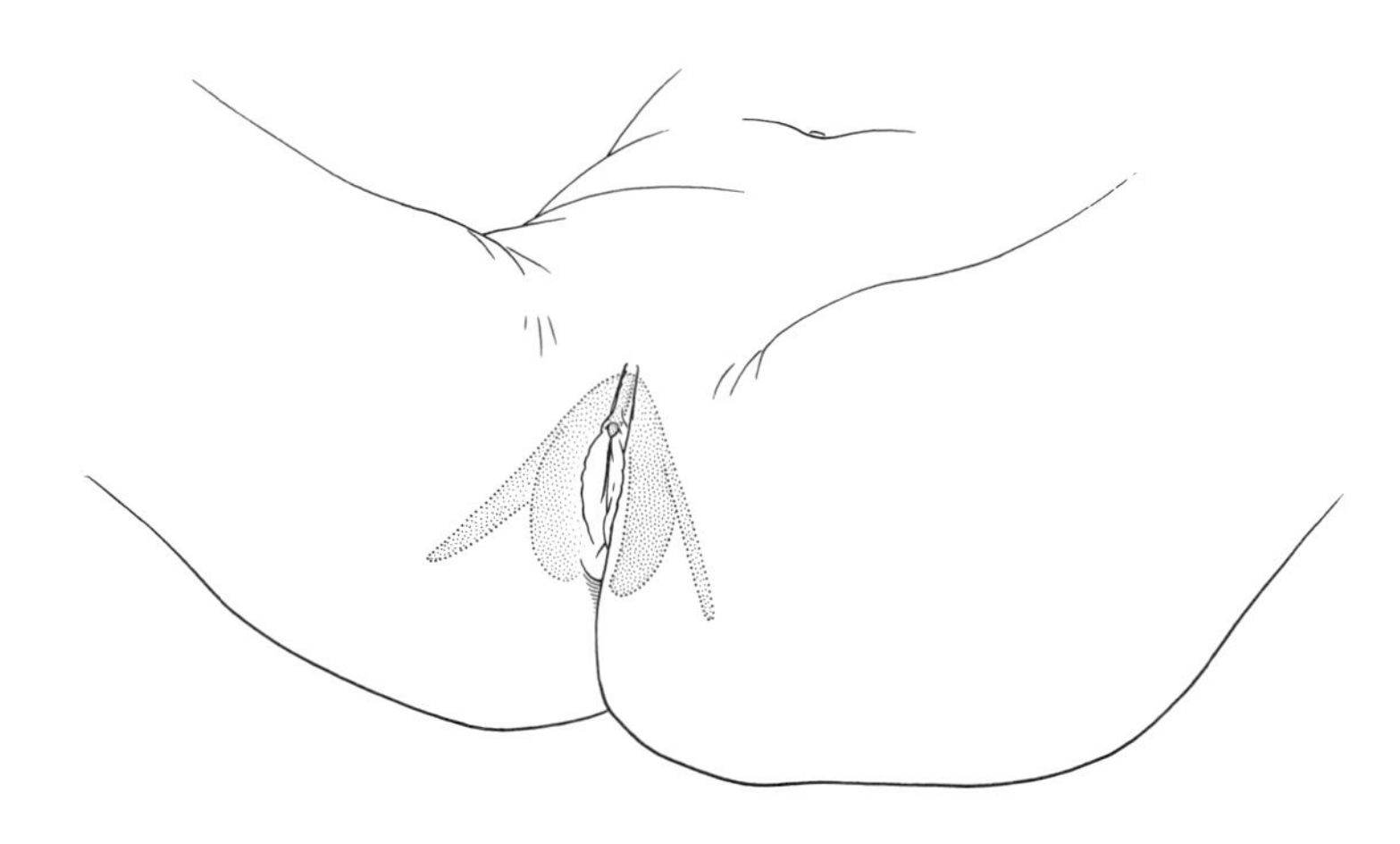

図９　じつはそれほど小さくない。過去数世紀にわたり、ヒトのクリトリスが実際にはどんなサイズでどれほど複雑か、忘れ去られては再発見されるというサイクルが何度か繰り返されている。

このように一七世紀から一九世紀にも正確な知識は断片的に存在していたが、ほんのつい最近まで人体解剖学の教科書の多くはクリトリスを完全に無視するか、あるいは外から見えるごく小さな部分に簡単な言及をするだけだった。そのため一九九八年にオーストラリアの解剖学者ヘレン・オコンネルが最新技術を用いて女性のクリトリスの全体像を改めて紹介したときには、またしても多くの人から驚きをもって迎えられた。「一般の人が思っているより何十倍も大きいのだ」と、《ニュー・サイエンティスト》誌は感嘆した。

女性のオルガスムも、この数世紀にわたってその発生器官たるクリトリスと同様の運命に甘んじてきた。事実に通じた男性（常に男性だった）は、私たちがかつて動物だったことの名残としてオルガスムを片づけるか、またはフロイトと同様に女性の性成熟における小児期であると見なし、もっと年齢を重ねれば成人としてまともな膣快感がこれに代わると考えた。あるいは正反対の姿勢をとり、女性のオルガスムは男女の結びつきを強めるためにヒト特有の能力として進化したものだと称揚した。そのような見方は一九六〇年代に流行し、これについて詳しく述べたデズモンド・モリスは、一九六七年に刊行された有名な著書『裸のサル』（日高敏隆訳、角川文庫など）において、「われわれの種におけるメスのオルガスムが霊長類の中でもユニーク」であり、これが進化したのは、「それがつがいをなす両性による性的協力行為に莫大な報酬をもたらす」おかげだとし、さらにこう記している。「性における他のあらゆる改善と同じく、つがいの結合を強め、家族という単位を維持するのに役立つであろう[12]」（日高訳）

しかし、真相は違う。クリトリスもオルガスムもヒトに固有ではなく、おそらくたいていの哺乳類にあり、家族うんぬんは無関係なのだ。

ヒト以外の哺乳類にクリトリスがあるかどうかは、まったく議論の余地がない。すべての哺乳類において、胎生期初期の胚（ヒトの場合は妊娠第九週ごろまで）はパドルのような後肢のあいだに性器結節と呼ばれる小さなこぶをもっている。胚が成熟するにつれて、雄の場合はこの結節の先端が伸びてペニスとなり、雌の場合は基部が発達してクリトリスとなる。ヒトのように栄養分を与えてくれる快適な子宮で発生する胎盤哺乳類は、生殖器が完全に形成された状態で産まれる。しかし胎盤哺乳類よりもずっと早い発生段階で産まれて母親の育児嚢で長く過ごす有袋類（ゆうたいるい）では、誕生時には雄と雌の生殖器にはまだ違いがない。たとえばワラビーの一家にとって、「男の子ですか、女の子ですか？」という問いへの答えは何度も育児嚢の中を調べるうちにだんだんとはっきりしてくるにすぎず、嚢内で四カ月ほど過ごすまでは確定できない[13]。

しかし有袋類と胎盤哺乳類ではどちらも、すべての雌の性器結節が最終的には完全なクリトリスとなり、哺乳類の雄のペニスと同様に多様な形状やサイズのものがある。雌ヒツジのクリトリスは慎み深くしっかり隠されているが、ボノボやある種のマーモセット、その他の南米原産のサル、齧歯類、そして多くの肉食動物のクリトリスは大きく、露出部分が小さなペニスのように突き出ており、内部に骨があって硬直するものが多く、外側にとげが生えているものもある。クリトリスに関しては、モグラやブチハイエナがとりわけ際立っていて、サイズも形状も雄のペニスと非常に近く、内部を尿道が通っていて勃起能力を有するところも同じである。特にブチハイエナの雌は一七センチという極端に長いクリトリスをもち、クリトリスから子を産み（産道がクリトリスを通っており、雌はしばしば分娩の過程で死ぬ）、雄と交尾するときにはいつも腕まくりをするかのようにクリトリスをたくし上げる[14]。

ヒトにおいてクリトリスは雌のオルガスムを生み出す場所なので（いわゆる膣オルガスムもクリトリスの内部刺激によって作用すると考えられている）、同様にクリトリスをもつすべての哺乳類の雌がオルガスムを経験する可能性は高い（いよいよ次節では雌による密かな選択という文脈においてオルガスムがなぜ重要なのか説明するので、じれったい気持ちをあと少しだけ我慢してほしい）。「可能性は高い」と言ったのは、当然ながら確かなことはなかなか知りようがないからだ。行動生物学者のティム・バークヘッドは、「ほかの動物にオルガスムがあるかなんて、どうしたらわかるでしょう」と嘆いている。[15] ウィリアム・マスターズとヴァージニア・ジョンソンは、よく知られた一九六六年の先駆的な性科学の本『人間の性反応』（謝国権、ロバート・Y・竜岡訳、池田書店）において、女性に「小さな死（ラ・プティット・モルト）」が訪れたことを示すさまざまな徴候が織りなすカーニバルの記述と分析に一つの章全体を充（あ）てた。二人は全身の長い筋肉の「緊張の高まり」、「意図せぬ手足の痙攣」（すなわち何かをつかむように手や足の指を折り曲げる動作）、肛門や膣や子宮のリズミカルな収縮、そして血圧上昇と呼吸亢進を徴候として挙げている。[16] それ以来、技術の進歩とともにさらに多くの徴候が見出され、「愛情ホルモン」と呼ばれるオキシトシンの血中濃度上昇や、[17] MRIスキャンで観察される脳の眼窩前頭皮質の活動の突発的な変化などがリストに加わった。[18]

もちろんこれらの「症状」は、ほかの事象でも起きることがある。呼吸の荒い女性が必ずしもオルガスムの最中というわけではない。動物のオルガスムについて研究したいと願う動物学者の苦労はいかほどか。ヒトの女性ならオルガスムが起きたかどうか研究者に教えてくれるが、実験用ラットの雌には無理な芸当だ。それでも動物学者は、動物界の雌のあいだでもオルガスムがしょっちゅう起きていることを確かめるために、かなり信頼できるいくつかの観察方法を考案している。実験用ラットは質問票には回答してくれないが、麻酔をかけて記録装置を装着したうえで交尾器を適切に刺激したところ、尿道生殖器反射と呼ばれる反応が見られた。[19] 膣と肛門が何度もリズミカルに収縮するのだが、その記録はオルガスム中のヒトから得られた記録と区別することができないほどそっくりだ。一九五二年には、ノーランド・ヴァンデマークとレイ・ヘイズという二人の勇気ある研究者が、ゴム手袋の親指の部分でつくった小さな風船に水を入れて発情期の雌ウシの子宮に挿入し、雄ウシと交尾させた。

研究者はそのあいだに、細いゴム管で風船とつなげたインク供給式のペンレコーダーで子宮内圧の変化を（おそらく安全な距離を置いて）記録した。雄ウシのマウントから挿入、射精、引き抜き、マウント解除までには五秒しかかからなかったが、研究者の圧力計によれば、雄ウシのマウント解除から最長で二分間、「子宮の強直性攣縮」が続いていた[20]。これはオルガスムなのか？　それが問題だ。

霊長類の雌は、観察する人間にとってもう少しわかりやすく絶頂に達してくれるので、結果はもっとはっきりしている。一九七〇年、トロント大学の人類学者フランシス・バートンが、雌のオルガスムは言語や道具の使用と同じくヒトに固有のものだという当時の一般的な見方を検証することにした。緊縛台としか呼びようのない装置を準備し、そこに成熟した雌のアカゲザルをうつぶせに寝かせて、イヌ用胴輪（ハーネス）で拘束し、心拍数を観察できるように配線をつないだ。ずいぶん残酷なやり方だが、オルガスムに到達できる姿勢を保つにはこうするしかなかった。ロマンティックとはとうてい言えない条件だったにしては意外にも、サルはときおり期待に応えてくれた。毛づくろいと餌で実験用のサルをリラックスさせると、バートンは人工のサルのペニスを雌ザルの膣に挿入し、通常のスラストをした。数匹は途中でうなりだし、バートンのほうを振り返って、何かをつかもうとするかのように腕を後ろに伸ばした。マカクにおいてオルガスムの始まりを示唆するのではないかと以前から霊長類学者が考えていたのと同じふるまいを示したのだ。オルガスム中のヒトで起きるのとよく似た「膣の激しい痙攣」を続けざまに示す雌ザルも少ないながら観察された[21]。

真相の究明

なぜ私が今、雌のオルガスムについて語っているのかと言えば、どの雄の精子を雌の生殖器の迷路に入らせてどの雄の精子を拒絶するかについて哺乳類の雌が影響をおよぼすことのできる方法の一つがオルガスムだと、科学者たちが繰り返し訴えてきたからだ。言ってみれば、雌のオルガスムは哺乳類の性淘汰の要(かなめ)なのだ。ロビン・ベイカーとマーク・ベリスの発見を思い出そう。女性がパートナーの射精中か射精後にオルガスムを迎えた場合には精子の逆流が著しく少なくなるということ、そして女性はオルガスムを利用して特定の男性の精子をいわば一押しすることにより「選択」できるかもしれないということを二人は発見した。前にこの話をしたときには、これがどんなふうに作用するのかという点には踏み込まなかったが、その答えは、少なくとも「吸い込み」仮説と呼ばれる説の支持者によれば、水力学と関係がある。

一九五二年（間違いなく、家畜の生殖に関するローテクな実験における黄金の一年だ）に科学者のラムジー・ミラーが《オーストラリア獣医学ジャーナル》に発表した論文によると、彼は（いかにもありがちなやり方だが）雌のサラブレッドの子宮をメチレンブルー入りの瓶に銅管でつないだ。すると交尾中に子宮内圧が急に下がり、ブルーの液体が八〇ミリリットルほど吸い込まれるのが観察された。同じころ、別の動物学者がラットやマウスで同様の実験を行ない、「外陰部の徒手的刺激」を加えると、色つきの液体が子宮に吸い込まれるのを発見した。一九六〇年代の終盤には、当然ながら次のステップに進んだ。ヒトでの実験だ。

正確に言えば、一人のヒトでの実験だった。一九七〇年、ロンドンの国立医学研究所に所属するC・A・フォックス博士らが、圧力計と送信機を兼ねる小型の電子装置を一人の女性の子宮に埋め込んだことを報告した。この女性というのは、おそらくフォックス博士の妻のベアトリスだろう。論文の「謝辞」のセクションで、彼女の「助力」に対して妙に力のこもった言葉で謝意が表されている。装置を埋め込まれた女性は異性との性交を行ない（相手はおそらく論文の筆頭著者）、その最中に子宮内圧の変化をマットレスの下に設置した受信機で記録し、そこで科学的に妥当と認められた行為が行なわれた（二回）。圧力計の数値によれば二回とも、クライマックスに達した直後に子宮内圧が急激に下がっていた[22]。

吸い込み仮説が正しいなら、雌の哺乳類はオルガスムによって、刺激をより多く与えてくれる雄の精子を競争で優位に立たせることができる。雌のヒト（およびサル）のほとんどが性交のたびにいつもオルガスムを達成するわけではないという事実は、この考えに合致すると思われる。雄のなかには雌をたやすくオルガスムに導く者とそうでない者がいるという発見も同様だ。たとえば一九九〇年、イタリアの霊長類学者のアルフォンソ・トロイージとモニカ・カロージがローマの動物園でニホンザルの大集団における性行動を調べたところ、交尾中に雌が雄の体をつかみ、雄のほうを振り返り、筋痙攣を示し、「声を上げる」のが観察された。これはフランシス・バートンがアカゲザルの観察において、クライマックスに達したことを示するし（雌ザルがクライマックスの演技をしないという前提で）と考えたのと同じタイプの行動だ。トロイージとカロージの観察によると、序列の低い雌に序列の高い雄がマウントした場合にはおよそ六割でこれが起きたが、対等な序列の雄と雌が交尾した場合や雌のほうが上の序列の場合には、雌がクライマックスに達するのは交尾五回につき一回だけだった。

この種の動物実験の問題はやはり、各個体の交尾器にセンサーや送信機を装着しない限り、雌のオルガスムについて確かなことはわかりにくいという点だ。少なくとも何がオルガスムで何がオルガスムでないのかはっきりわかるという点で、オルガスムの経験について質問すればさっさと答えてくれる生物を対象としたほうが、はるかに信頼性が高いかもしれない。たとえば大学生を使えばいい。ペンシルヴェニア州立大学のデイヴィッド・パッツ、リサ・ウェリングらは、一四ドルの謝礼か授業の単位と引き換えに学生の中から七〇組の異性愛カップルを確保してそれぞれの写真を撮影し、そのカップルで最後にセックスしたときのことに関する質問票に回答させた。女子学生には（パートナーに聞こえないところで）オルガスムに達したか尋ね、達した場合には性交のどの段階で達したかを確かめた。それから相手の男子学生の写真をイギリスの大学に送り、そこで男女各九人からなる審査員団に〇点から七点までの点数で容姿を評価させた。その結果、（少なくともイギリスでは）とりわけ魅力的と評価された男性パートナーとセックスした女性のほうが、男性の射精中か射精直後にオルガスムに達する頻度がはるかに高いことがわかった。オルガスムまでの時間は、ベイカーとベリスの実験でより多くの精子を取り込むのに必要と判明した時間とほぼ一致していた。

別の研究では、ポルトガル・アメリカ・スコットランドの共同研究チームが、主にスコットランド人からなる三二〇人以上の女性に、オルガスムと性的嗜好に関する質問票に回答させた。その結果、過半数の女性が、平均より長いペニス（回答者の助けとなるように、質問票には「二〇ポンド札より長い」と書き添えられていた）をもつ男性のほうが膣オルガスムに達する頻度が高いと報告した。[23]

そうはいっても、ヒトのオルガスムが精子を注入してきた複数の男性に対して女性が密かな選択を行なう方法の一つだという説を信じない者もいる。そもそも女性のオルガスムになんらかの役割があるということに疑いを抱く一派もいる。一九七九年に『ヒトのセクシャリティーの進化』という著書を発表したドナルド・サイモンズは、女性のオルガスムが快感をもたらすだけで機能をもたない何かの痕跡にすぎないのではないかといち早く示唆した。これは動物的な暗黒の過去というフロイト的な意味ではなく、男児や女児が子宮内で過ごす最初の数週間に経験する発生過程についての発言だった。

つまるところ、クリトリスとペニスは解剖学的に相同器官と呼ばれるもの、つまり同じ基本的な設計図にもとづいて、胚のまだ短い両脚のあいだにある同じ性器結節から成長する器官なのだ。それだけでなく、関与する神経やホルモン、さらにはオルガスムの最中に〇・八秒間隔で生殖器の痙攣を引き起こすという尿道生殖器反射全体も、男女間で共通している。サイモンズが言うには、女性にオルガスムがあるのは男性にオルガスムがあるからというだけの理由かもしれない。そして男性がオルガスムを進化させたのは、それによって射精や性交に快感が結びつくからだ。男性にとって、そして雄全般にとって、より多くの交尾をするために相手を探し回るのは有意義な行動である。というのは、ベイトマン以来よく知られているとおり、雌とは違って雄にとってはより多く交尾することがより多い子孫を意味するからだ。だから雄にさらに多くの性交渉を追求させるオルガスムによる報酬機構は、進化によってただちに広められただろう。雌のオルガスムは、ただ雄に同調しているだけなのかもしれない。雄とはまったく比べものにならないほど有用な雌の乳房および乳首の進化に伴う無用の副産物として雄の乳首が存在するのと同じく、雌のオルガスムは雄のオルガスムに伴う副産物なのかもしれない。進化をテーマとする著名な執筆家で副産物説の熱心な支持者であるスティーヴン・ジェイ・

グールドは「おとこのおっぱいとおまめのしっぽい」というエッセイで、男性の乳首と女性のオルガスムが存在するのは「雄と雌は、自然淘汰によってそれぞれ独立してかたちづくられてきた別々のものではな」く、「両性とも、一つの基本図面をもとにして作られた変形」（『がんばれカミナリ竜』廣野喜幸・石橋百枝・松本文雄訳、早川書房より引用）だからだと記している。つまり、男女が共有している特徴のなかには、男女のどちらか一方だけに進化上の利益をもたらしたものが存在する可能性も考えられるということだ[24]。

家畜における子宮の水力学やクライマックスに達するサルから証拠が得られているし、オルガスムの最中にオキシトシンが放出されることによって精子が子宮の壁伝いに成熟した卵胞の待つ卵巣まで運ばれるといった興味深い発見があるので[25]、私は今のところ副産物仮説に大きく賭けるつもりはない。とはいえ、この議論の最終的な結論はまだ出ていないのだ。それには程遠い。二〇〇五年にはインディアナ大学の哲学者エリザベス・ロイド（かつてのグールドの教え子）が『雌のオルガスムについて』という著書で副産物説に再び、巧みにスポットを当てた。するとこの本一冊で、哺乳類において雌のオルガスムがもつ役割についての議論全体が再燃した。この本はまた、一部の研究者が新たなデータの取得を目指して動きだすきっかけにもなった。率直に言って、十分なデータが得られたとはまだとうてい言えない状況だ。

というのは、雌のオルガスムの生物学に膨大なページが割かれてきた――過去五年間だけでも五〇〇本もの学術論文がこのテーマで書かれている[26]――にもかかわらず、私たちのもつハードデータはごくわずかで、ヒトに関するものは特に少ない。子宮に圧力センサーを取り付けたフォックス夫人に続く女性は現れていないし、吸い込み説派が自説の裏づけとして提示できる証拠は一九七〇年代に得られた二件の圧力実験の記録だけなのだ。ベイカーとベリスがオルガスム後の精液逆流に関する情報源としたのは一一人の女性だけであり、しかも分析対象とした精液入りコンドームのうち三分の二は、一人の女性から提出されたものだった。質問票についても、仮にスコットランドの全女性が回答したとしても限界がある。雌による密かな選択において雌のオルガスムの果たす役割を真に理解したければ、精子と卵の遭遇する確率にオルガスムが与える影響をヒトや実験動物で（一例だけでなくもっとたくさんの対象を使って！）調べる必要がある。唯一無二の傑作『ドクター・タチアナの男と女の生物学講座』（渡辺政隆訳、光文社）の著者、オリヴィア・ジャドソンはこう述べている。「データを収集すべきだ。データがなければ、議論はセックスがときおり陥るのと同じ状況に陥ってしまう。激しいのに空疎で拍子抜けの状況に」

雌の貯蔵庫と胎児放棄

元パートナーの精子をこっそり冷凍庫に保存しておいてそれで妊娠した女性と、それに続く法律上および道徳上の不愉快な顛末についてのニュースが、しばしば派手に報じられる。[27]《フンバエ日報》とか《カタツムリ新聞》とか《タートル・タイムズ》といった動物界の新聞なら、そんな記事を載せてもなかなか驚いてもらえない。それどころかおそらく読者は首を振って、こんなことで大騒ぎするとはいかにも人間のやりそうなことだと皮肉っぽく言うだろう。たいていの動物は、雌が過去の交尾相手の置き土産を精子サンプルとして生殖系内に蓄えておくほうがふつうなのだ。その目的はヒトの女性が冷凍庫を使う場合とまったく同じで、ずっと昔に別れた恋人との子がほしくなったときへの備えである。

射精されて女性の膣に入った精細胞が長く生きられないというのは周知の事実だと、私たちは思っている。精細胞が女性という新たな体内環境で過ごせる時間は限られている。ほんの三日かせいぜい四日で精細胞は死滅するので、受精はこの制限時間が来る前になし遂げなくてはならない。ところがじつは、ヒトの精子の脆弱さのほうが例外なのだ。たいていの動物では、雌の体内に入った精子はヒトよりはるかに長く、生きのよい状態を保つことができる。たとえば寒冷地に生息するコウモリは、秋になると狂ったように交尾に励み、それから精子を子宮の内壁にしっかりと貼りつけた状態で安らかに冬眠に入り、春に目覚めると、まだ元気いっぱいの精細胞を壁からはがして赤ちゃんコウモリをつくる。交尾に適した雄が少なくてめったに遭遇できない一部のヘビやカメの雌にとっては、雄の精液を何年かとっておくことなどたやすい芸当だ。また、多くのアリの巣では同じ女王アリが何十年間もコロニーを支配するが、そのあいだに数百万個の卵を受精させるのに使うのは、繁殖を始める際の婚姻飛行のときにもらった精子だけである。このときに蓄えた精子は、その後の数十年にわたって受精能力を保ち続ける(28)。

では、この雌の精子貯蔵庫とは、解剖学的にどんなものなのだろう。そしてどう機能するのだろう。それは動物の種類によって大きく異なる。多くのヘビの場合、卵管(総排出腔から卵巣に至る通路)の長軸方向に深いひだがあり、精子はそこに貯蔵されて仮死状態に保たれる。昆虫の場合は膣の奥に精子の集積室(とても広く複雑なことが多い)があり、そこから長い管が伸びて一つか複数の貯精嚢につながり、必要なときが来るまで精子をそこに保存することができる。カタツムリの場合は、さらに複雑な設計となっている。多くの軟体動物と同様（第1章および第8章を参照）、精子は精包（せいほう）と呼ばれる密封されたパッケージで届けられ、まずは交尾嚢に取り込まれる。ここで精包が溶かされ、消化を逃れたわずかな精子が卵管を進んでいく。そして「精子細管」と呼ばれる多数の独立した袋小路の一つに入る。雌はいつでも好きなときにこの精子を卵の受精に使うことができる。(29)

動物界全体を見ると、雌はさまざまなタイプの精子貯蔵庫が利用できるが、すべてに共通の重要な性質が一つある。どれもつまるところ、主導権は雌が握っているということだ。雄が中央精子預入室に精子を直接届けたとしても、精子をそこから特殊な長期貯蔵器官に運び込むのは雌の筋肉と神経系であり、預け入れた精子を貯蔵庫から引き出すのもやはりすべて雌の管理下となる。雌は雄による射精の直後に能動的な精子取り込み（前節で見たとおり、哺乳類ではオルガスムによってもたらされるのかもしれない）をするのに加えて、このような精子の動員も行なうのだ。

長期的な精子貯蔵庫が一つだけでなく、別々の貯蔵庫がたくさんある場合も多いということを指摘したい。多くのハエは「貯精嚢」に二つか三つの独立した袋をもっている。食用カタツムリのヒメリンゴマイマイには三個から一九個の独立した精子貯蔵庫があり、カメは卵管の全長にわたって微小な精子貯蔵管が無数についている。これの意味するところはすでにおわかりかもしれないが、理論上、雌が交尾したすべての雄の精子をそれぞれ別の「冷凍室」にしまっておいて、特定の雄の精子を自在に呼び出すことが可能なのだ。

「理論上」と言ったのは、実際にこれが起きているという証拠がまだかなり薄弱だからだ。雌がこのように精子を使うときに選択するということを示す最良の証拠は、ずいぶん思いがけないところに由来する。草地で排泄されたばかりの牛糞なのだ。もっと正確に言えば、そのような場所を棲みかとするフンバエだ[30]。

ヒメフンバエは北半球ではきわめて見慣れた虫だ。特にウシやヒツジが新鮮な糞を絶えず供給する牧草地や草地では、しょっちゅう見られる。このハエが自分で糞を餌とすることはほとんどない（たいていは花蜜や自分より小さな昆虫を食べる）が、幼虫が糞を食べる。このためフンバエにとって、新鮮な牛糞は想像できる限りこのうえなくロマンティックな場所の一つとなる。ここで求愛し、交尾し、産卵する。草の上を低空飛行している最中に、新鮮な糞の間違いようのない臭いを触角で感知すると、ただちに地上に降り立つ。しばしば標的を通過してしまうので、あとは歩いて糞へ向かう。目的地に到達すると（場合によってはその道中でも）、雄は雌に出会ったら捕まえて交尾を試みる。雄は自分より先に同じことをした別の雄がいるかについてはあまり気にしないので、雌は牛糞の表面にたどり着くまでに二匹以上の雄を従えていることが多い。あとから来た雄は、すでに雌にマウントしている雄の下に割り込もうとする。先にマウントしていた雄は前脚で戦利品にしがみつき、後ろ脚を使って糞の表面で体のバランスをとり、二本の中脚でライバルを蹴飛ばそうとする。この格闘で最大の被害をこうむるのはしばしば雌であり、多数の求愛者の重みを受けて、文字どおり牛糞でおぼれてしまう雌も多い。だからじつは「ロマンティック」という言葉はふさわしくないかもしれない。

このひどく無視されていた黄金色のハエを性科学研究のヒーローにした最初の人物は、例の「逆流液」実験をしたロビン・バーカーの元同級生でイングランドの生態学者、ジェフ・パーカーだ。一九六〇年代の後半にブリストル大学で博士課程の研究をしていたとき、行動生態学の博士号をとるための素材として、牛糞にたかるフンバエが多くの点で理想的だと気づいた。第一に、研究費用が安く上がる。必要なのは「ストップウォッチ、定規、温度計、テープレコーダー、ガラスの小瓶、標本針、ノート、鉛筆」だけだ。第二に、このハエとその生息場所はいたるところに存在する。フィールドワークをしたければ、近くの牧場に行って古いコートをそっと地面に広げ、風をさえぎらない位置から（訳注　風に頼るフンバエの邪魔にならないように）排泄物を観察してデータを集めるくらいでいい。真の危険は「ときおり不意に雄ウシ」に遭遇することだけで、いらだちの種といえば「雨。そして見慣れぬ光景に関心を示す雌ウシやイヌや幼い子どもの好奇心」だけだった。そんなわけで、ほかの博士課程の学生が大型の野生動物を観察するために大金をはたいてアフリカまで遠征し、現地で何カ月も過ごしたあげくにチーター一匹をほんの数時間観察しただけで帰国するのを尻目に、パーカーは夏じゅう牛糞のかたわらで頬杖をついて地道に研究を重ねていた。これがのちに生態学の古典的研究となる。観察した性行動のドラマという点では、ハエは大型の哺乳類に引けをとらなかった。「フンバエがアカシカほどの大きさだったなら、これをテーマとした本やドキュメンタリー映画が一〇〇〇作くらいつくれるに違いない」と彼は皮肉っぽい言葉を記している。

しかしフンバエはフンバエの大きさでしかなく、また糞便好きなせいもあり、《動物行動学》や《進化学》、《進化生物学ジャーナル》、《行動生態学と社会生物学》といったニッチな専門誌のページを飾るだけにとどまっている。それらの研究論文は、この四五年間にパーカーと彼の教え子が途切れることなく発表しているものだ。雌のフンバエが「交尾嚢」と呼ばれる大きな精子集積室を一つと、

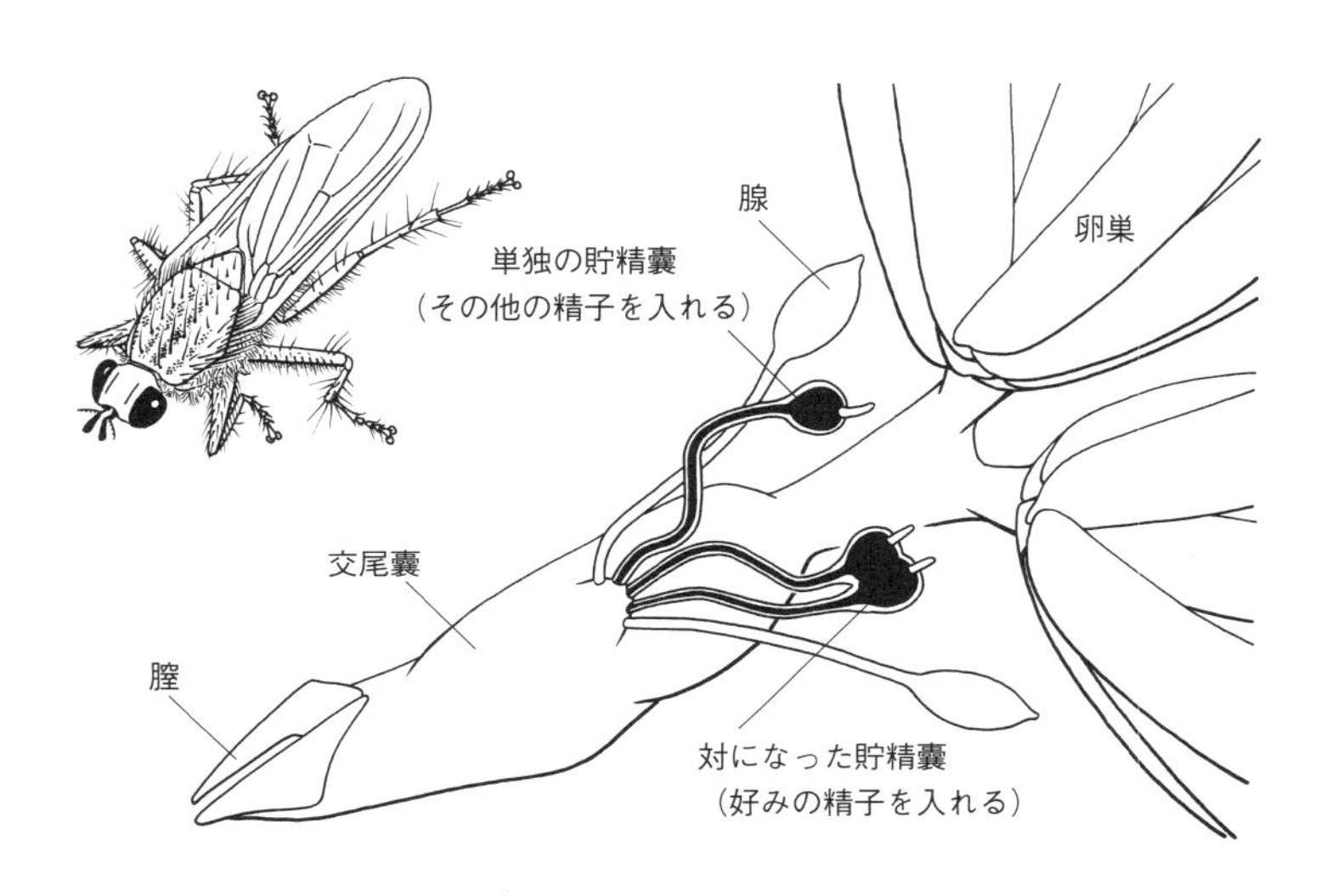

図10　雌の裁量。フンバエの体内には、交尾した雄の精子を蓄える貯精嚢が3つある。対になった貯精嚢は「セクシー」な雄のために使い、単独の貯精嚢にはイマイチな雄の精子を予備として蓄える。

これより小さな「貯精嚢」を三つもち、貯精嚢はそれぞれ長く細い管で交尾嚢につながっているという事実も、彼らの発見になるものだ。三つの貯精嚢のうち二つは腹部の右側にあり、もう一つは左側にある。一九九〇年、博士課程でパーカーの指導を受けたポール・ウォードは、スイスのチューリヒ大学にフンバエ実験室を創設した（そこの丘はフンバエの羽音でにぎやかだ）。二〇一〇年に早世するまでの二〇年間に、ウォードは雌のフンバエがあたかもバグパイプを演奏するかのごとき、驚くべき技巧を用いて自らの体内の嚢（バグ）や管（パイプ）を操っていることを示した。

実験室でウォードは、雌のフンバエを二〇分間で一匹か二匹の雄と交尾させた。それからきっちり計量した牛糞をペトリ皿に入れて、一部の雌にここで産卵させた。その後、ウォードはどの幼虫がどの雄の子か調べた。この調査ができたのは、雄がそれぞれ異なる遺伝子突然変異をもつように交配しておいたからで、これによって父親が誰か識別した。残りの雌は交尾後に殺して解剖し、各貯精嚢内の精細胞を数えた。この結果、雌は体の小さな雄の精子よりも大きな雄——こちらのほうが雌にとって魅力があるということをパーカーはすでに示していた——の精子を好んで貯蔵することがわかった。さらに、小さな雄の場合には三つの貯精嚢に均等に精子を分ける傾向が見られるが、大きな雄の場合には均等に分けず、右側にある二つの貯精嚢の一方か両方に精子を蓄えたがるということもわかった。また、産卵の時期が来ると、雌は右側の貯精嚢から優先的に精子を取り出すので、ほとんどの子の父親は大きな雄であることも明らかになった。

その後、フンバエのＤＮＡ指紋法が開発されると、ウォードのチームは個々の貯精嚢から精子を取り出して、じつはさまざまな雄の精子がさまざまな割合で混ざっていることを示すことさえできるようになった。このように精子を振り分けるのはもっぱら雌の仕業であって雄は関与しないという事実が、ウォードの共同研究者であるバルバラ・ヘルリーゲルとジョルジーナ・ベルナスコーニによる気の利いた実験で証明された。二人が行なったのは、交尾直後の雌を二グループに分けることだった。一方は覚醒させておき、他方は二酸化炭素で麻酔をかける。その結果、精子をきちんと分けて貯蔵できるのは意識のあるフンバエだけで、麻酔状態のフンバエは精子をランダムに分けることが判明した。

動物界の雌は、自分の卵に到達できる精子を選ぶためにさまざまな仕掛けを隠しもっている。ヒメフンバエは、このことを私たちに教えてくれる生物の長いリストに書き込まれた、直近の例であるにすぎない。リストに載った動物の雌たちは、交尾相手にドライ交尾を強要したあげくに相手が絶頂に達する前に逃げ出すことができるだけでなく、注入された精子を排出したり、体内のバルブやロックを使って望ましくない精子を卵に近づけないようにしたりもできる。雄から精子を受け取った場合でも、それを一時保管所にしまっておいて、それを使うかどうかはあとで決めることができる。じつは雌の戦略にはまだ奥の手があった。ある雄の精子で卵を受精させたあとでも、一部の雌は最後の手段として、胚から出生の機会を奪うという手に出ることがあるのだ。この思い切ったやり方は、一部の哺乳類の雌が特定の雄を優遇するために用いるもので、「ブルース効果」と呼ばれている。残念ながら、この名称は女性がブルースと呼ばれるタイプの男性を自分の子の父親にしたがらないということを表すわけではない。一九五九年にこの効果を発見したイングランドの動物学者、ヒルダ・ブルースに由来する名称だ[31]。

このドラマティックな現象は、まったく偶然に発見された。実験用マウスを使ってホルモン剤の効果を調べていたブルースは、妊娠中のマウスが新しい雄に出会うと流産し、この新しい相手と交尾して新たに子を身ごもることがあるのに気づいた。それ以来、動物学者はほかにも多くの実験動物でこのブルース効果を確認した。特にこれの顕著だったのが齧歯類である。妊娠の中断を誘発する新しい雄からのシグナルは、ずいぶんとバラエティーに富む。たとえばアメリカマツネズミでは雄の臭いがきっかけとなるが、キハタネズミの場合は見知らぬ雄と体が触れあうだけで流産が誘発されることもある。アメリカハタネズミは新しい雄と実際に交尾した場合のみ流産し、排卵を再開する。

長いあいだ、ブルース効果は不自然きわまりない実験室環境だけで観察されていたので、これが自然に生じる現象か、それとも実験室のきわめて人工的な条件によってもたらされる偏った事象ではないかと、多くの動物学者が疑念を呈した。しかし二〇一一年、この現象が野生でも起きることが確認された。エチオピアで長年にわたって野生のゲラダヒヒ（ヒヒの親戚）の群れを調査してきた動物学者のイーリア・ロバーツが、自分の観察しているゲラダヒヒの糞の中に、ブルース効果が自然界でも生じることを物語るしるしを発見したのだ。雌の残した糞のエストロゲン濃度を調べると、その雌が妊娠しているかどうかがわかる。エストロゲン濃度が急に下がってそのまま戻らないときには流産している。このような早期流産はたいてい、雌の群れが新たなアルファ雄の支配下に入った直後に起きていた。

ということはおそらく、ブルース効果として注目されていた現象は、子殺しという痛ましい現実への適応なのだろう。ブルース効果が観察されている種の多くにおいて雄は自分の交尾相手が自分以外の雄とのあいだにもうけた子を殺す習性がある。ゲラダヒヒの場合、新しい雄がそれまでのアルファ雄を追放して最初にする仕事は、前任者の子をすべて殺すことなのだ。そのため雌は、新しい雄に自分の子がどうせ殺されてしまうなら、ブルース効果を発動させることによって、無駄な妊娠に時間とエネルギーを浪費するのを避けることができる。

あるいはブルース効果はやはり、動物の雌が自分の意思で妊娠を中断できるという、もっと一般的な能力の存在も表しているのかもしれない。多くの哺乳類において、流産はごく頻繁に起こる。ヒトの場合は最大で妊娠の三分の二が自然流産に終わり、本人が妊娠に気づいてさえいないことも多いと考えられている。おそらくそのような流産の大半は、重大な遺伝的欠陥をもつ胎児を母体が排除するせいだが、もっと微妙なメカニズムも存在する。たとえばブタオザルとヒトの雌は、交尾相手と自分の免疫系がよく似ていると流産の頻度が高くなる。これもおそらく病気と闘う最大限の能力を子に与えるために進化した戦略であり（両親から別々の免疫ツールを受け継ぐほうが、同じセットを二個受け継ぐよりも有利だ）、そのような流産が父親や胎児の側からの働きかけで起きることはないのかどうかも明らかになっていない。それでも、雌が特定の雄の繁殖のチャンスを拒みたい場合に、最後の手段として流産を起こす可能性があるということを示唆する興味深いしるしはいろいろある（直感的に受け入れがたいが、一部の中絶反対論者はこの現象を不適切に利用している。女性の体が自然に中絶できるのなら人工的な中絶はすべきでないという、ひねくれた理屈をこね回す輩（やから）がいるのだ[32]）。

これまで見てきたとおり、雌は受動的な精子受け入れ装置ではない。精液を与えてくれる雄によって自分の卵に吹き込まれた命を育てるだけの存在ではないのだ。雌の体はパートナーをじらすさまざまな手立てを隠しもっている。きわめて高度な選好装置として、交尾のたびに機敏に作動する。雄とその「求愛装置」から合図を受けると、雌は郵便物の仕分け装置のように精液を選別し、精子を拒絶または選択し、体内の弁やばねを作動させる。次章で見るとおり、予測不可能な進化の軌跡を生み出す推進力は、雄と雌の交尾器が交わす親密なやりとりである。だが、この推進力には限界があるという話も紹介しよう。

第５章　気まぐれな造形家

おおまかに言って、生物学者には三つのタイプがある。フィールド派、実験室派、理論派の三タイプだ。鉛筆とノート、双眼鏡、ルーペ、採集瓶を古いミリタリーバッグに詰め込んで、レインコート姿で野外へ出かけるときにのみ喜びを感じる生物学者は、間違いなくフィールド派に属する。実験室派の生物学者は野外をあまりにも混沌とした場所と感じ、生物学的プロセスをペトリ皿にきっちりと収まった単純な系としてまとめることを好む。そして理論派の生物学者というのは、実験瓶に入れたショウジョウバエさえあまりにも予測しがたいと感じるタイプだ。本物の生命を完全に放棄し、代わりに紙に書いた式やコンピューターのコードの列によって生命をとらえる。

この区分で言うと、ロンドン大学ユニヴァーシティー・カレッジの著名な性淘汰研究者、アンドリュー・ポミアンコフスキーは理論派そのもので、「性淘汰における選択のコスト」（一九八七年）、「鳥はなぜ複数の性的装飾物をもつのか」（一九九三年）、「レックパラドックスの一つの解」（一九九五年）といったタイトルの論文を執筆している。[1] いずれの論文も多大な影響をおよぼしたが、現実の動物や観察はほとんど出てこない。代わりに式やコンピューターシミュレーションが満載で、冒頭には「交尾相手の選択において雌が用いる雄の特性をtとし、雌の選好の強さをpとする」などと書かれている。[2]しかし理論が実験室や野外に適用できればその市場価値が高まるということは、理論生物学者も理解している。だからこそ一九九〇年代の終盤以来、ポミアンコフスキーは自分の研究成果を野生の動物で手当たりしだいに検証しているのだ。数年前に私がボルネオ島に生活の拠点を置いて研究していたとき、シュモクバエの狩りに連れていってほしいというメールが彼から届いたのも、やはりそのためだった。

シュモクバエは、熱帯地方で見られる昆虫のなかで際立って奇妙な虫の一つだ。[3]さなぎから脱皮した直後、体の外被がまだ柔らかくしなやかなうちに、雄も雌も（ただし雄のほうが顕著）眼を支える棒状のパーツを膨らませて伸ばす。これがとんでもなく長い柄となって固まり、シュモクバエは生涯この眼柄（がんぺい）とともに飛び回ることになる。これは計り知れないほどの長い年月にわたって、著（いちじる）しく突出した眼をもつ雄を雌が選好してきた結果だ。ボルネオ島原産のテレオプシス・ベルゼブトのように最も極端な例では、進化の結果として両眼のあいだが体長の二・五倍も離れている。この頭飾りはクジャクの尾の昆虫版であり、邪魔で無駄だが異性からは大いに好まれる。

クジャクなどのキジ類の鳥と同じく、シュモクバエの交尾は「レック」で行なわれる（「レック」はスウェーデン語で「ゲーム」や「遊び」を意味する。北欧は長年にわたり性淘汰研究の中心となっているのだ）。レックというのはラブインのようなものであり、雄と雌の集団が集（つど）い、雌が好きな雄を選んで交尾する。シュモクバエのレックは夕暮れに始まる。舞台は熱帯林の木の小枝や、浸食された小川の岸から突き出た根毛だ。そんなわけで二〇〇六年四月の午後遅く、マレーシア領ボルネオの空で太陽が沈んでいくころに、私は野生のヤムイモのふかふかした茎をつかみ、地面に散らばる枝や石につまずきながら、急斜面を滑り降りていた。ポミアンコフスキーと、私の友人である熱帯生態学者のスティーヴン・サットンが一緒だ[4]。ようやく小川にたどり着き、まだ少しふらふらしながら、泥まみれの細根にヘッドランプを向け始めた。ポミアンコフスキーによれば、シュモクバエはこういうところでレックをするらしい。実際、レックが行なわれていた。あちらこちらですばしこいシュモクバエの集団が姿を見せ、気まぐれに根毛を行ったり来たりする。滑稽なほど広く開いた眼柄を左右に突き出して歩く姿は、軽業師がさおを持ってバランスをとりながら綱渡りをしているかのようだ。

　ポミアンコフスキーらの研究により、レックは一匹の雄が主導して行なわれることが知られている。雌は最も長い眼柄をもつ雄のいる根毛にとまりたがる。雄の眼柄の長さは遺伝で決まるが、その長さは交尾相手としての雄の資質も伝えるということが、実験室での研究で証明されている。幼虫時代の苦難をうまく乗り切った雄だけに長い眼柄が生じ、また眼柄の長い雄は精子をたくさんつくれる大きな精巣をもつので、一回の交尾でより多くの卵を受精させることができるのだ。

　第3章で大げさな飾りをもつ雄に作用する雌による性淘汰を取り上げたときに見たとおり、このことはある種のシュモクバエにおいて眼柄が長くなり続ける理由の十分な説明となる。眼柄の長い雄のほうが交尾できるチャンスが増え、それに伴って子もたくさんもうけられる。これらの子は父親から長い眼柄の遺伝子を受け継ぐだけでなく、母親から長い眼柄を好む雌の遺伝子も受け継ぐ。こうしてこの種では、進化によって眼柄が加速度的に長くなっていく。しかし、これにには問題も伴う。ポミアンコフスキーがコンピューターモデルを使って取り組んでいるのは、そうした問題なのだ。たとえば、種によって眼柄が長かったり短かったりするのはなぜか。眼柄の進化が極限まで進み、すべての雄の眼柄が限界まで長くなって、すべての雌がもはや眼柄の長さによって相手を選ぶことができないという、いわば「レックパラドックス」とでも言うべき進化の袋小路に陥ったらどうなるのか。

ポミアンコフスキーは研究仲間である九州大学の巌佐庸とともに、そのような性淘汰が一方通行の道ではないことを突き止めた。あらゆるシュモクバエの進化の歴史において、すべての雄が達成可能な最長の眼柄（それより長くなると飛べないか、折れて眼が取れてしまう長さ）をもち、すべての雌がその小さな脳に可能な最大限の興奮をこれに覚える段階が訪れるかもしれない。しかしこの状態に達すると、すべての雄に差がないので選択のメリットが消失する。つまり、雄に対する品定めと選択――まさにレックそのもの――が、もはや雌にとって時間とエネルギーの浪費になってしまうのだ。その結果、雌のえり好みを抑える突然変異がにわかに優位性をもたらすようになり、ポミアンコフスキーと巌佐がコンピューター画面上で見届けたように、そのような集団は実際に眼柄を短くする方向へ進化し始める可能性がある。実際、雄の眼柄と雌の嗜好にかかわるいくつかの遺伝子をシミュレートすると、集団はいつまでも安定せず、その後の進化においてはずっと、眼柄の長さとそれに対する選好の限界付近をいつまでも揺れ動くということがわかった。

このような進化上の不安定性こそ、自然淘汰と性淘汰の最大の違いだ。種が土壌の質や環境温度などに適応する自然淘汰では、最適条件は一つに定まっている。土壌や温度は長期にわたっておおむね一定で、そこに適応した生物に応じて変化することはない。フィードバックのループがないので、種は何世代もかけて最良の適応状態に少しずつ近づいていく。しかし性淘汰の仕組みはまったく違って、種が進化によって向かっていく唯一の最適条件というものが存在しない。むしろ雄が雌に適応し、また雌も雄に適応していくのだ。つまり、両性が動く標的を追跡することになる。この事実の存在だけでも、進化による変動が絶えず、確実に起こるのに十分な理由となり、各世代で相手の性に適応した遺伝子を結びつけ、混ぜ合わせ、再分配することによってさらに複雑性が高まる。このように、性淘汰は進化のダイナミズムの極致であり、それゆえ自然淘汰よりもはるかに複雑で予測が難しい。

シュモクバエの雄と雌が演じる進化のタンゴを解き明かすためにポミアンコフスキーが行なった計算は、コンピューターシミュレーションなしでは理解できないほど複雑で予測困難な性進化で生じるプロセスの一例にすぎない。別の例として、「少数派の雄（レア・メール）」効果と呼ばれる現象もある。魚類や昆虫、そしておそらくほかにもいろいろな動物において、雌は最も「めずらしい」雄と交尾したがることがある[5]。

たとえばグッピーがそうだ。観賞魚として人気の高いこの魚を飼ったことのある人なら知っているとおり、グッピーの雄は体色パターンが驚くほど多彩である。体色パターンは遺伝的に決まっていて、黄色や赤や黒の斑点や縞、それに金色や緑や紫の金属的な光沢を帯びた部分などがある。水族館の水槽ではさまざまな体色パターンのものが一緒に泳いでいるかもしれないが、原産地である中央アメリカの小川では、雄の体色パターンが流域によってある程度分かれている。たとえばトリニダード島のセルバ川には、M7という無味乾燥な名で呼ばれる雄が生息している。尾の付け根に派手な金色の縦縞、尾びれの付け根に黒い点があり、尾びれの上下はオレンジ色で縁どられている。一方、近くのグアナポ川に生息するＭ１の雄は、白い背びれ、尾の付け根に黒い線が一本、各ひれの付け根にオレンジ色の点がついている。

カリフォルニア大学リヴァーサイド校で、Ｍ１またはＭ７の雄の群れをグアナポ川出身の処女雌に見せるという実験が行なわれた。水槽内をガラスの仕切りで雄の区画と雌の区画に分けて、グッピーののぞき見ショーの舞台を準備した。雌は雄の姿を見る（そして雄に求愛される）ことはできるが、交尾はできない。次に雌を水槽から取り出して、異性に対する好みを調べるために一匹につきＭ７雄とＭ１雄を一匹ずつ同じ場所に入れて二四時間放置した。それから雌を取り出して一匹だけで水槽に入れ、子を誕生させた。体色パターンは遺伝で決まるので、生まれた子のうちＭ７が父親である子とＭ１が父親である子の数は簡単にわかる。その結果、先にＭ７の群れを見せられていた雌は、それまでＭ７を見たことのなかった雌と比べて、卵をＭ７に受精させる割合がおよそ三分の一だった。見慣れることによってありがたみが失せたというわけだ[6]。

このように雌が見慣れない雄と交尾したがるという「少数派の雄」効果は、グッピーだけに見られるわけではない。多くの昆虫でも報告されており、たとえば雌はめずらしい白色の眼（ショウジョウバエ）や風変わりな求愛様式（コオロギ）をもつ雄と交尾したがる。しかし、雌が見慣れぬ雄をこれほど好む理由は完全にはわかっていない。第３章で見たような感覚便乗にすぎないとも考えられる。つまり、それまで出会ったことのない新たなシグナルに不意に遭遇したときのほうが、雌の神経系が激しく燃え上がるということかもしれない。しかしそれよりもむしろ、近親交配を避けるために進化した選択戦略というケースのほうが多いかもしれない。近親者との交尾をしすぎると子孫の遺伝的な健全性が危険にさらされるので、近隣の出身ではないと思われる雄を選ぶほうが有利だ、ということかもしれないのだ。

いずれにしても、「少数派の雄」効果は先に述べたような進化のダイナミズムにもつながる可能性がある。そしてこの点についてもやはり、十分に解明するには理論生物学者の力が必要だった。「少数派の雄」効果のコンピューターシミュレーションを最初に行なったのは、オーストラリア国立大学に所属するフィンランド出身の理論派、ハンナ・コッコ（自身の研究プロジェクトを要約した不思議な俳句をホームページに発表していることで知られる。「ここに一羽、あそこに二羽／かごの卵は濡れたり乾いたり／共分散」）だ[7]。グッピーなどのように数種類の体色の雄が存在し、雌が「少数派の雄」効果を示す集団では、異なる体色の遺伝子の発現頻度が長期的に見ると安定しないで変動し続けるということが、彼女の研究で明らかになった。

その仕組みは以下のとおりである。少数派の雄は、最初のうちしばらくは雌から気に入られて数が増えていく。しかしこのタイプの雄が増えると、少数派の雄を好む雌にとって魅力的でなくなるので、人気に陰りが訪れる。やがて雌の気持ちは次の少数派タイプの雄に移る。同時に、少数派の雄を好む雌の遺伝子もそのような変動を示しやすい。遺伝子プールでこの遺伝子が増えると、少数派の雄のタイプがわずか一世代でありふれたものとなり、もはや少数派ではなくなるので、このタイプの子孫は魅力的だと思われなくなる。この子孫は母親の嗜好も受け継いでいるので、その遺伝子も次の世代では減っていく[8]。

シュモクバエは、眼柄の長さによって「もて方」がどう変わるのか。グッピーの体色ではどうか。

これについてコンピューターシミュレーションをしてわかるのは、種の中で雄のシグナルと雌の嗜好が進化すると、フィードバックのループが生まれて予測不可能なパターンの生じる可能性があるということだ。気象システムにおいて湿度や気圧や日照といった条件が重なってカオス的な晴雨のサイクルが推進されるのと同様に、「もて」の進化も予測不可能性に満ちている。同じ動物種の個体を集めて、各個体にそれぞれの性進化を起こさせるとしよう。たくさんのパソコンを準備して、それぞれでコッコかポミアンコフスキーの作成したシミュレーションプログラムを走らせるのと似たようなことになるはずだ。仮にスタート時の初期条件（個体数、一世代の長さ、シグナルや嗜好をもたらす遺伝子のタイプ）がまったく同じでも（自然界ではそのようなことは絶対にありえないが）、個体群統計学的要因や遺伝子突然変異のランダムな作用によって、ごく短時間のうちに進化のルートはさまざまな方向へ分散していくだろう。シミュレーションの終了時には、最初は種の中でまったく同じだった性にまつわるシグナルや嗜好が、もはや同じものとはわからないほど隔たっているに違いない。

今度は体色パターンや眼柄の代わりに、交尾器について考えてみよう。エバーハードが考えているとおり、本当に交尾器の性淘汰もこれらと同じように進展するなら、進化はあたかも乾くことのない粘土をもてあそぶ気まぐれな造形作家のごとく、生殖器の形状や形態を絶えずつくり変えていつまでも満足せず、形を固定させないだろう。そのように進化が急速で気まぐれに起きているのなら、種によって交尾器が大きく異なるのも不思議ではない。なぜならそれぞれが、遺伝子突然変異や感覚便乗や雌による選択のあいだで起きているダイナミックな相互作用の一瞬を写し撮ったスナップショットにすぎないのだから。

それでもやはり、コンピューターシミュレーションや考え抜かれた進化理論には、つい心を惹かれてしまう。だが、本物の生殖器をもつ本物の動物が暮らす野生の世界で、本当にそんなことが起きているのだろうか。生殖器の進化の現場を観察しようとしたら、どんなものが見られるのか。このへんで、現実に目を向けてみよう。

琥珀(こはく)にこめて振り返れ

現実世界で進行中の交尾器の進化を観察するのは容易ではない。野生動物のほかの器官や身体パーツについては、ほんの数十年で形状が変化することが観察されている（たとえばガラパゴス諸島で観察されたダーウィンフィンチのくちばし）[9]が、私の知る限り、交尾器について同様の観察に成功した者はいない。しかしありがたいことに、古生物学が次善の策を与えてくれる。大昔の繁殖の痕跡を垣(かい)間見(まみ)させてくれるのだ。

オーストラリアの地質学者ジョン・ロングは、二〇一二年の著書『〝コト〟の夜明け(ドーン・オブ・ザ・ディード)』（訳注　ジョージ・A・ロメロ監督の *Dawn of the Dead*〔邦題『ゾンビ』〕にかけた書名）において、セックスの古生物学はまだ未成熟だと述べている。[10]その主たる原因は、性行為は言うにおよばず性器が化石となって博物館の引き出しに収蔵されることがほぼありえないという点にある。それでもわずかながら例外もあり、ロングはそれらについてさもいとおしそうに記述している。たとえばモンタナ州の堆積物からは、三億年前のサメのつがいが発見された。一頭が相手の頭棘(とうきょく)にかみついて、サメのセックスの前戯をしているという（気の毒なことに、このつがいはセックスを完遂しなかったわけだ）。また、化石が出土することで知られるドイツのメッセルでは、交尾中のカメの化石が数多く発見されており、抱擁するつがいの姿が永遠にとどめられている。ロング自身も、三億八〇〇〇万年前のデボン紀の魚類である、いわゆる板皮類が残した世界最古の胎生と臍帯の痕跡を発見し、その魚類の交尾と繁殖の仕組みの解明において重要な成果を上げている。[11]

これほど古くはないがはるかに保存状態のよいものとしては、虫入り琥珀がある。行為の最中の昆虫が太古の透明な松脂にとらえられて固化したもので、バルト海沿岸やドミニカ共和国で産出される二〇〇〇万～四〇〇〇万年前の琥珀などが有名だ。[12] 虫入り琥珀のコレクションで貴重とされるものは、交尾中のキノコバエやニクバエやダニのつがいが閉じ込められていることが多い。琥珀に収められた交尾中の昆虫のよいところは、抜け殻のように中が空洞ではないことだ。琥珀の棺の中に、太古の性生活で重要な役割を果たした交尾器が残され、しばしば完全なかたちで保存されている。ただし、その内部器官を調べるためには、貴重な標本を破壊しなくてはならないという問題がある。ふつうはそう思うだろう。しかし、パリ第七ドゥニ・ディドロ大学の物理学者で昆虫学者のミシェル・ペローは、標本を傷つけずに交尾器をのぞき見る方法を開発した。

グルノーブルにある欧州シンクロトロン放射光研究所の粒子加速器で医用画像用に開発された技術を用いて、ペローはバルト海沿岸産の琥珀に封入された小さな甲虫の高解像度CTスキャン画像を取得することに成功した。レーザー装置が可視光の強度と指向性を高めるのと同じように、シンクロトロン装置はX線の強度と指向性を高めるので、高コントラストで一〇〇〇分の一ミリメートルの解像度をもつ画像が得られる。そこでペローは、貴重な琥珀の標本の表面にかすり傷一つつけずに、体長が二ミリもない昆虫の交尾器を三次元画像で撮影することができた。もちろん簡単ではなかった。仮想（バーチャル）の解剖をするために、こまかい点について逐一コンピューターに指示を出し、交尾器に属する部分と属さない部分を場合によってはピクセルごとに（正確には、二次元のピクセルに相当する三次元のボクセルごとに）指定する必要があった。「それはもう大変な作業でした！」と、彼はキーボードの前で過ごした長い日々を思い出してため息をつく。それでも最終的に、四〇〇〇万年前に生きていた甲虫の長さ〇・四ミリのペニスが、詳細な3D映像（マイクロトモグラフィーと呼ばれる）となってコンピューター画面に現れた。マウスをクリックすると、ひっくり返したり回転させたりして、あらゆる角度から調べることができた。

デジタル化された太古の挿入器から、この甲虫がチビシデムシ（鳥の巣で有機堆積物をあさる北半球原産の甲虫の一種）の祖先の種に属することが判明した。しかしすでに絶滅した未知の種（ペローはユーモアを発揮して、ネマドゥス・ミクロトモグラフィクス〔マイクロトモグラフィーのチビシデムシ〕と命名した）であることは明らかで、現生のどの種ともペニスの形状が異なっていた。それ以来、ペローはほかにもいくつかの甲虫のペニスをよみがえらせたが、いずれも現代の末裔についているものとは明らかに違っている。(13)

これらの琥珀に封じ込められた挿入器は、驚嘆すべきものではあるかもしれない。しかし、生殖器の形状と機能のたどった歴史を本格的に再現するには、とにかく数が足りない。経時的な変遷が追跡できるように、琥珀に収められた同じ科か同じ属の昆虫をあらゆる年代から集めることが必要なのだ。ところが、良質な琥珀が見つかる場所は世界に少ししかなく、一つの場所で発見される琥珀はたいていほぼ同じ年代に属する。このため、ほとんどの昆虫についてせいぜい三つか四つの時代の琥珀しか見つからない。そんなわけで、虫入り琥珀を生殖器の進化的変化の記録として使う試みはうまくいかない。たいていの化石と同様、虫入り琥珀も数が少なすぎて、あまりにも散発的にしか存在しないからだ。

　これよりはるかに多くの情報を提供してくれるのが、泥炭層（でいたんそう）でよく見つかる昆虫の残遺物（ざんいぶつ）だ。泥炭層には酸素が存在しないので、残遺物は完璧な状態で保存されている。泥炭層の化石のほうが虫入り琥珀よりも年代は若く、ほとんどは過去五〇万年以内のものだが、数ははるかに多く、特に腐敗しにくい丈夫な外被をもつ甲虫は見つかりやすい。泥炭層の甲虫を研究の中心としていた伝説的なイギリスの古生物学者の故ラッセル・クープは、種を同定する際にはいつも原形をきちんととどめた生殖器を利用していた。一九七〇年代、彼はイングランドのテムズ川流域で大量に採取された四万三〇〇〇年前の甲虫の断片を調査した。三〇〇近い種の断片が数千点あった。甲虫の腹部が見つかると、彼は必ず交尾器を摘出し、現生種の生物検索表（訳注　生物種の同定などに用いる、二者択一の項目一覧をたどって範囲をせばめる方式の表）と比較できるように完璧な顕微鏡用スライドを作製した。

　興味深いことに、クープの調べた限り、テムズ川流域の標本でも、あるいははるかに古い別の標本でも、甲虫の交尾器に進化的変化の徴候はほとんど見られなかった。二〇〇四年に王立協会の《哲学紀要》に発表した論文で、彼はこの点について驚きを表明している。「ほとんどの化石標本は、現生の種とぴったり合致する。この類似性は、化石群でしばしば見つかる押しつぶされた腹部から切り出すことのできる、雄の交尾器の複雑な細部にまでおよぶ[14]」

これはちょっとした謎だ。甲虫類の近縁種どうしでも、交尾器はしばしば大きく異なることがわかっている。ということは、それらの交尾器は種が分岐したときかそのあとのいずれかの時点で変化したに違いない。理論に従えば、生殖器の進化はとりわけ急速でダイナミックなはずだ。ところがクープの調べた甲虫のペニスの化石は、別の話を物語る。変化ではなく安定性を語るのだ。もちろん、クープの掘り起こした問題に答える方法はいくつかある。第一に、彼が調べた甲虫の化石のほとんどは、数万年から数十万年前のものにすぎず、これは生殖器の進化において真に大きな変化を遂げるにはおそらくあまりにも短い時間だ。また、クープは生殖器の形状について正確な測定を一度もしていない。大昔の交尾器を調べて、その持ち主が現生種として同定できると言っただけだ。標本が生きていたころからの数万年か数十万年で、進化によって小さな変化は生じたものの、小さすぎてクープが見逃したという可能性もある。

その一方で、クープがじつは生殖器の進化にまつわる真実の一面を明らかにした可能性もある。生殖器の進化では、持続的な変化がなめらかに起きるのではなく、変化が断続的に起きるとも考えられるのだ。進化がふつうは漸進(ぜんしん)的に起きるのか、それとも気まぐれに起きるのかという問題は、進化生物学においてもっと幅広く議論されている。ハーヴァード大学の著名な古生物学者、故スティーヴン・ジェイ・グールドのように、進化は長い安定期を挟んで短期間に急激な変化が集中して起きる時期がときおり生じると主張する者もいる。グールドはこのパターンを「断続平衡」と名づけた（彼に批判的な者は「突発的進化(エボリューション・バイ・ジャークス)」（訳注　jerkには「馬鹿者」の意味もある）と呼んだ[15]）。これに対するのが、常になめらかで微細な変化が持続的に起きるとする「漸進説」だ。ダーウィンはこの考え方を念頭に置いて、次のように記している。「長い年代が経過するまで、ゆっくりと進むその変化にわれわれが気づくことはない」[16]（『種の起源』、渡辺政隆訳より引用）（グールドは彼一流のウィットを込めて、これを「漸進的な進化（エボリューション・バイ・クリープス）」〔訳注　creep には「コソ泥」の意味もある〕と呼んだ）。

幸いにしてこの一〇年ほどのあいだに、科学者は個々の特徴がこの、二通り考えられる進化様態のどちらによるものか調べる方法を考案してきた。これを行なう場合、まずはＤＮＡにもとづく進化系統樹が必要となる。ＤＮＡは四種類の化合物（それぞれの名称を略したのがおなじみのＡ、Ｃ、Ｇ、Ｔだ）が鎖状に長く連なったものであり、突然変異の蓄積によって時間をかけて進化する。化学的な変化が起きて、「文字」が別の「文字」と入れ替わったり、消えてなくなったり、増えたりするのだ（第１章を参照）。この突然変異が起きるまでには時間がかかるので、二つの種に共通するＤＮＡの「文字」の数を調べれば、進化系統樹上で両者がどのくらい近い位置にあるのか特定することができる。文字の違いが少ないほうが、共通の先祖から分岐した時期が新しいということになる（実際のやり方はこの説明よりもずっと複雑だが、おおまかに言えばこういうことだ）。そこで進化生物学者は種の集団のＤＮＡ配列に含まれる情報を利用して、それらの種の進化系統樹を描くことができる。この系統樹を下から上に向かって読むと、祖先が時間をかけて分岐して子孫を生み出した順番と時期がわかる。

ニューハンプシャー州ハノーヴァーにあるダートマス大学（カレッジ）のマーク・マクピークは、そのようなＤＮＡにもとづく系統樹を使って、ルリイトトンボ属のイトトンボの生殖器がどのように進化するのか解明した。この美しく繊細な青と黒のイトトンボ（「青い花（ブルーエット）」とも呼ばれる）は種が四〇ほどあり、北米やヨーロッパや北アジアの全域で見られる。すでに二〇〇五年には科学者がＤＮＡを利用して、ルリイトトンボ属のイトトンボすべての正確な系統樹を描いていた。マクピークのチームは、雄の腹部の先端についている把握器と呼ばれる器官の形状が、この系統樹の枝に沿ってどう変化しているか調べた。

イトトンボ、そしてその近縁であるカワトンボは交尾の方法が独特で、このトングのような器官は厳密に言えば交尾器ではない。雄は池の周辺で採餌(さいじ)飛行中の雌が現れるのを待つ。雌を見つけると空中でまさに襲いかかり、把握器で雌の首をつかむ。続いて把握器のすぐ前の穴から精液の小さなしずくを出し、雌を捕まえたまま長い腹部の先端を手前に折り曲げて、腹部の付け根にある本当のペニスに精液を移す。雌はこの雄を交尾相手として受け入れると決めたら、雄の下にぶら下がったまま腹部を手前に曲げ、自分の交尾器を雄の交尾器につけて精液を受け取る（この奇妙な交尾のやり方については、第６章でさらに取り上げる）。

雄の把握器は、種によって大きく異なる。マクピークはＣＴスキャナーで把握器の３Ｄ画像を作成して、そのことを証明した。[17] さらに彼はコンピューターアニメーション作成用のソフトウェアを使って、種固有の把握器の３Ｄ形状をそれぞれ正確に再現する数式を作成した。この数式により、形状の違いを数値で表すことが可能になった。任意の二種について数式間で異なる項やパラメーターが多いほど、把握器の違いも大きいということになる。最終的に、彼はこれらの数値をＤＮＡ系統樹と照らし合わせた。すると驚いたことに、把握器に見られる二種間の差異の度合いとその二種が共通の祖先から分岐してからの時間とのあいだには、関連性がないことがわかった。古い種と新しい種を比べても、差異の度合いに違いがなかったのだ。つまりそれぞれの種は把握器の進化において、ゆるやかな漸進的変化ではなく突発的な変化を一度だけ経験していたということだ。進化が断続的に起きたことを示す同様のしるしは、ヤスデやアシナガヤセバエの交尾器でも見出されている[18]。

系統樹を使った分析や化石の証拠といった研究結果から、「少数派の雄」効果やポミアンコフスキーの主張する「セックスのタンゴ」が存在してもなお、生殖器の進化にはガラスの天井があるらしいことがわかる。この天井にさえぎられて、起こりえる変化の種類と規模が制限され、ときには生殖器の進化が行き詰まる。つまり、雌のあいだで新たな流行が進化するときには生殖器に突発的な進化が起きるが、ガラスの天井に近づけば進化はゆるやかになるのだ。そこで、私たちは生殖器の進化について抱いているイメージを、少し調整する必要がある。生殖器の進化というのは、急激にとっぴな形状や奇妙な形態を生み出して暴走することも多いが、進化の拘束衣に縛られることもあるのだ。次節では、そのような制約をいくつか紹介する。ある種の動物において、生殖器の進化がどのようにして制限されるのか見ていこう。

サイズは関係ない

「サイズは関係ない」という(聞き飽きた)フレーズがどこで最初に言われたのか、正確なことはわからない。しかし、そのルーツは一九六〇年代にマスターズとジョンソンが行なった有名なセックス調査にある。彼らはこう記しているのだ。「世間で広く受け入れられているもう一つの『男根崇拝の誤謬』は、ペニスの大きい男性のほうが性交による結びつきにおいてパートナーとして有能だという思い込みである」[19]。女性はペニスの長さを格別に重視するのかという問題をめぐっては、アダルト雑誌でも学術誌でも決着しそうにない激しい論争が繰り広げられている（スコットランドでペニスの長さと膣オルガスムの関係の研究が行なわれたという話が第4章で出てきたのを思い出してほしい）。しかし動物学的な観点では、極端に大きいよりも平均的なサイズであるほうが大事らしい。これはヒトでもそれ以外の動物でも同様だ。

これは「等成長（アイソメトリー）」および「不等成長（アロメトリー）」と呼ばれる現象と関係している[20]。複数の身体部位の測定値が互いに同じ比率で推移するのが等成長、比率が異なるのが不等成長である。たとえば体の大きい人は肝臓も大きい傾向があり、体重が増えればそれと同じ割合で肝臓の重量も増える。体重が一〇〇キロの人は、体重が五〇キロの人と比べて肝臓の重量も二倍のはずだ。つまり肝臓は身体サイズに対して等成長の関係にある。しかし別の器官に目を向けると、脳などでは不等成長が見られる。体格がよくて体重の重い人の脳は体の小さい人の脳よりは大きいが、脳のサイズの差は体のサイズの差と比べるとはるかに小さい。このように全身のサイズがどうであれ、同種の個体間で特定の器官のサイズがほとんど変わらない場合、その関係を「負の不等成長」と呼ぶ（正の不等成長も存在する。私たちの腕や脚の長骨は背の低い人と比べて背の高い人のほうが長い）。

自然界には、〝交尾器ほどはなはだしい「負の不等成長」を示す器官はない〟という興味深いルールがある[21]。ルカヌス・マクリフェモラトゥスというクワガタを例に挙げよう。原産地の日本では、この黒さび色の立派な甲虫は愛情を込めてミヤマクワガタと呼ばれている（日本では、このクワガタのような大型の甲虫がペットとして日常的に飼育され、デパートには専門の「昆虫飼育」コーナーが

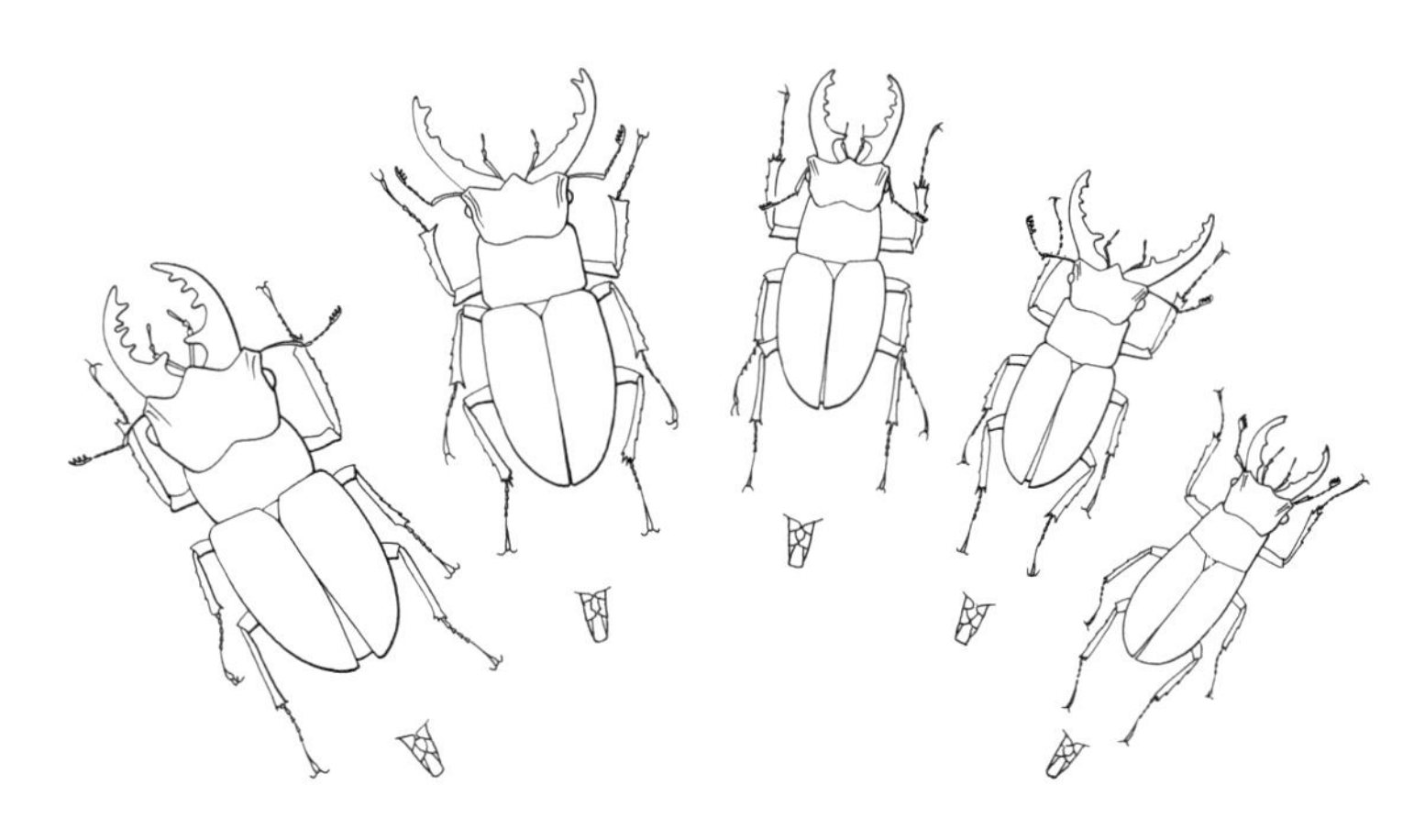

図11　雄クワガタのパーティー。クワガタの全身とペニス（それぞれの体の下に示す）は、いわゆる負の不等成長を示す。全身のサイズとは無関係に、クワガタの交尾器はどれもほぼ同じサイズである。

設けられている）。昆虫学者の立田晴記は、北海道のナラ林で巨大な枝角のようなあごを特徴とするミヤマクワガタの雄四七匹を捕まえて、（そんなお国柄には似合わぬ冷酷さのようにも思えるが）あごを含めた頭部、胸部、腹部、挿入器という四つのパーツに体を切り分けた。オーブンで各パーツを乾燥させてから計量すると、全身については最も大きいものは最も小さいものの一〇倍の重量があったが、ペニスの重量は一・五倍あるかないかというくらいだった。全身のサイズだけでなく体の各パーツのサイズと比べても、交尾器は著しい負の不等成長を示した。

ヒトにおいても、ペニスのサイズには私たちのこだわりからうかがわれるほどの差はなく、ほかの身体サイズの指標ともほとんど関係していない。俗説に反して、明らかに靴のサイズとも無関係だ。二〇〇二年、ロンドンの医学大学院や病院に勤務する泌尿器科医のジョーティ・シャーとアンドリュー・ニマル・クリストファーが「靴のサイズからペニスの長さは予測できるか」という論文を発表した。二人は一〇〇人以上の患者をどうにか説得してペニスの長さを測らせてもらい、靴のサイズも聞き出した。シャーとクリストファーはこの二種の数値をグラフに示したが、いかなる相関も見出せず、靴とペニスのサイズが関係しているという説は根も葉もない俗説だということになった。ただし、二人が測ったのは勃起したペニスではなく弛緩したペニスだった。医師としてのたしなみがそう言わせたのかもしれないが、「真の生理的な長さ」を測ることは「現実的に無理」だというのが二人の言い分だった。確かにそうかもしれないが、この測定方法が不適切だったとも考えられる。平常時から立派な「もの」は、そうでないものに比べて「膨張率」では劣ることが知られているからだ。また、調べたのは靴のサイズだけで、ほかに身長や体重などの体格にかかわる数値はいっさい調べられていない。とはいえ、一般市民によるる科学プロジェクトとして実施された、「決定版ペニスサイズ調査」というもっと注目すべきオンラインアンケートも、シャーとクリストファーの研究結果を裏づけるものとなっている。アンケートに回答した三〇〇〇人以上の男性において、靴のサイズからは勃起したペニスの長さについて何もわからなかったのだ。この点については身長のほうがいくらかよい成績を示したが、それでもやはり負の不等成長が見られた。身長が平均より二〇パーセント高くても、勃起時のペニスは平均より一〇パーセント長いだけなのだ。[22]

生物学者は動物の測定を初めて行なって以来（したがって、はるか昔から、ということになる！）、クワガタやヒトと同様に動物の交尾器は雌でも雄でも体のほかの部分のサイズには影響されにくいということを見出している。ビル・エバーハード、ベルンハルト・フーバー、ラファエル・ルーカス・ロドリゲスらはそのような動物のデータを対象とした大規模な調査を行ない、一三〇種以上の昆虫、サソリ、クモ、甲殻類、カタツムリ、哺乳類のほとんどにこれがあてはまることを確認した。どうやら雌でも雄でも、性器が大きすぎても小さすぎても、性淘汰のふるいではじかれてしまうらしい。このことから、進化においてはいわば汎用で「万能サイズ」の生殖器が有利であることが示唆される。これは生殖器どうしの文字どおりの力学的適合性によるものではなさそうだ。なぜなら負の不等成長は、柔軟性のない硬い交尾器をもつ動物種だけでなく、柔らかく伸縮性のある交尾器をもつ動物種でも見られるからだ。エバーハードらの考えでは、本当の理由は雄の交尾器が雌の生殖器の「押すべきボタンをすべて押す」必要があるからだと思われる。雄か雌の交尾器が大きすぎたり小さすぎたりすると、相対すべき雄側の突起と雌側の神経終末や伸張性の受容器が適切な位置関係になれない。すると性淘汰において、生殖器が立派すぎても貧相すぎても適合できないパートナーが多くなってしまうので、次世代に遺伝子をたくさん残すことができない。このように生殖器が極端に大きくても小さくてもその持ち主は進化において不利になるので、その結果として生殖器は負の不等成長を示し、サイズが平均化して「万能サイズ」となるのだ。

こんなわけで、「万能サイズの法則」は雄がペニス全体を雌の膣に挿入する動物にあてはまる。しかしペニスの先端しか挿入しない種も存在する。この場合、ペニスの大部分は雌の膣に適合する必要性に制約されずにすむ。そして理由が何であれ大きなペニスのほうが進化において有利ならば、ペニスは大きくなるはずだ。この例については、ダーウィンが発見した記録保持者のフジツボ（第３章）

ですでに見たし、第8章では勃起させるのに一晩かかるほど長いペニスを進化させたナメクジも登場する。しかし、それでもなお限界はあるかもしれない。つまりあるタイプの進化を性淘汰が促進しても、それ以外の環境要因が自然淘汰によってその進化を妨げるという状況だ。

環境によって性淘汰が妨げられるという例として、まずはカダヤシ科（本章で体色と「少数派の雄」効果を扱ったときに登場したグッピーの属する科）の魚を見てみよう。カダヤシはかなりの変わり者だ。たいていの魚は雌が産んだ卵に精子をかけるだけだが、カダヤシは雄が本物のペニスを使って雌の体内に精子を注入する。それだけでなく、ペニスの長さが負ではなく正の不等成長を示す数少ない動物の一つでもあって、雄のグッピーは、体長が二倍になるとペニスの長さは二倍ではなく最大で四倍になる。[23] このペニスは「交尾びれ」と呼ばれ、じつはしりびれが進化によって精子注入器として機能するようになったものである。こんな変わり者のカダヤシが、万能サイズの法則の正当性を証明してくれるかもしれない。というのは、交尾中に雄は交尾びれ全体を雌の体内に挿入するわけではないのだ。交尾びれを前にかざして求愛行動として得意げに誇示するか（雌が性器の立派な雄を好む場合）、あるいは求愛行動を省いていきなり離れたところから雌の膣を狙い、交尾びれの先端だけを挿入する。興味深いことに、雌の交尾器と実際にかみ合う唯一の部分である先端の幅を測ると、負の不等成長が見られる。つまり明らかに、カダヤシにおいて大事なのは太さではなく長さなのだ。

しかし、あるカダヤシ科の魚の研究で明らかになったのだが、交尾びれは長ければ長いほどよいというわけではない。グッピーの親戚でアメリカ南部の湖沼（こしょう）に生息するカダヤシ科のガンブシアの雄は、とりわけ見事な交尾びれをもつ。長さが体長の三分の一におよぶこともあり、雄に自分に関心を示す雌にこれを誇示する習性がある。しかしそれに夢中になって警戒を怠ると、そのすきに捕食性のマンボウに襲われて、やる気まんまんのガンブシアは哀れにも捕まってしまうかもしれない。ガンブシアがぎりぎりのタイミングですばやく逃走できれば、その運命は避けられるが、この必死の逃走の際には大きなペニスが邪魔になる。セントルイスのワシントン大学で研究していたブライアン・ランゲルハンスの発見によると、カダヤシがすばやく逃げ去ろうとするとき、後ろにたなびく重たいペニスはまさにお荷物だ。性器の大きな雄が全速力で泳ぐときの速度を測定したところ、性器の小さな雄よりもはるかに遅かった。それだけでなく、ペニスの長さに対する性淘汰（長いほうがよい）と自然淘汰（短いほうが安全）とのトレードオフの痕跡が、自然個体群に残されていた。捕食性の魚のいる池の個体は、捕食者のいない池の個体よりも交尾びれが一〇〜一五パーセント短かったのだ。[24]

同様のトレードオフの例は、ティダルレン属のクモに見られる。ティダルレンは小型のクモで、一〇ほどの種が存在する。いずれも熱帯地方に生息し、「半去勢」するという特徴がある。雄のクモは二本の触肢に精液を入れて、通常は両方の触肢から精液を雌に注入するということを覚えているだろうか。ところがティダルレンの若い雄は、最終脱皮の前の脱皮をした直後にかなり奇妙な行動をする。まず、巣からさかさまにぶら下がり、脚と一方の触肢を使って、もう一方の触肢に巣の糸をしっかりと絡ませる。それからこの触肢を中心にしてぐるぐると歩き始めると、触肢はどんどん糸に絡め取られてすぐに動きがとれなくなる。二周ほどしたところで、触肢はもはや体の動きについていかれなくなって、体から取れる。自ら触肢を切断した雄は動じることなく、この触肢の中身を完全に吸い込むと、あとは一本の触肢で生き続け（切断した触肢は再生しない）、やがて最終脱皮を経て交尾できる

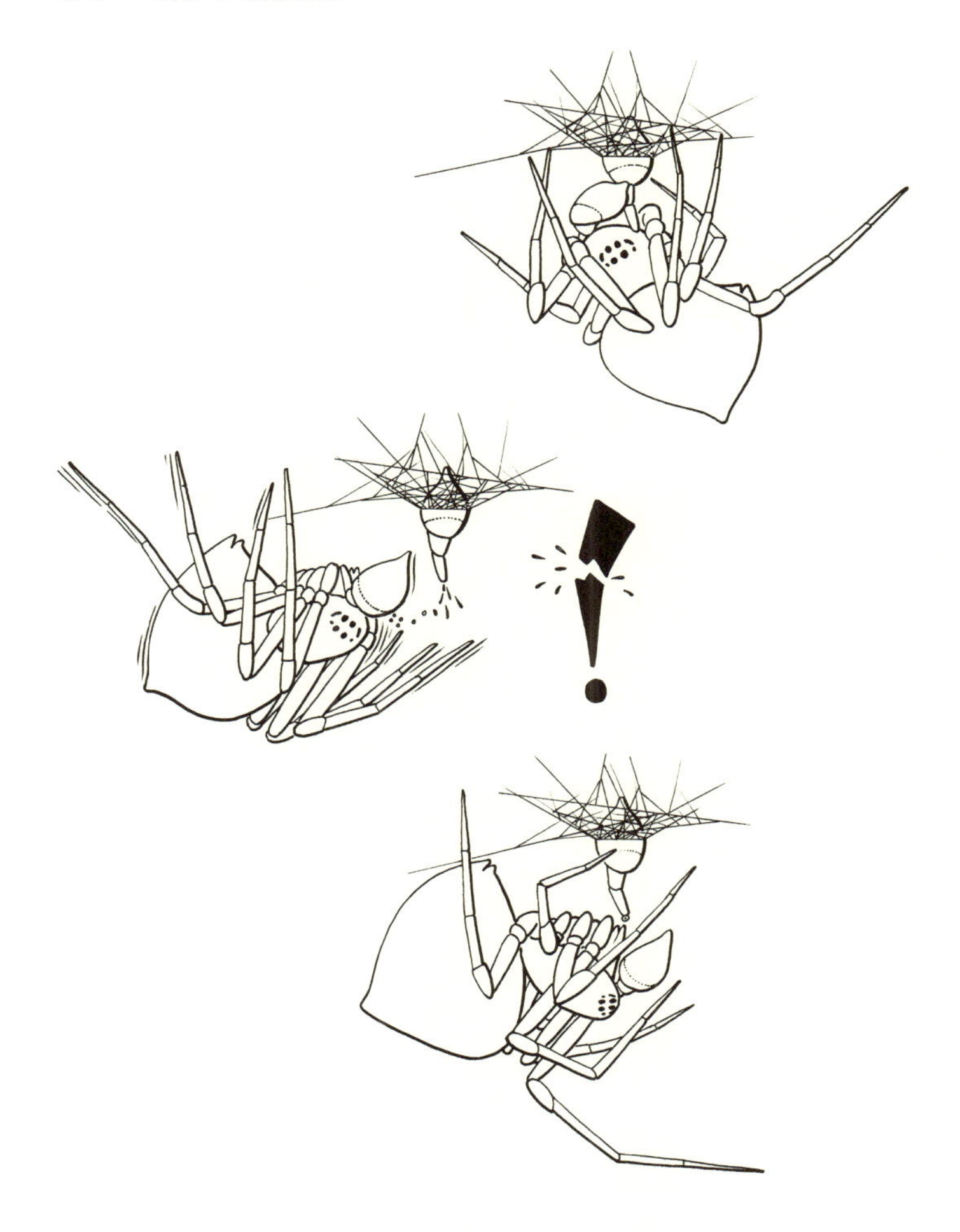

図12　自己半去勢。ティダルレンの雄は通常、動き回りやすいように一方の触肢を自分で切断する。まず片方の触肢に巣の糸を絡めつけて、その触肢を中心にしてぐるぐる歩くと、触肢が体から外れる。それから切断した触肢の中身を完全に吸い出す。

状態になる。

ティダルレンは、一生に一度しか交尾できない。精巣は精液を一滴だけつくると萎えてしまう。雄は残っている一本の触肢にこの一滴の精液を吸い込む。一度しか使えない生殖器の準備を万端にして、雌を探し出して交尾する。ただしチャンスは一回限り。願いを果たすと命も果てる。交尾が終わらぬうちに雌が必ず雄を食べてしまうのだ。雌に体をかじられても、雄はじっとしている。こうしているあいだにも自分の触肢が雌の生殖孔にまだしっかりとつながっていて、一生をかけて蓄えた精子を雌の体内にせっせと送り込んでいると知っているから。

このように自ら片方の触肢を切断していわば半去勢する習性は、進化をめぐるさまざまな興味深い事情が結びついた結果として生まれた。ティダルレンの雌は大きな体を進化させた。おそらく雌の場合は体が大きいほうが、体の小さいものよりも産卵量の競争において有利だからだろう。一方、雄は小さな体を進化させた。雄が小型化した原因はまだはっきりしていないが、このように雄と雌が逆方向に進化した結果、雄の体重は雌の一パーセントにも満たなくなった。それでもなお雌を受精させられるように、雄には非常に大きな触肢が必要となり、触肢一本が体重の一〇分の一を超えるに至った。問題は、このように重たい触肢が頭の前に二本もぶら下がっていると、動き回るのに大きな支障が生じるということにある。それで半去勢戦略が進化したというわけだ。

動きやすさを求める自然淘汰がこの奇妙な行動を促した可能性が高いということが、二〇〇四年にニューオーリンズにあるチューレーン大学のマルガリータ・ラモスらの研究で証明された。チームはティダルレン・シシフォイデスというクモの雌の糸をぴんと張り、自己去勢の直前か直後の雄をその上に置いた。すると、触肢がまだ二本ある雄が糸の上を歩く速度は毎秒三センチ未満だったのに対し、半去勢した雄の速度は毎秒四センチを超えていた。それだけでなく、触肢一本の有無によって持久力にも大きな影響が生じていた。細い絵筆を使って紙の上で雄を追い回すと、触肢が二本ある雄はおよそ二〇分後に疲れて動けなくなったが、一方の触肢を自己切断した雄は降参するまで三〇分以上持ちこたえた。

ティダルレンの雄が生殖器である触肢を自分で切断するという奇妙な行動が明快に示しているのは、クモがまともに機能するために許容できるサイズのほぼ限界に触肢の進化が達している、という事実にほかならない。これより少しでも大きければ重すぎて手に余り、雄は死の床に至る婚姻の床、すなわち雌の腕の中に入ることができなくなる[25]。

クモが自分で触肢を切断し、カダヤシが自分の交尾びれに邪魔され、さまざまな動物が万能サイズの交尾器をもつ。これらの事例から、雌による密かな選択のもたらす性淘汰の作用には限界があることがわかる。私たちが甲虫の化石やイトトンボをはじめとする動物の系統図全体を見て、交尾器のたどった断続的な進化の道のりを再現すると、おそらくこうした限界に達した段階が見て取れる。そのような限界に達すると、性淘汰はしばらく作用しなくなり、生殖器の進化を別の方向へ進めさせる新たな突然変異が出現するのを待たねばならないのかもしれない。

これで、生殖器の進化に関する私たちの展望はもう完成したのだろうか。性淘汰が運転席に座り、自然淘汰の限界で縁取られた曲がりくねった道に沿って進む生殖器の進化を操っているなかで、私たちは満足のいくおおまかな展望を手に入れ、それ以外の部分は瑣末な事柄にすぎない――そんな気がするかもしれない。しかしすべてが解き明かされたと思えても、一冊の本を読む途上である以上、さらなるひとひねりがまだ待ち受けているものだ。この先の数章で見ていくとおり、生殖器の進化は雄の求愛や雌の支配やそれぞれの限界だけに左右されるわけではない。雌を手ごめにするおぞましい方法が紹介されるから覚悟しておいてほしい。

第6章　ベイトマン・リターンズ

スイス陸軍(アーミー)はポケットナイフに多様な機能を加えたが、ブラウン大学の昆虫学者のジョナサン・ワーゲはペニスにさまざまな機能が備わっているのを発見した。《サイエンス》誌の一九七九年三月二日号に掲載された二ページの論文で、ワーゲはカワトンボ科のハグロトンボ（訳注　正確にはハグロトンボの一種であるカロプテリクス・マクラタ）の雄が交尾する際、自分より前に交尾した雄の精液すべてを雌の生殖器からペニスでかき出し、それから同じペニスを使って精液を注入することを明らかにした[1]。ペニスを精子かき出し器として使うわけだ。この短い論文は、今日(こんにち)の研究者からは生殖器の進化という領域全体の礎石と見なされており、数々の生物学の教科書に登場する。しかし発表された当時は、ほとんど反響がなかった。

「取り上げてくれた新聞記事はほんのいくつかだけです。誰も取材には来ませんでした」とワーゲは言う。それでもこのアメリカ発のニュースはなんとか大西洋の対岸にたどり着いた。私はそのときまだ一三歳だったが、その話は読んだ覚えがある。たぶん、オランダの高校生向けの科学・テクノロジー月刊誌《カイク》（訳注　オランダ語で「観察する」の意味）で読んだのだろう。いつも私はこの雑誌が郵便受けに届いたとたん、むさぼるように読んでいたものだ。

わくわくしながら《カイク》のページをめくる私が読んだのは、雌のカワトンボが短時間で続けざまに複数の雄と交尾したとき（カワトンボではこれがふつうだ）に雌の精子貯蔵器で何が起きるか、ワーゲが解明を試みたという記事だった。二匹めの雄の精子は一匹めの精子とただ混ざりあうのだろうか。この問いに挑むため、彼はまずマサチューセッツの州境のすぐ向こうを流れるパーマー川という細い小川の岸で雌のハグロトンボを採集した。このトンボは翅に白い点がついているので、簡単に見分けられる。雌を捕まえるたびに、彼はナイロン製の釣り糸を腹部に丁寧に結びつけた。このようにしてつないだ雌を雄の縄張りまでエスコートして放してやると、すぐに交尾が始まった。

イトトンボやカワトンボが妙に無理のあるアクロバティックな交尾をするという話が前章に出てきたのを覚えているだろうか。これは、トンボは一般に、雄のペニス（長く細い腹部の付け根にある）が精巣（腹部の先端にある）と直接つながっていないという、ほかの昆虫類には見られない特徴をもつからだ。クモも同様につながっていないが、言うまでもなくクモは昆虫ではない。このセックスにおけるハンディに対処するため、雄は腹部の先端についた把握器で雌の首をつかんでから、精巣でつくった精液のしずくをペニスのそばにある一時的な精子入れに移す必要がある。この際に雄は腹部全体を二つに折り曲げて、簡単に言えば自分に精子を注入する。それから雌が自分の腹部を前に突き出して雄のペニスにつけると、ロマンティックなハート形の「交尾の輪」ができる。二匹はこの体勢で飛行したり徘徊したりする。その時間はまちまちで、ハグロトンボの場合は二分ほどだが、ほかの種

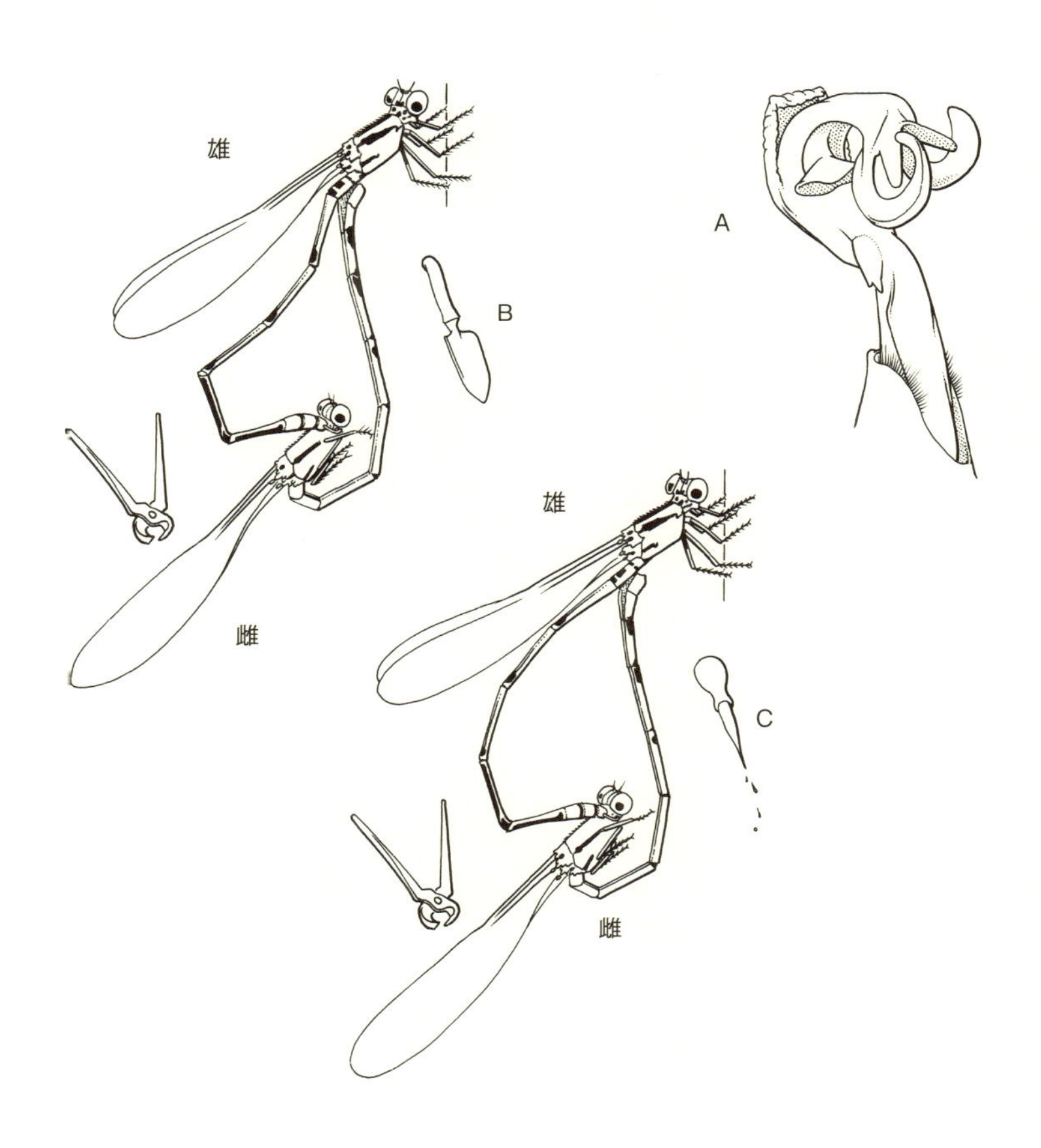

図13　ライバルを出し抜く。カワトンボの雄が雌の首をつかむと、雌は膣を前方に突き出して雄の生殖器につける。一部の種では、雄がペニスについたシャベル（A）を使って雌の膣に残存する別の雄の精子を除去し（B)、それから自分の精子を注入する（C)。

では数時間におよぶこともある。

雄が雌の体を離したあと、ワーゲは別の雄を登場させて糸につないだ雌と交尾させることもあれば、そうしないときもあった。いずれにしても、最後の（または唯一の）交尾が終わると、いつもかなりぞんざいなやり方で情事を終わらせた。雌をエタノールに投げ込んだのだ。実験室に戻って、死んだ雌の精子貯蔵器を解剖すると、交尾が一回でも二回でも中に入っている精子の量は常に一定であることがわかった。不思議に思った彼は再び川岸に出かけて前回と同じ実験を行ない、今度はすべての雌に二匹の雄と交尾させた。ただし雌を殺すのは、二度めの交尾が完了する前にした。前回と同様に雌の腹部を解剖すると、ほとんどの雌の体内には精子がまったくないか、あってもごくわずかだった。つまり、どういうわけだか、最初の交尾のあとで精子がすべてなくなっていたのだ。

またしてもワーゲはパーマー川に赴き、交尾のさまざまな段階にあるハグロトンボのペアを捕まえては、交尾中の状態で殺した。そしてそれぞれの生殖器の中で何が起きているのか明らかにしようと、顕微鏡で観察しながら慎重に解剖した。これでようやく答えが得られた。交尾の序盤に殺されたペアでは、雄自身の精子はすべて精子入れに入っているが、ペニスは雌の膣にしっかりと挿入され、ペニスに後ろ向きに生えたとげと両側についたシャベルのような付属物に大量の精子（おそらく前の交尾相手のもの）が付着していた。一方、最終段階で殺されたペアでは、雄の精子入れは空っぽだが、雌の精子貯蔵器はこの場合も満たされていた（現在の恋人の精子で）。そこでハグロトンボの雄が交尾をするときには、自分の精子を注入するだけでなくライバルの精子を除去するのも大事だという事実が明らかになった。このことから、カワトンボの交尾の輪の形状が二つの段階を経る理由も説明できた。交尾の最初の段階では、雄の腹部が凹状に保持されて絶えず波打つようすが見られる。これに対して最後の数秒間になると、腹部は凸状に変わる。ワーゲの研究が示したのは、雄は交尾の最初の段階で雌の生殖器に残存している精子をせっせと取り除き、第二の段階で自分の精子を雌に注入するということだ。

ワーゲが《サイエンス》に発表した独創的な精子論文が〝タネ〟となり、カワトンボのセックスに関する研究に弾みがついた。それ以来、ハグロトンボで起きることがじつはほかのたいていのカワトンボでも広く見られる行動で、おそらくもっと体の大きな親戚であるトンボでも行なわれているということが、世界中の研究者コミュニティーによって確認されている。雌の生殖器内に他者の精子が存在していることをペニスの感覚器がどうやって感知するのか、そしてペニスについているフラップやフックや微細なとげや歯状突起が精子の塊（かたまり）をとらえる一方で、ペニスの筋肉がそれらの器官を駆使して前の交尾相手の精子をくみ出し、すくい取り、流し去る方法も、今では明らかになっている。

さらに重要なのは、エバーハードの最初の著書刊行に先立つこと六年前に発表されたワーゲの論文は、あらゆる種類の動物の交尾器を幅広く真剣に研究する現在の流れの発端でもある、ということだ。ワーゲは、ジェフ・パーカー（フンバエ研究の、あのパーカーである）が「精子競争」と名づけた現象のまさに文字どおりの解釈にカワトンボが従っているということを見事に示したのだった。パーカーは一九七〇年に発表した有名な論文において、雄の昆虫は雌を説得してライバルのではない、自分の精子を選ぶよう仕向けているのではなく、直接的にライバルの精子を狙うことで自分が選ばれる可能性を上げているのかもしれないと示唆していた。そしてまさに、ワーゲのカワトンボのしていたのがそういうことだった。交尾相手の膣からあらゆるライバルの精子を追い出すために、ほかならぬシャベルとして自分のペニスを使っていたのだ。このため、ワーゲの論文に始まる生殖器研究の隆盛がもたらされたのは、〝雄の生殖器の進化においてはライバルの繁殖の試みを打ち砕くことがきわめて重要な作用となるかもしれない〟と気づいたのがきっかけだったのかと、つい考えたくなる。この観点からあらゆる生殖器の形態を調べる道が開けていたのだと。

だが、実際はそうではなかった。少なくとも、すぐにはそうならなかった。ワーゲ自身は一九八〇年代いっぱいカワトンボ/イトトンボのセックスの研究を続けたが、やがて管理職となり、自分の研究にはなかなか時間が割けなくなった。彼はカワトンボ/イトトンボの性科学者の一門を育て、彼らは師のあとに従ったが、そうこうするうちにビル・エバーハードの最初の著作が刊行され、注目はもっぱらエバーハードに集まってしまった。[2] 拡大しつつあった動物の生殖器研究者のコミュニティーは、雌による密かな選択に目を向けて、精子競争の重要性は見過ごしたのである。それでもなお、カワトンボやイトトンボのさまざまな種で雄と雌の交尾器が示す相互作用をよく見てみると、雌による密かな選択だけに支配されるのではなく、どうやら雄と雌それぞれの思惑をめぐるある種の進化的対立に支配されているらしい世界を垣間見る（かいまみ）ることができる。

ワーゲは《サイエンス》の論文から二年ほど経ったころ、アオイトトンボの研究に着手した。この昆虫の英名 spreadwing damselfly（翅の開いたイトトンボ）は、とまっているときに四枚の翅をきちんと折りたたまず、ひどくだらしなく垂れ下がったままにしていることに由来する。アオイトトンボ科に属するレステス・ウィギラクスという種の雌は精子貯蔵器が非常に大きく、雄一匹分より多くの精液を蓄えることができる。その大きさゆえに、雄は前に交尾した雄の精子をかき出すのがいっそう大変になる。それでも雄は競争に負けまいと、ペニスを使って自分の精子を参戦させ続ける。前からあった精子を雌の精子貯蔵器の奥まった場所に押しやるのだ。そこに片づけてしまえば、卵の受精に使われる可能性は低くなる。ワーゲが最初に研究した種の雌雄対決のスコアが雌〇点、雄一点だったとしたら、レステス・ウィギラクスは雌が一点、雄が二点だ。(3)

ワーゲが先駆的な研究をした種の近縁にあたるカワトンボ、カロプテリクス・キサントストーマでは、雌の精子貯蔵器の奥まった部分は非常に細くなっていて、雄のペニスについている精子かき出し器はそこまで入り込めない。ペニスの大きさから考えると、雄は自分のかき出し器の届かないところにライバルの精子がいくらか残り、雌の体の奥深くに隠れているほかの雄の精子が雌の産む卵の多くを受精させるということを受け入れざるをえない。この対決では、雌対雄のスコアは二対一となる。

さらに別の種のカロプテリクス・ハエモロイダリスについても、同じことが言えるだろう。カロプテリクス・キサントストーマと同じく、この種のかき出し器も雌の交尾器の奥深くまで進入できるほど細くない。ところがメキシコの昆虫学者アレックス・コルドバ゠アギラールが、巧妙な仕掛けを発見した。カワトンボの雌はすべて、膣壁内に膣板と呼ばれる板が二枚ある。卵が膣を通過すると膣板に埋め込まれた感覚器がそれを感知して、貯精嚢にシグナルを送る。これによって精液の小滴が放出され、卵が受精する。カロプテリクス・ハエモロイダリスで起きていたのは、雄による雌の受精システムの乗っ取りだ。ペニスにその形状ゆえに、雌の膣に押し入るたびに、卵が通過するときと同じように膣板をたわませる。膣板の感覚器はこれを産卵と「勘違い」して、前の交尾相手の精子を放出せよと貯精嚢にシグナルを送る。この精子が貯精嚢から流れ出たところを、新しい雄のペニスが取り除く。雌は実際には産卵していないのに、雌の生理機能は卵と似た形の雄のペニスにだまされるので、最終的にこの対決は雄の勝ちとなる。

カロプテリクス・ハエモロイダリスのペニスが実際にその形状によって、雌の貯蔵している精子を排出させるということを示すために、コルドバ＝アギラールは実験を行なった。別の種の雌を拘束し、カロプテリクス・ハエモロイダリスの雄から切り取ったペニスをピンセットでつまみ、雄のカロプテリクス・ハエモロイダリスが交尾するときと同じように雌の膣を刺激した。すると驚くなかれ、この雌も貯精嚢に蓄えていた精子を抗うことなく大量に放出した。[4]

さらに別の種のイトトンボでは、雌のほうが優位に立っている。中米の森林に覆われた丘陵地帯の小川に生息するパラフレビア・クインタの雌はしばしば、雄が精子かき出し作業を終えていよいよ自分の精子を注入し始めようというところで交尾を中断する。これによって雌は蓄えていた精子を手放すが、交尾中の雄に新たな精子の注入もさせない。仮に体内への射精を許しても、交尾後に膣から小さなしずくを排出することが多い。興ざめではあるがおなじみの、精子排出を行なうのだ。[5]

こうしたささやかな攻防から、カワトンボやイトトンボは私がこれまでの章で説明してきた、〝体内での求愛〟を用いたペニスによる口説きという枠組みに合わないらしいということが、残念なほどはっきりとわかる。これらの場合も、確かに雄のペニスは種によって形状が異なり、雄が雌の膣の中でペニスを膨らませたりしぼませたりするのも間違いない――雌は雄が絶頂に達して射精するまで交尾の輪の体勢を維持したりしなかったりではあるが。しかし体内での求愛と雌による密かな選択というおなじみの舞台で描かれる物語は入り組み方が格段に増しており、ライバルの競争、雌雄の対立、欺瞞を描く生殖器のドラマが展開する。雄はペニスを使ってほかの雄の恋の行方を操り、またセックスにおける雌の自律性も支配する。窮地に追いやられた雌は、雄の思いどおりにならずにすむ方法を進化させる。専門家が言うところの「性拮抗的共進化」である。仰々しく聞こえるが、実際に起きていることがきわめて正確に伝わる名称だ。「性拮抗的」というのは、雄において進化するものが必ずしも雌にも有益というわけではなく、またその逆もあるということを表している。「共進化」というのは、双方が互いに対立していながら、歩調を合わせて進化するという意味だ。雌が進化の過程を一歩進めば、いずれ雄が進化的応答でこれに対抗してくる。

性拮抗的共進化は、じつは避けて通ることができない。交尾のたびに、雌による密かな選択を通じて、雌雄のあいだで利害の衝突が起きる。雌にとっては、あらゆる雄の精子の運命を支配できるのがベストであり、自分のもつ選択肢を比較考量する必要がある。相手が抜群に見た目のよい雄なら、その魅力的な遺伝子を多くの息子に受け継がせるのが戦略として正しいだろう。相手が冴えない雄ならその精子は使わなくていいし、使うにしてもそれで受精させる子は少しだけにとどめるのがよいかもしれない。いずれにしても、すべての卵を一匹の雄の精子だけで受精させないのが通常は望ましい。子のあいだに遺伝的多様性をもたせることで、すべての子が同じ病気で死ぬリスクや同じ遺伝的欠陥をもつリスクを抑えることができるからだ。卵をすべて同じ遺伝のバスケットに入れてしまわないほうがよい。つまり進化においては、これらの（無意識的な）選択のできる可能性を最大化するような雌の配管や配線が有利に働くだろう。しかし雄にとっては、交尾相手の計算高さはありがたくない。雌がなるべくたくさんの卵を自分の精子で受精させてくれるのが雄にとってはベストであり、進化は雄がそのために雌を丸め込んだり強要したりだましたりするいかなる方法も許すはずだ。

つまり、ある種における性の進化が心地よく協力的なかたち——雄が雌に差し出せるものを示し、雌が雄を選び、選んでもらえなかった雄はまた別の場所で運を試し、悪感情は抱かない——で始まったとしても、すぐに両性の対立で自分が優位に立とうとする策略の進化的連鎖に発展することがありえる。リチャード・ドーキンスとジョン・クレブスが書いているとおり「剣が切れ味を増せば、盾は厚みを増す。そこで剣はさらに切れ味を増す」のだ。[6] このような対立がベイトマンの原理の本質であることを思い出してほしい。雄はより多くの精子を雌に受け入れさせればそれだけ繁殖に成功するが、雌は雄を打算的に選ぶことが繁殖の成功につながる。言い換えれば、雄にとってはセックスとは質より量の問題で、雌にとっては量より質の問題ということになる。だからこそ、カワトンボの雄に精子かき出し器や卵に似た形のペニスがあり、雌が不可解な方法で精子を貯蔵するのだ。

お気づきだろうが、私たちの話は未知の危険な領域に入ろうとしている。怪物に遭遇するかもしれない。この先の数章では、そうした進化の軍拡競争において生殖器が果たす奇怪な役割を動物界全体を通じて見ていく。ただし、ヒトの観点でこうした進化的過程のエスカレートぶりをとらえると本質が正しく把握できないおそれもあるということを、常に念頭に置いておくべきだ。「雄と雌の闘い」や「進化の軍拡競争」や「覇権争い」についてつい語りたくなるものだし、一目瞭然かもしれないが、私はなるべくそういう言い回しを避けるようにしたい。ヒトが行なう醜悪な攻撃行動を比喩としてあてることで無垢な動物の性行為を汚したくはないという理由もあるが、そのような比喩が不適切だからということもある。[7] ヒトの戦争という勢力間闘争においては、対立する二つの集団はいつも隔たりを保ち、一方の集団のメンバーが獲得したものはすべてその者の属する側だけを利するのが常だ。しかし、雄と雌をそのような分離した集団と見なすのは誤りである。その理由は単純で、それぞれが自らの敵を子にもつからだ。つまり、雄は娘ももうけるし、雌は息子ももうける。つまり雌の息子が父親と同じ能力を受け継いで、次の世代で息子自身の交尾相手に同じ手口を仕掛けるのなら、雌は自分の密かな選択を操ったり支配したりする雄と交尾することからじつはメリットが得られるかもしれないのだ。繰り返しになるが、セックスにおいてはすべてが見た目どおりというわけではない……。

精子貯蔵庫強盗

ニューヨーク州立大学の財務課に心理学科からラテックス製の人工ペニスと人工膣の購入費申請書が提出されたと聞いたら、財務課がいったいどう対応したのかと疑問に思うのが人情だ。しかし同大財務課は、オールバニー校の生物心理学者ゴードン・ギャラップが研究で必要だといって妙な物品を申請してくるのにはもうすっかり慣れっこだったと思われる。ギャラップはチンパンジーが鏡に映った自分の姿を認識できるということを明らかにした研究で知られているが、その後、ヒトのセクシャリティーの進化に関心を向けており、「精液には抗うつ作用があるか」や「女性の声に対する月経のユニークな影響」や「陰嚢精巣下垂の起源について」などという異端的な論文を発表し続けている。

二〇〇二年、彼と指導学生のレベッカ・バーチは、新たなプロジェクトに乗り出すことにした[8]。カワトンボで広く見られる精子かき出し作戦がヒトでも採られているのか調べようというのだ。そのようなかき出しがどういう機構によって実現されるかという問題は別にしても、この研究は一見してかなり奇抜なアイデアに思われよう。カワトンボとは違って、精細胞が女性の体内で最長でも二～四日間しか生存しないヒトの場合、男性が正真正銘の精子競争に直面する可能性はどのくらいなのか。性交相手の膣の中で生存する別の男性の精子にペニスが出くわすことはどのくらいあるのだろうか。

ひょっとすると意外に頻繁かもしれない、ということがゴードンとバーチの研究で明らかになった。二人がニューヨークの女子大学生およそ五〇〇人にインタビューすると、二四時間以内に複数の男性とセックスしたことが生涯で一度でもあるという女性が一二パーセントいた。また、一二人に一人は、同時に複数の男性と交わるグループセックスをしたことがあると答えた[9]。やはり、精子競争は実際に起きていると考えるべきかもしれない。忌まわしい話だが、いくつかの国の性暴力統計によると、レイプ事件のおよそ四分の一は複数の実行犯が関与している[10]。私たちの進化の歴史で同様の確率で性暴力が生じていたなら、カワトンボと同じくヒトにおいても精子かき出し能力が進化してきたかもしれない。

ならば、この戦略にはどの程度効力があっただろうか。ここでカリフォルニア・エキゾティック・ノヴェルティーズ社の製品の出番となる。ギャラップとバーチらのチームは《進化と人間行動》誌に論文を発表し、前に性交した男性の精子を膣から除去するのにペニスの亀頭裏側の〝返し〟が有効かどうか、ラテックス製のヒト生殖器を使って調べた実験を報告した。そのもようはいかにも楽しげである。水とコーンスターチを混ぜて「人工精液」のさまざまなレシピを、「性的経験の豊富な男性三人」にテストさせ、ヒトの精液とほぼ同じだと認められる感触と粘度を再現した。射精一回分に相当する量の人工精液を人工膣の奥深くに入れて、それから人工ペニスを挿入した。コーンスターチの精液がどうなるか、透明な膣壁ごしにはっきりと見届けることができる。実験は成功した！　人工ペニスを挿入すると、膣内の精液は陰茎小帯（亀頭の裏側と包皮をつなぐ筋状の組織）のまわりのすきまを流れて、亀頭の返しの後ろにたまった。人工ペニスを引き抜くと、このピストンのような動きによって膣から精液の多くがかき出された。一回の抜き差しで、精液のおよそ九〇パーセントをかき出すことができる。少なくとも「本物そっくり」な人工ペニスを使う限りはそうなった。亀頭のないなめらかなバイブレーター（スイッチはオフにした）でも試したが、こちらでは精液はほとんど除去できなかった。

これはつまり、ヒトのペニスが今の形状に進化してきた理由の一つは精子競争に勝つためだったということなのだろうか。興味深い見方ではあるが、それはどうだろう。ヒトに最も近い親戚のチンパンジーは、私たちよりもずっと頻繁に「乱交パーティー」をする。このとき雌は雄の集団とともに行動し、複数の雄と続けざまに交尾する。[11]しかしチンパンジーのペニスは短剣のようになめらかで、シャベルのような亀頭はついていない。

トンボの世界以外では、精子のかき出しなど行なわれないと言うつもりはない。現に、おそらくは広く行なわれている。たとえばコクヌストモドキという甲虫の場合、とげで覆われたペニスに溝が一本刻まれていて、これはほかの雄の精子を雌の体内からかき出すのに非常に有効である。それどころか、有効すぎて逆効果になることもある、ということがベルギーとイギリスの共同チームの研究でわかっている。雄がライバルの精子をペニスに付着させたまま雌の体から降り、それから別の雌に遭遇すると、自分の精子だけでなく先ほどの雌からかき出したばかりの精子も一緒に新しい雌に受精させることになる可能性がある。期せずして、代理父の役目を果たしてしまうというわけだ[12]。

かき出すのではなく洗い流す動物もいる。雄のサメは精子を注入する前に交尾相手の膣をいわば洗浄すると考えられている。「考えられている」と言ったのは、このおなじみだが実態はほとんど知られていない魚のセックスについては情けないほど少ししか確かな情報がないからだ（一九七〇年代まで、サメの交尾は二回しか観察されていなかった！）。わかっていることといえば、サメにはペニス（正確には腹びれの先端が変形したもの）が二つあり、それぞれが可動性のフラップ、角状のとがった部分、レバーで構成される複雑な仕組みとなっている（このペニスが通常は把握器と呼ばれるのはこのためである。生物学者は当初、これは雌を捕まえておくためのものだと思ったのだ）。交尾は傍目にはかなり荒っぽい行為で、雄が雌の頭部や胸びれにかみついたり、雌の体に自分の体を巻きつけたり、海底に雌の体を押しつけて動けなくしたりする。この交尾の際、雄は一方のペニスを雌の膣に押し込み、フラップを使って卵管を広げる。それぞれのペニスには、精巣と吸引嚢につながった溝が走っている。吸引嚢というのは魚類の腹腔内にある筋肉質の袋状器官で、びっくりするほど大量の海水を吸い込むことができる。西大西洋に生息するイヌホシザメの場合、この大きなタンクが体長の三分の一を占める。吸引嚢は、雌の体内に精子を放出する水力学的作用をもたらすらしい。一部のサメ研究者は、これが膣内を洗い流すのにも使われると主張している[13]。その説が正しいかどうかについて

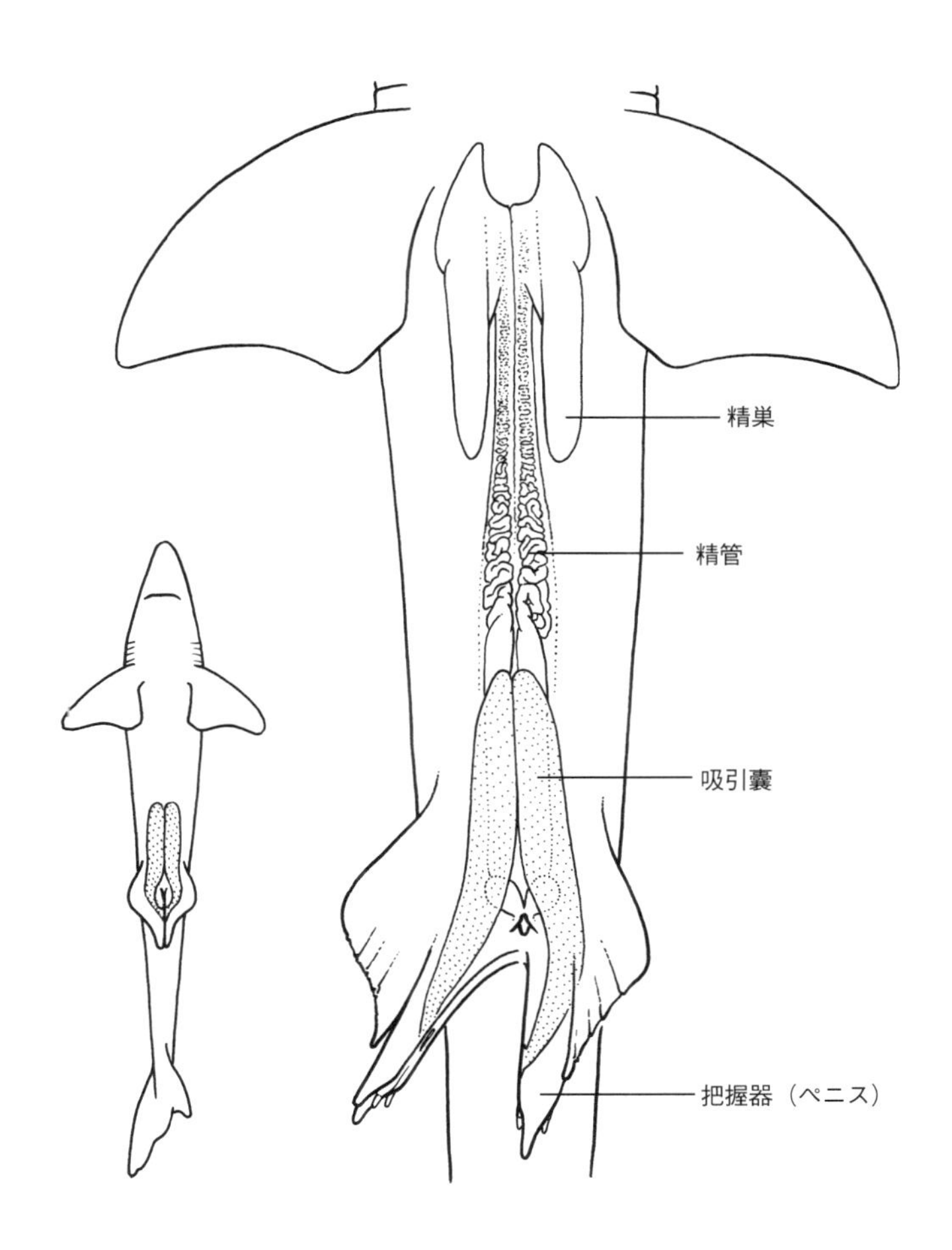

図14　膣洗浄器。ペニス（または「把握器」）を2つもつ雄のサメには吸引嚢と呼ばれる器官があり、雄はこれを使って海水を交尾相手の膣に注入することができる。おそらく前の雄の精子を洗い流すためであろう。精管と吸引嚢は、把握器の溝で外部とつながっている。

はまだ議論が続いているが、雄の群れはしばしば一匹の雌を襲撃して順番に交尾するので、こうして精子を洗い流すというのは理にかなうと思われる。[14]

コオロギ科の昆虫も洗い流しをする。ただし水ではなく自分の精液を使う。美しい緑色のアオマツムシには、雌の貯精嚢まで届く巨大な（体長との相対比で）ペニスがある。貯精嚢に到達してから射精すると、粘り気のある精液によって、前からそこにあった精子がすべて膣から押し出され、ペニスの軸に付着する。そこで雄は腰を曲げて、取り出したばかりのライバルの精子を交尾後のおやつとしてむさぼるのだ！　コオロギに似た別の昆虫、ヨーロッパ原産のメタプラステス・オルナトゥスというキリギリスは、セックスの一部として精子の洗い流しを雄と雌とで協力して行なう。雄は交尾器を挿入し、しばらく抜き差ししてから引き出す。交尾器にはのこぎりの歯のようなぎざぎざがついているので、これを雌の体から抜き出すときに雌の生殖器官の大部分も一緒に引っ張り出され、一時的に裏返った状態で体外に露出する。それから起きることはちょっとした見ものと言えよう。雌が体を二つに折って自分の交尾器の内側をなめ回し、前の交尾相手の置いていった精子のパッケージがあればすべてきれいに食べてしまうのだ。この儀式を何度か繰り返してから、ようやく雄は自分の精子を雌の体内に注入する。[15]

雌の蓄えた精子を排除しようとする雄に雌が協力するのはなぜなのかと、この最後の例はいささか不思議に思われるかもしれない。ここではまた、雌は雄のあらゆる行為に利害関係をもつということを思い出していただきたい。蓄えた精子を手放すようにと雌を説得できる雄の資質は、おそらく雌として息子に受け継がせるべきものだろう。そこで一部の種においては、精子のかき出し全体が進化して交尾の儀式の一部となり、ある意味で雌による密かな選択の本質部分となって、いつのまにか精子排出と一体化したと思われる。

結局協力関係に落ち着くのではなく、雌の蓄えた精子をどちらが支配するかをめぐる進化的競争に発展する場合もあるだろう。そのような競争が起きるわかりやすいパターンの一つは、たとえば先ほど見たカワトンボのさまざまな方策と対抗策のように、主導権を握るために進化のステップを雄と雌が交互に一歩ずつ踏むというやり方だ。雌は蓄えた精子に雄の手が届かないように、もっと貯精嚢を進化させて奥行きを深くするかもしれない。やがて雄の側に突然変異が生じ、ペニスが長くなるなどして精子かき出し能力を再び獲得するかもしれない。すると今度は雌の側で貯精嚢がさらに深くなり、そしてさらに競争が続いていく。引き返すことはできないので、このような進化的競争はやがて暴走し、こっけいなほど長いペニスやばかばかしいほど深い貯精嚢が出現する可能性もある。

体の内部構造がこうした、止むことのない発作のごとき進化的変化を遂げる場合があるらしい。ハネカクシがその例だ。しかしおそらくたいていの人は、生まれてこのかたハネカクシのことをちらとも考えたことがないだろう。いい機会なので紹介させていただきたい。というのは、地味な色合いですっきりした体をもつ甲虫、ハネカクシこそ、昆虫の生物多様性の玉座を占めているのだ。体色、サイズ、質感、生態は多様だが、標準的なハネカクシは体長数ミリ、くすんだ色で、短い前翅の下に後翅をきちんと折りたたんで格納しているので、長い腹部の大半がむき出しになっている。ハサミムシを小さくしたようにも見えるが、類縁関係はない。動作が敏捷で、危険を察知すると威嚇のために腹部の先端を上に突き出すが、尾部に毒針などがあるわけではない。生物学者にとって、この虫（彼らはスタフィリニダエ（ハネカクシ科の学名）という呼称を好む）の最も腹立たしい特徴は同定しにくいことだ。すでにおよそ五〇種が知られており、さらに（続々と）増え続けている。専門家の推定では、実際には少なくともこの四倍は存在し、ほとんどは地中で静かに暮らしている。実際、森や草地を歩く人が足を下ろすたびに、その下にはハネカクシがいる可能性が高い。

たいていのハネカクシは捕食性で、自分よりもさらに地味なトビムシやダニ、昆虫の幼虫などを音もなく捕まえて食べているが、なかにはずいぶん奇妙な生態を示すものもいる。ヒゲブトハネカクシもその一つで、捕食寄生と呼ばれる生活様式をもつ昆虫の仲間だ。[16] 映画『エイリアン』のように、捕食寄生者（「寄生者のような捕食者」の意味）は別の動物の体内で成長するために、「宿主」が生きて活動しているうちに体を内側からむさぼり、最後に皮膚を破って体外に出てくる。ドイツのフライブルク大学のクラウス・ペシュケやクラウディア・ガックといったヒゲブトハネカクシ愛好家たちは、しばしばこの習性を「魅惑的」と評するが、むしろおぞましく感じる人が大半だろう。

ペシュケとガックは、アレオカラ・クルトゥラ（ナカアカヒゲブトハネカクシ）とアレオカラ・トリスティスというヨーロッパ原産のヒゲブトハネカクシ二種を研究している。どちらもハエに捕食寄生する。幼虫は、動物の糞（ふん）（A・トリスティスの場合）や死骸（A・クルトゥラの場合）の中にいるクロバエのさなぎを探し出す（どうせおぞましいものを見せられるのなら、いっそのこと、とことんまで見届けていただきたい）。さなぎの殻をかじって穴を開け、中に入り込むとそこで成長中のハエに吸いつく。やがてハネカクシの幼虫が蛹化（ようか）して成虫になる態勢が整うころには、空っぽになったハエのさなぎの殻だけがあとに残る。

しかしガックとペシュケが生物学者として名をなしたのは、ヒゲブトハネカクシの生活環を明らかにしたからではなく、どちらが貧乏くじを引くかというヒゲブトハネカクシの性のゲームのおかげだ。死骸を好むナカアカヒゲブトハネカクシの話から始めよう。すべてのヒゲブトハネカクシに共通の習性として、ナカアカヒゲブトハネカクシもかなりおかしな「エビ反り」の体勢で交尾する。雄はまず雌の後ろにうずくまり、それから軽業師のように長い腹部を反らして頭上から前にもっていき、目の前の雌と交尾する。雌の膣の中でしっかりと結合したら（そして交尾中に雌が動き回る気になった場合には、相当に無理な体勢で雌に合わせて動くことを余儀なくされて）、雄はペニスから内袋を取り出す。これは第2章で登場したジャネルの洞窟性甲虫と同じく、「勃起」時のみ膨張する。内袋によってペニスの有効長は長くなるが、それでも雌の貯精嚢の中にはまだ届かない。貯精嚢は、長く細い管の先端についた弁のようなものの奥にあるのだ。それでも雄には手立てがまだ一つか二つある。一つめは内袋に付属する鞭毛と呼ばれる長く細い鞭状のもので、これは内袋が膨張すると雌の細い貯精嚢管の中へ押し込まれる。この鞭には全長にわたって一本の溝が刻まれているので、これによって貯精嚢管の壁とのあいだにすきまが生じ、次の手立てがペニスの管から繰り出されるときにはこの溝が通り道となる。次の手立てとは、自力で膨張する精包だ。

精包のことは覚えているだろうか。本書の第1章で、死んだばかりの雄のイカを食べた人の歯茎に精子を自律的に射出するという、聞くだけで痛い話の中で登場した。イカの精包と同じく、ヒゲブトハネカクシのつくる精包にも自律性があるらしい。雄が交尾器を引き抜き始めると、膣内に残った洋ナシ形の精包の遠端から管が伸び始める。この管は浸透圧の力だけですぐに鞭毛によってつくられたすきまを満たし、トンネルを進んで貯精嚢に到達すると、その入り口にある弁を強行突破する。ややこしいことに、この突き進む精包管の内部で精子の詰まった「内管」が伸び始め、すぐに先を行く精包管の先端に追いつき、最終的には膨れ上がって貯精嚢のスペース全体をふさぐ。その際――そしてこれがきわめて重要な部分なのだが――前の交尾相手の精子が中に残っていれば、それを弁から外へ追い出す。最後に、雌の貯精嚢の内側にある鋭い歯が精包を破ると、精液が放出されて利用可能になる。

「なぜあえて複雑なやり方をするのか」とガックは考えた。精子を雌の体内に送り込むこの複雑な方式は、いくつかのステップを経て進化したと思われる。雌は長い管と弁の奥に精子の長期貯蔵場所を隠すことで、雄から精子を直接注入されるのを防ごうと「努めて」いる。一方、雄はペニスの手先として、内袋についたプローブのような鞭毛や、雌の体内の迷路を自力で進んで前の雄の精子を押し出す自律的な精包を進化させている。それでもなお注目すべきことは、最終的に雄の精子が貯精嚢内で放出されるかどうかについては依然として雌が主導権を握っているという点だ。というのは、貯精嚢の中に生えた大きな歯で精子の詰まった袋を破るために、体内の筋肉を動かすのは雌だからだ。やはり、この競争は雌がルールを定めたゲームの様相が濃い。

今までの話だけでも十分に奇妙だと思われるかもしれないが、ヒゲブトハネカクシの不思議の話はまだまだこれからだ。ナカアカヒゲブトハネカクシ（A・クルトゥラ）の内袋についている鞭毛の長さにまだ触れていなかった。その長さはおよそ一・五ミリである。体長が一〇ミリ弱の甲虫としては、かなり長いとはいえ桁外れの長さというほどではない。しかしA・トリスティス（動物の糞にいるほ

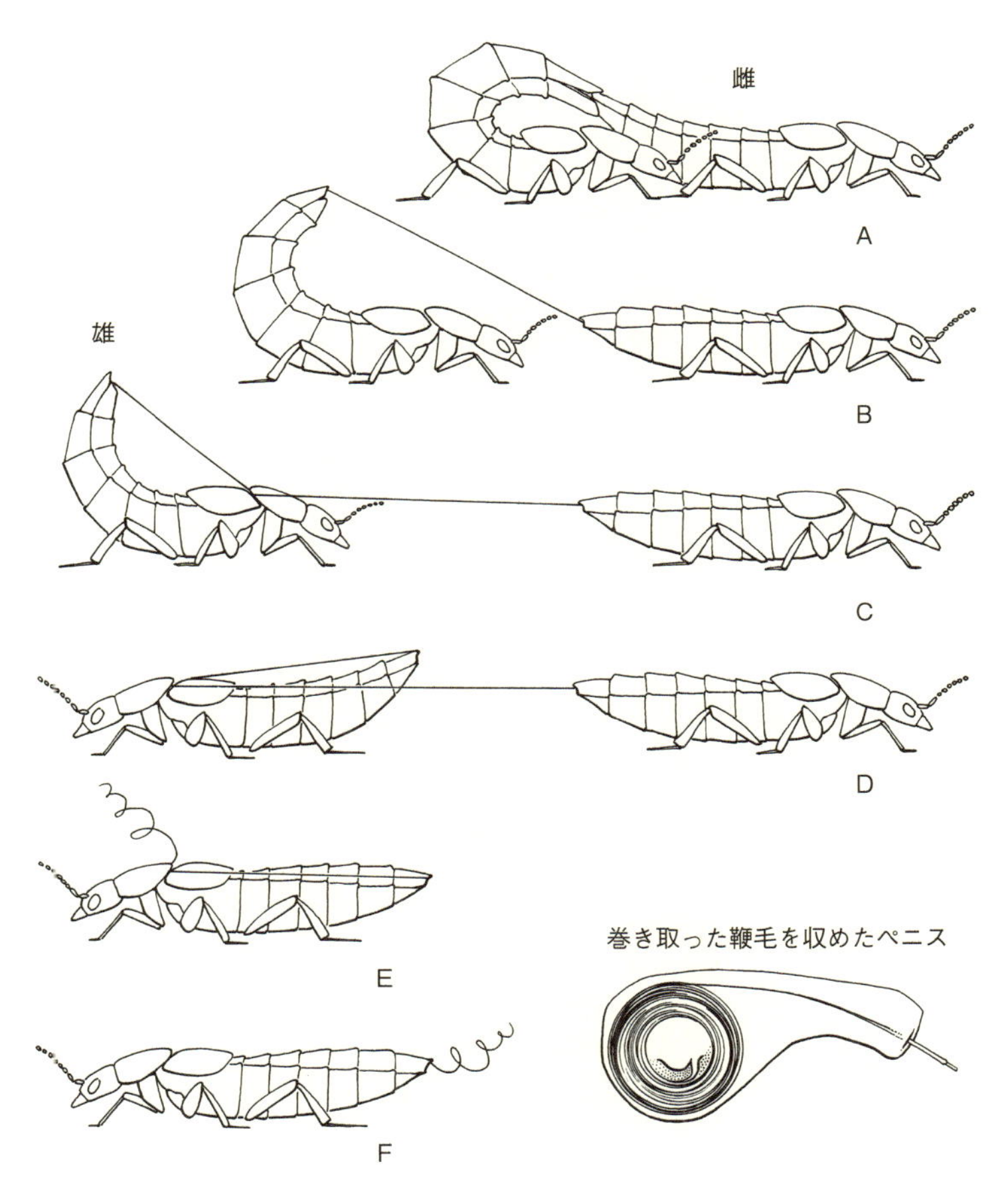

図15　尻の穴から巻尺を巻き取る。ハネカクシの一種、アレオカラ・トリスティスの雄は、ペニスの中に鞭毛を備えている。使用時以外はコイル状にきつく巻いてある（下右）。使用時には、交尾中には雌の膣の奥へ送り込み（A）、交尾後には雌の体内から引き出す必要がある（B）。途中まで肩の下で鞭毛を押さえながら引き抜き（C～E）、それからもとどおりに巻き取る（F）。

う）では、鞭毛の長さと貯精嚢に至る管の長さとの進化的競争がどうやら暴走してしまったらしい。体長は六ミリほどなのに、鞭毛はなんと一六ミリもあり、使わないときはコイル状に巻いてペニスの中にしまってある。同様に長い雌の貯精嚢管も、やはり同じように収納する。

数万年におよぶ性淘汰の残したこの堂々たる遺産を抱えて情事にふけるのは、この甲虫にとって容易ではない。ガックとペシュケはこの甲虫の交尾を観察したときにそう思った。長さ一六ミリの鞭毛すべてを雌の細い管に通すのは雄にとって大変かもしれないが、あとでまたすぐ使えるようにきちんとコイル状に巻き戻してペニスの中にしまうのはもっと大変だ。雄が行為後にいきなり鞭毛を雌の体内から引き抜いてしまうと、その勢いでたちまちどうしようもなく絡まってしまい、実質的に雄は永久に去勢されることになる。では、雄はどうしているのか。ガックとペシュケは疑問を抱いた。そして顕微鏡の下で雄と雌が別れの儀式をしているところを観察する二人は、やがて大いなる驚きに襲われた。

観察の結果、雄は長い鞭毛を肩に引っかけることがわかった。まず、雌の膣から鞭毛を少し引き出す。それから腹部の先端を上方に突き立てて胸部を少し横に傾け、胸部と前翅のあいだにすきまをつくって鞭毛をそこに軽く挟む。このようにして押さえたら、雄は持ち上げていた腹部の先端を後方に下ろしてまっすぐに伸ばし、雌の体内から鞭毛をそっと引き出していく。そのあいだもずっと、結び目ができたり絡まったりしないように鞭毛をぴんと張った状態に保ち、ゆっくりとペニス内の格納スペースに送り込む。鞭毛が半分ほど入ったところで雄は体の向きを変えて雌に尻を向け、鞭毛の残りを雌の体内から引き出し、なるべく長いあいだぴんと張った状態を保ちながら、自動的に巻き取られるゼンマイ式の巻尺のようにペニスの中へ送り込んでいく。

長い鞭毛を操るのは、A・トリスティスだけではない。分類学者はほかにも多くの甲虫や半翅類（はんしるい）の雄の生殖器に同様の長い鞭毛を見出している。機能の仕方も同様と思われるが、ほとんどはまだ詳しく研究されていない。すべてが性拮抗的共進化の結果かどうかもまだ明らかではない。しかしもっとなじみ深いとある動物の生殖器では、そうした雌雄間の競争の痕跡がいたるところに刻まれている。次節では、その動物の属するカモ科が世界で最長のペニスと最深の膣をもつ鳥類種からなるのはなぜか、その理由を探る。おぞましいセックスが登場するから、心の準備をしておいてほしい。

心臓の弱い方はご遠慮ください

話はのちに有名になった二羽の雄ガモの死体から始まる。一羽はアルゼンチンのコルドバ州で撃たれてアラスカ大学の博物館に収蔵されたコバシオタテガモだ。このカモについては、すぐにまた戻ることにする。もう一羽はロッテルダム自然史博物館に保管されている標本番号NMR9989-00232の雄のマガモで、一九九五年六月五日に「パーン」と派手に（二つの意味で）生涯を閉じた。

その日の午後六時五分前、仕事をしていた学芸員のケース・ムリカーは、博物館のガラス製のファサードに鳥がぶつかったときの耳慣れた「ドサッ」という音に顔を上げた。新しい建物の外側には鳥のシルエットが描かれているにもかかわらず、衝突死する鳥があとを絶たない。観念したムリカーは、ハトやクロウタドリや水鳥の死体を袋に入れて、博物館の収蔵品に加えることにしていた。ところが、今日はどんな大型の鳥が博物館の収蔵品に名乗りを上げたのかと階段を下りていくと、驚くべき光景が待ち受けていた。ガラスの壁の足元には、明らかに息絶えた雄のマガモが顔を地面の砂につけて横たわっている。その隣に、雄ガモがもう一羽いた。激しい性的興奮状態にあり、ただならぬ生気がほとばしっている。ガラスごしに見守るムリカーの目の前で、この雄ガモは死んだ仲間に歩み寄ってマウントしたかと思うと、何もはばからないようすで交尾を始めた。

激しく当惑したムリカーは警備員用の椅子に腰を下ろし、いつも観察眼の鋭い生物学者である彼らしく、ノートを引っ張り出して観察した事柄を記録し始めた。一時間半にわたり、生きている雄は死んだ雄の体に乗り降りし、何度も交尾した。午後七時一〇分までにノートの一ページがメモで埋めつくされた。彼は初めて遭遇したホモセクシャルの屍姦の観察はもう十分にできたと思い、依然としてテストステロンをみなぎらせた雄を追い払い、凌辱（りょうじょく）された雄の死体を博物館の冷凍庫にしまうと、帰宅して夕食をとった[17]。

それから六年後、同僚たちにさんざん促されて、ムリカーは博物館の紀要にその観察をようやく発表した。「マガモ（アナス・プラティリンコス、鳥類ガンカモ科）における同性愛屍姦の第一例」という論文において、ムリカーは自身の観察の意味を解明しようと試みた。カモの生態のおぞましい側面に特別な関心をもつ鳥類学者として、彼は雄のカモが一雌一雄（いっしいちゆう）で交尾するだけでなく、しばしば集団で輪姦としか呼びようのない行動に出ることを知っていた。そのような性的狂乱はしばしばエスカレートし、多数の雄が大声で鳴きわめきながら一羽の雌を追い回す。このような「レイプ目的の集団攻撃」は、雄ガモたちが公園の池などで雌を追い詰めたところで終わるのがふつうだ。そこで雌は雄たちの執拗な「好意」を受けておぼれそうになり（ときには本当におぼれることもある）、近くでカモに餌をやる人たちを仰天させる。

交尾相手が誰かという問題は、このような雄の性衝動にはあまり妨げにならないらしい。独り身で性的に興奮した雄ガモにとっては、カモでさえあれば雄でも雌でもよく、また生死も問わないのだ。ブルース・ベイジミルは同性愛の動物をテーマとした瞠目すべき著書『生物の充溢（じゅういつ）』で、カモの雄がしばしば別の雄や死んだ雌と交尾すると記している。この二つの嗜好を組み合わせる機会が――今の例では興味をそそられた鳥類学者の目の前で――雄ガモに与えられるのは、どうやら単に時間の問題だったらしい。ともあれムリカーの論文がイグノーベル賞委員会の目にとまり、二〇〇三年に毎年恒例の愉快なパロディー授賞式が例年どおりハーヴァード大学で開催されたとき、彼はイグノーベル生物学賞を授与された。例の雄ガモの命日になると、ロッテルダム博物館では標本ＮＭＲ９９８９‐００２３２の非業の死を悼む「死んだカモの記念日（デッド・ダック・デイ）」の式典でこのカモを称え、締めくくりには地元の中華料理店で食事会（料理は北京ダック）を開いている。

カモ科の雄にしばしば見られ、ロッテルダムのマガモの死とそれに続く凌辱をもたらした強制交尾の習性は、この話に登場する第二の死んだカモの最も人目を引く部分を生み出した原因でもある。《ネイチャー》二〇〇一年九月一三日号に、アラスカ大学博物館のカモ研究者ケヴィン・マクラッケンらによる記事が短報欄に掲載された。短い論文ではあったが、添えられた「図１」の写真は見逃しようがなかった。漆喰塗りの壁の前で、死んだ雄のコバシオタテガモが翼で宙吊りにされ、命を失ったひれ足のあいだから、とげに覆われたらせん状の長さ四二・五センチのペニスが垂れ下がっているのだ。今では博物館の収蔵品として永久保存されているこの標本は、記録的な長さのペニスが外に出た状態で発見された最初の事例だった。この一年前、マクラッケンは七羽の死んだコバシオタテガモを調べ、ペニスが異常に長いということはすでに知っていたが、通常は体内にしまい込まれているため、実際の長さをきちんと推定するのは難しかった。

鳥のセックスの研究者として著名なシェフィールド大学のティム・バークヘッドは、この論文を目にしたときに思ったことをこう語っている。「これはすごい！ 真っ先に頭に浮かんだのは、気の毒な雌はどうなっているのか、という疑問でした。こんなに長いものがどこに収まるのかと」[18]

コバシオタテガモのペニスは極端に長く、入り組んだ形状をしてはいるが、カモのなかで特別というわけではないことをバークヘッドは知っていた。たいていの鳥は総排泄腔を互いに押し当てるだけで交尾するが、カモは本物のペニスをもつ数少ない鳥の一つである。双方の総排泄腔が合わさると、ペニスが体外に出て、リンパの圧により膣内に入る。ペニスには長軸方向に一本の溝が刻まれていて、精子はこれを伝って総排泄腔から雌の体内の奥深くまで進む。この方式が進化したのはおそらく、カモが水中で交尾するからだろう。交尾が総排泄腔でキスするだけだったら、精液が流れ去ってしまう。実際、飼育場のカモは乾いた地面で交尾するしかないので、多くの雄ガモがペニスを失うという問題が頻発している。雌がペニスをイモムシと勘違いして、交尾後のおやつにしてしまうのだ[19]。

カモといっても、種によってペニスのサイズと形状は大きく異なる。たとえばシノリガモのペニスは長さ一・五センチと非常に控えめだが、オナガガモ（マクラッケンがコバシオタテガモの写真を発表するまでは、カモ類の性器の最高峰と考えられていた）は長さ一九センチでとげに覆われたらせん状のペニスをもっている。マガモのペニスはこれより少し短いが形状はよく似ている。一方、雌の膣はただの短い管だとずっと言われてきた。単純で実用的で、特筆すべき点などないと思われていたのだ。

バークヘッドが《ネイチャー》で例の写真を見て受けた動揺の覚めやらぬころ、彼のもとで研究するパトリシア・ブレナンというポスドクがいた。バークヘッドは彼女にこのカモの物語を雌の側から調べたらどうかと提案した。バークヘッドはこう語る。「彼女はじつは解剖の達人でした。研究の途中で私のところに来て、『私の発見を見てください！』と言いました」。ブレナンの発見とは、雌のマガモの膣が雄のペニスに劣らず複雑だということだった。行き止まりのわき道があって、曲がりくねっているという。バークヘッドは興味と疑念を同時に抱き、フランスにいる友人のジャン＝ピエール・ブリヤールに電話をかけた。ブリヤールはカモの解剖の経験が豊富なのだ。バークヘッドが「こんなの見たことあるか？」と尋ねると、ブリヤールは「ノン！」と答えて電話を切り、自分のところにある標本をいくつか調べた。「五分後に向こうから電話があって、興奮したようすで『まったく君の言うとおりだ！』と言われました」

二〇〇七年、ブレナンとバークヘッドと共同研究者らは一六種のカモの解剖学的研究を行ない、その結果を《PLOS ONE（プロス・ワン）》誌に発表した。この研究では、ペニスと膣の複雑さは互いに関係していることがわかった。ペニスが大きくてらせん状なら必ず、膣も同様なのだ。二つの点から、どうやらこれが受精における最終決定権をめぐる雌雄（しゆう）間の進化的競争の結果であることが明らかになった。

第一に、レイプが頻繁に起きる種は最も複雑な交尾器をもっている。第二に、二〇一〇年にチームが《英国王立協会紀要（生物学）》で報告したとおり、膣がらせん状だとペニスが侵入しにくくなる。

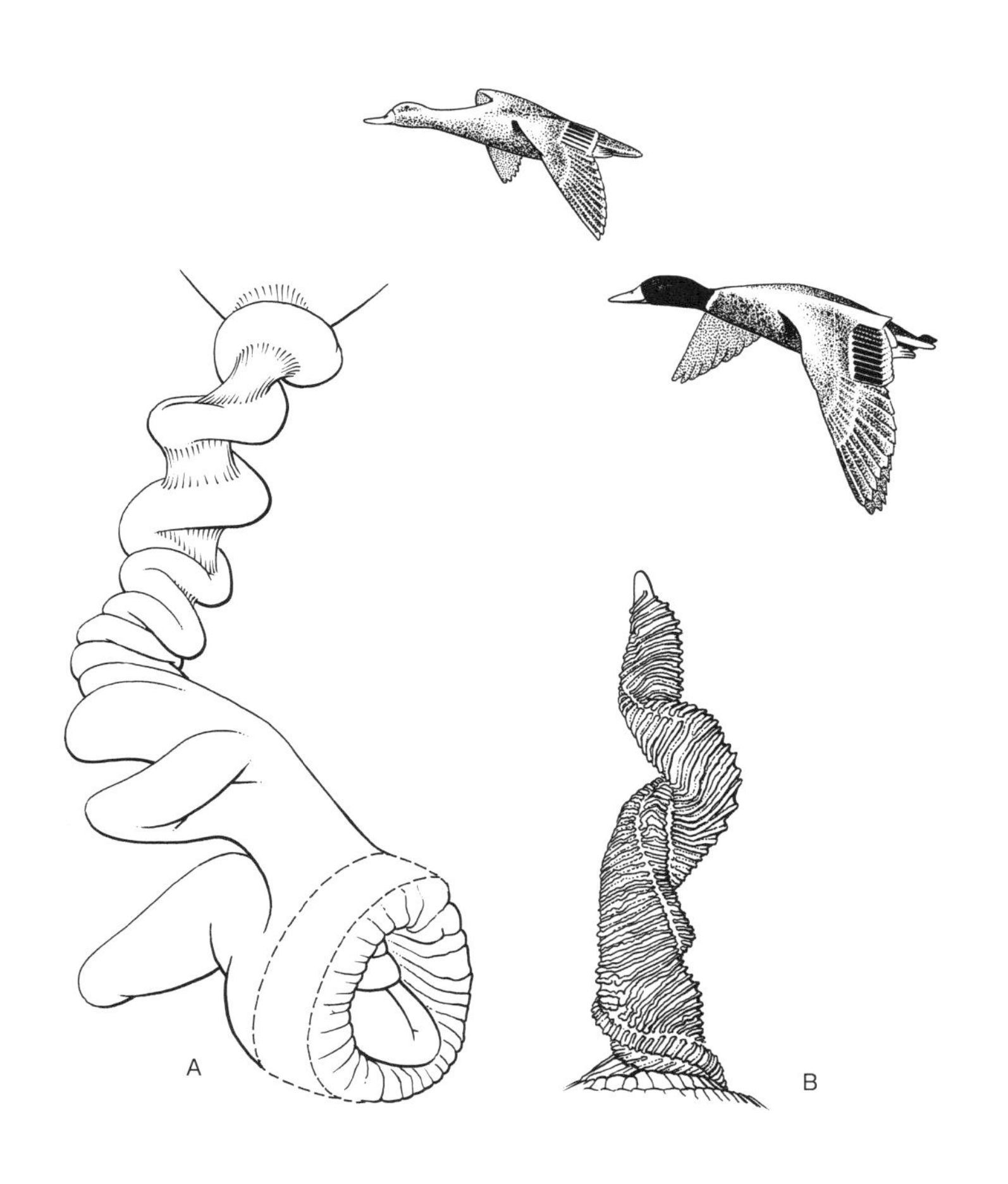

図16　レイプへの抵抗。マガモの雌の膣（A）は時計回りのらせん状となっており、雌が膣の筋肉を弛緩させない限り、反時計回りのペニス（B）は進入が阻まれる。

というのは、膣は必ず時計回りのらせんであるのに対し、ペニスは逆方向のらせんとなっているのだ。雌は膣壁の筋肉を収縮させることによって、雄が反時計回りのペニスをしっかり膨張させて強引に挿入を試みても、膣内への侵入を防ぐことができると考えられる。

ブレナンは大胆にも、この見解を裏づけるために決定的な実験を行なった。カリフォルニアのタイワンアヒル飼育場で雄と雌を交尾させたが、雄の今にも爆発しそうなペニスが体外に出始めた瞬間に、すばやく雌の総排泄腔を外して代わりにガラス管をあてがった。管の内側には潤滑剤を塗ったが、それ以外の点では、ペニスが本来のらせんを解いて逆方向のらせんを描く膣の中にきちんと入っていくのがどれほど難しいか調べられるように設計してあった。その結果、まっすぐか反時計回りのらせん状の管ならほぼ問題はなかったが、雌の膣と同じく時計回りのらせん状の場合はたいていペニスが折れ曲がって団子状になるか、途中で立ち往生するか、またはまったく何もできずに終わるかのいずれかで、膣には侵入できないことが判明した。ペニスと膣のペアが性拮抗的共進化によって複雑化したことは明らかだ。レイプしようという雄の意図が雌の膣の妨害によって阻止されるという相互作用の連鎖が起きたのだ[20]。

この種の雌ガモに課される性的試練が苛酷に感じられるとしても、ある種の無脊椎動物を襲う外傷的な性交渉と比べれば、ちょっとした迷惑にすぎない。ここでは、「外傷的（トラウマ）」という言葉はギリシャ語で「傷」を意味する「トラウマ」に由来する語として、文字どおりに受け取る必要がある。この「外傷的精子注入」という呼称が適用されるのは、進化の道のりのどこかで、雄が雌の弁や制御装置からなる機構を完全に回避して、精子を雌の皮膚から直接注入する（！）という方法を見出した動物

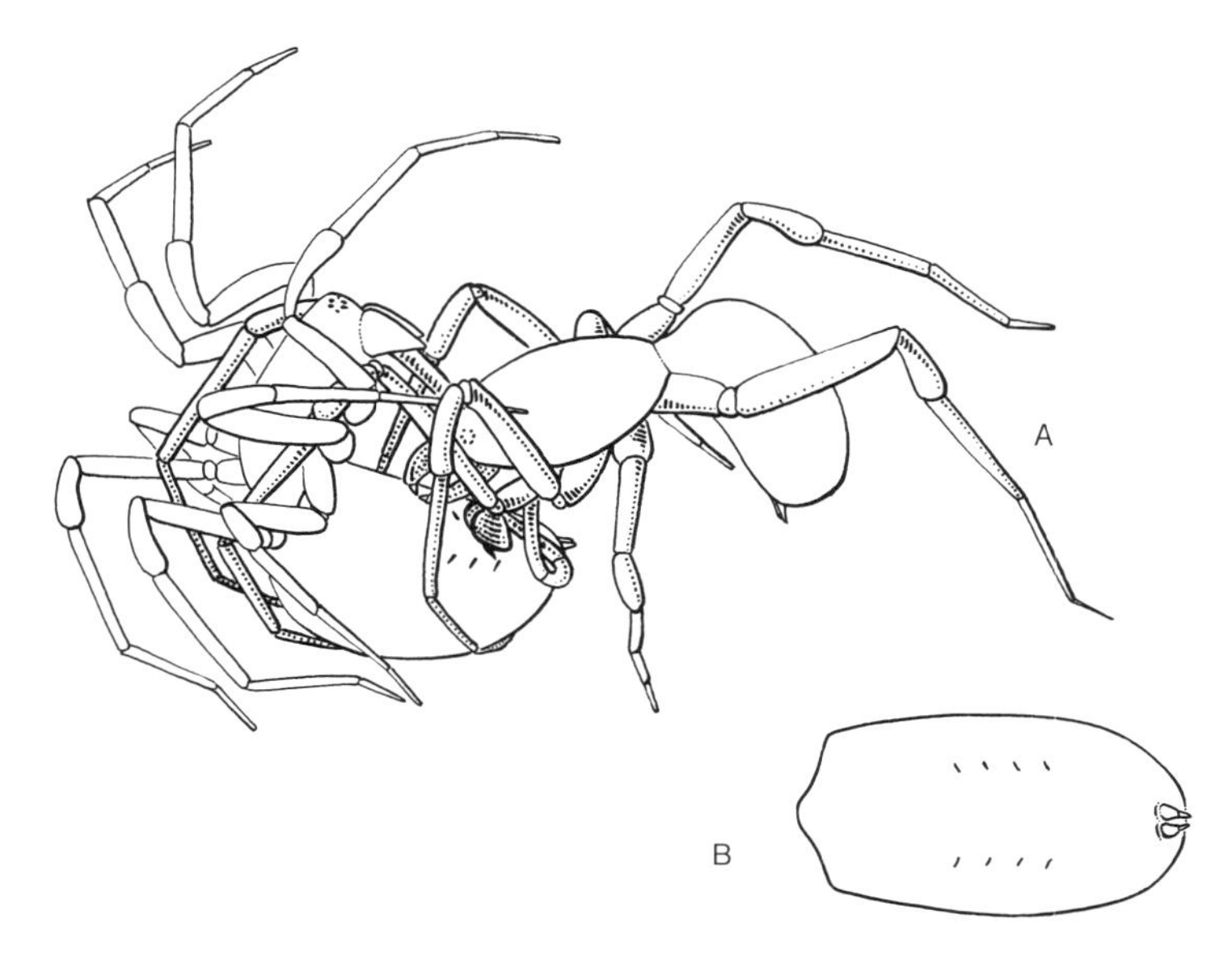

図17　外傷（トラウマ）的セックス。ハルパクテア・サディスティカというクモの雄（A、右）は、わざわざ交尾などしない。雌（A、左）を前肢で抱えると、針のような触肢で相手の腹部の皮膚を突き刺して精子を直接注入する。その結果、きれいに並んだ8個の傷が残る（B）。

のみである。[21]

「皮下精子注入」とも呼ばれるこの大胆な手法は、ヒル、ミミズ、ネジレバネ（半翅類や甲虫に寄生する微小な昆虫）、ショウジョウバエ、いくつかの科の半翅類、そしてハルパクテア・サディスティカというまさにぴったりな名前をもつクモにおいて進化した。ハルパクテア・サディスティカというのは巣をつくらず乾燥林の地面で昆虫を捕獲する小型のクモで、二〇〇八年にエルサレムの近くにある自然保護区で発見されたばかりの新種だ。ハルパクテア属のほとんどの種は、本書でこれまでに登場したクモたちと同様、雄が触肢に精液を詰めて雌の生殖孔に送り込むという方法で交尾する。

ところが、ハルパクテア・サディスティカは違う。雌に遭遇した雄は、四本の長い前肢で雌を仰向けに抱える交尾の体勢をとり、それから外科医のような正確さで一本の触肢をもう一本ときっちり合わせて雌の腹部の皮膚を突き刺し、体腔内に精子を直接注入する。一度刺すだけでは満足せず、雌の腹をジグザグに移動しながら使う触肢を左右交互に換えて、二列に並んだ六〜八個の穴をきれいに開けていく。精子貯蔵器官は発達しておらず、体内に入った精子はそのまま卵巣内の卵まで泳ぎ着いて受精する。[22]

これよりさらに悪名が高いのが、トコジラミの外傷的精子注入である。トコジラミは吸血性の半翅類で、この科でよく見かけられるのがキメクス・レクトゥラリウスだ。不運にもこの虫のはびこる寝室で夜を過ごしたことのある人ならこの虫は決して記憶から消えないが、その性生活を知ったらいよいよ忘れられなくなるだろう。トコジラミは「宿主」の寝場所の近くにある狭いすきまに高密度のコロニーを形成し、文字どおりの闇討ちで頻繁にすばやく性交渉をする。シェフィールド大学でトコジラミの研究をしているマイク・シヴァ＝ジョシーによると、「雌が空腹のときには、雄との交尾を逃れられる。しかし満腹で腹部が膨張しているときには、無防備で狙われやすい。求愛行為はなく、どう見ても残虐そのものの行為がなされる」。

雄はただ待ち伏せして交尾相手を見つける。満腹の雌らしきものが通りかかると、雄は雌の右わき腹をよじ登り、自分の頭が雌の左肩の向こうに下りるまで前進し、それから注射器のようなペニスを雌の体内に無理やり突っ込む（皮肉なことに、この「ペニス」はじつは交尾鉤が変化したものだ。別の昆虫のなかには、このブラシ状の器官を使って相手をやさしく叩いたりなでたりするものもいる)。雌の臀部には立派な膣があるのに、雄はこれにまったく関心を示さない。膣のもつ唯一の生殖機能は産卵することであり、精子を受け取ることではないからだ。代わりに、雄は第五腹節の右側の皮膚にペニスを突き刺して、雌の体内に精子をじかに注入する。精細胞は雌の体内に侵入し、ときには個々の細胞さえ蹴散らしながら、最終的に卵巣にたどり着くと、そこで成熟した卵細胞を受精させる。立証されてはいないが、別の種のトコジラミでは雄が別の雄に精子を注入し、この精子が精巣に到達して、次に外傷的精子注入をする雌の体内に二匹の雄の精液が一緒に注入されることもあるという報告さえ出されている！　これが本当だとしたら、二匹めの雄はバイセクシャルな寝取られ男ということになる。

ある意味で、このような外傷的精子注入は〝雌による密かな選択〟に対する究極の侮辱といえる。雄は求愛や生殖器の愛撫をせず、膣や貯精嚢をはじめとして雌が設けるさまざまなハードルもことごとく無視する。雄は本書でこれまでに出てきた生殖器のゲームのルールを一つ残らず破り、乱暴な背信行為で交尾の目的を果たす。その行為の被害をこうむるのは雌だ。雌一匹を一二匹の雄と同じ場所に入れると、雌はしばしば求愛者のペニスで多数の傷を負い、一日も経たぬうちに死んでしまう。雄が一匹だけでも、雌の寿命が大幅に縮まることがある。シヴァ＝ジョシーの指導学生だったアラステア・スタットが実験を行ない、瞬間接着剤でペニスを腹に接着して無害化した雄を作成し、雌をこの雄と通常の雄のいずれかと同じ場所に入れた。その結果、受精能力を失った雄と一緒に過ごした雌は四カ月以上生存したが、正常な機能をもつ雄の攻撃を逃れられなかった雌は一一週間ほどしか生存できなかった。

だが、物事は必ずしも見た目どおりとは限らない。トコジラミの雌は外傷的精子注入の最悪の被害に対抗できるように、複雑な仕組みを進化させているのだ。第一に、スパーマリッジと呼ばれる器官をもっている。これは雄が通常突き刺す部位で発達し、まったく新しい一式の交尾器となっている。キメクス・レクトゥラリウスの場合、実質的に第二の膣となるスリット状の器官が腹部の右側にあり、雄が交尾の体勢になって針状のペニスを雌の体に突き刺すと、ペニスは通常ここに誘導される。この偽膣の下にはメソスパーマリッジという大きな器官がある。これには二つの機能があり、雄の精液を受け取って精細胞を血液中に誘導し、卵巣に送るというのがその一つだ。そしてもう一つ、衛生にかかわる機能もある。トコジラミの暮らす環境は不潔なので、有害な細菌や真菌がペニスに付着していて、挿入時にこれらが雌の体内に侵入してしまう。この問題への対抗策として、メソスパーマリッジは強力な免疫系を備えており、これによってそうした性行為感染症のほとんどを無害にすることができる。昆虫学者は、トコジラミのペニスのレプリカにこれらの病原体を付着させて、雌の全身を突き刺す実験を行なっている（シヴァ＝ジョシーによれば「うちの研究室には、ガラスでペニスをつくるのが趣味という者さえいます」）。実験の結果、雌はスパーマリッジを突き刺されても生涯産卵数に影響は生じないが、それ以外の部分を刺されると病気になり、子の数が激減することが判明した[23]。

ストリクティキメクス属という別の種類のトコジラミ（洞窟にいるコウモリの血液を吸うので、「トコジラミ」よりも「バットバグ」と呼ぶほうがぴったりだ）では、メソスパーマリッジが進化して非常に複雑化したため、外傷的精子注入が実質的に通常の精子注入法となった。偽膣の下の組織に注入された精子は、無誘導のミサイルのように雌の体内を突き進むのではなく、一連の管と貯蔵室の誘導を受けて卵巣へ向かう。こうして雌は実質的に、性生活の主導権を完全に取り戻す。カモの長いらせん状のペニスや膣と同様に、トコジラミの外傷的精子注入の進化も、雄が雌による密かな選択を回避しようと適応し、それに対して雌が主導権を取り戻そうと対抗策をとるという一連の進化的過程の果てに生じたものと思われる。

外傷的精子注入と聞くと、なんと奇妙で常軌を逸したものかという印象を受けるかもしれないが、類縁関係にない多くの動物で観察されていることから、じつは進化のたどる道すじとしてさほど法外ではない。これはおそらく、精子がもともと未知の領域をさまよって、探し出した（卵）細胞に侵入するようにつくられているという事実と関係がありそうだ。雌の生殖管という相応の領域の中でそうした探索をすることから逸脱し、いわば道のない原野での探索へ移行するのは、決して大きな飛躍ではない。実際、自由に泳ぎ回る精子は、通常は外傷的性精子注入をしない動物の雌の体内でも発見される。これはどうやら膣か貯精嚢から漏出したものらしい。ある種のダニでは、精子の一部が雌の生殖器から漏れ出て、雌の血液中をあてもなくさまよっているのが見つかったりする[24]。すでに一九五〇年代には、獣医学研究者がモルモットとニワトリの精子を皮下注射によって雌の腹に直接注入するというやり方で、人工的に精液を注入するきわめて有効な方法を発見していた[25]！

仲間の脊椎動物から私たちヒトまでの進化距離はわずかだ。実際にヒトでも、精子が女性の生殖系から漏れ出て体腔内をさまよっているのが見つかることがある。これがどのくらいの頻度で起きるかを推定しようと、三人のアメリカ人婦人科医が「非交通性副角子宮（ふくかく）」と呼ばれるまれな先天性異常を巧みに利用した研究を行なった。胚形成期に子宮は「ミュラー管」という二本の管から発生する。男児胚ではミュラー管は徐々に縮退するが、女児胚では成長して融合し、二本の輸卵管をもつ一つの子宮となる。しかし女性四〇〇〇人につき一人ほどの割合で、ミュラー管がきちんと融合せず、子宮が中央で分かれて二つの室、すなわち「角(つの)」となり、このうち一方だけが子宮頸管および膣につながった状態となる。

デューク大学メディカルセンターのジェラード・ネイハムは二人の同僚とともに、このような非交通性副角子宮をもつ女性の妊娠に関する医学文献を調査した。(26) その結果、膣との交通のある子宮角(しきゅうかく)と交通のない子宮角とで胎児が生じる確率はまったく変わらないということが判明した。このことから、「行き止まり」の子宮角におけるこれらの（産科学的に問題のある）妊娠を生じさせた精細胞はすべて、もう一方の子宮角を通過して輸卵管をさかのぼって腹腔内に入り、裏口からもう一方の輸卵管に入ったと結論せざるをえなかった。そこにたどり着いた精細胞の一つが成熟した卵細胞を受精させ、これが行き止まりの子宮角に着床したのだ。

この研究から、驚くべき事実が示唆される。この先天性異常のない女性も含めてすべての女性において、精子は自分がいるのとは反対側の輸卵管に受精できる卵があるなら、正規の生殖ルート以外の道を通り、女性の腹部を横切る近道をしてそちらへ向かう可能性が常にあるということだ。こう考えると、雌の体を傷つけて注入されたトコジラミの精細胞が体内を果敢に突っ切っていくというのは、結局のところさほど風変わりでもないのかもしれない。

外傷的精子注入が進化したのは、ほかの雄の置いていった精子が残っているところへ新たな精液が強引に進んでいく助けとなるからだ。本章では、強制交尾、精子の洗い流し、すくい出し、かき出しといったさまざまな作戦を見てきた。外傷的精子注入もこれらと同様、ほかの雄が繁殖力のある雌から選ばれようとして同時に争うという現に起きている明白な危険に対し、進化が効果的に対処した一つの方法だ。私たちがすでに性拮抗的共進化の領域にたっぷりと足を踏み入れていることは間違いない。だが、まだ先がある。雄が心配しなくてはならないのは、今まさに起きている精子競争だけではない。雌は通常、精子を長期にわたって蓄えておくので、まだ見ぬ将来の求愛者も雄にとっては同じく頭痛の種（たね）なのだ。次章では、進化が隠しもっているもう一つの性拮抗的な仕掛けの領域を紹介する。将来の求愛者の成功を邪魔する、生殖器のイノベーションである。

第７章　将来の求愛者

バルト海に面したドイツ北部の低地地方の辺鄙（へんぴ）な一角で、グライフスヴァルトという小さな大学街はハンザ同盟の交易の名残と東西統一前のアパート群をそのまま後世に伝えている。この街の最大の自慢は、ロマン主義時代の画家カスパー・ダーヴィト・フリードリヒの生誕地であることだ。古いＶＷビートルでグライフスヴァルトへの連絡道路を走っていくと、雪がまだ歩道に高く積もっているばかりで、二世紀前にフリードリヒが永遠の命を与えた街の風景の中に（多数の質素な改革派教会からそびえ立つ尖塔も含めて）、この街がドイツの交尾器研究の中枢であることを伝えるものは何もなかった。

グライフスヴァルト大学の野鳥観測所には、ずいぶん妙な話だが、カタツムリの交尾器を研究しているマルティン・ハーゼの研究室がある（彼の名前は次章で雌雄同体動物のセックスを扱うときに出てくる）。街の中心部にはグライフスヴァルト動物研究所の建物が二棟あり、節足動物のセックスの専門家たちが研究室を構えている。私が最初に会う約束をしたのは、元教授のゲルト・アルベルティと同僚のアントネッラ・ディ・パルマだ。[1] 二人は私を研究所の講堂に迎えた。巧まずして愉快で、温和で、しゃがれた高い声で話すアルベルティから、CDを渡された。自分の生涯の業績がすべて入っていますと、彼はさらりと言う。ダニ、クモ、その他のいくつかの無脊椎動物の生殖に関する研究論文二四二本だ。彼は私を講堂の座席に座らせると、ダニやクモのセックスという驚異の世界をめぐる旅行談を一時間も語り続けた。新しいエピソードに移るときはいつも、「そうそう、ものすごくおかしくておもしろい話があるんです！」と声を上ずらせる。

そうしたおかしくておもしろいポイントの一つに、クモとダニはかなり変わった特徴の持ち主だというのがあった。雌の多くが精子の入り口と卵の出口としてそれぞれ独立した穴を備えているのだ。たいていの動物はこれらの生殖活動のどちらにも同じ多目的の穴一つを使わねばならないのに対し、多くのダニ（特にアルベルティとディ・パルマが研究しているもの）は脚の「付け根」にある小さな穴から精子を受け取るが、産卵には尻にある別の穴を使う。たいていのクモも同様の分業をしている。雄は触肢の中身を雌の受精管二本に空けるのだが、この二本の管に挟まれて、腹部の中心に産卵用の穴がある。[2] この事実がどのような驚きを秘めているかを私が知らされたのは、街を横切って研究所の別の建物に赴き、ガブリエレ・ウール所長のオフィスを訪れたときだった。

明るくチャーミングなクモ研究者のウールは長年にわたり、クモの交尾栓と呼ばれるものの研究をしている。[3][4] クモの分類学者は種を正しく同定するために雌の交尾器をはっきりと見きわめる必要があるのだが、ひどく厄介なことに雌グモの陰部はしばしば「汚物」か何だかわからないものでふさがれている。詳しく調べると、このゴミのようなものは雄の身体パーツでできていることが多い。正確には、触肢の先端だ。ウールによれば、クモは交尾後に雄が自分の生殖器の一部を切り離して相手の体内に残していく割合が非常に高いらしい。迷惑な置き土産としてではなく、あわてて逃走する際に事故が起きたからでもなく、自分が確実に父親となれるようにこんなことをするのだ。

クモの研究者の考えでは、このように触肢のかけらで雌の交尾器をふさぐことによって、次の求愛者による挿入の試みを阻止するらしい。そしてウールが言うには、クモがそのようなクモ式の貞操帯を使えるよう「前適応」できたのは、一つにはクモの雌が通常、受精と産卵のために別々の穴を備えているからである。なにしろ生殖器が交尾器を兼ねているほかの多くの動物と違って、雌が子を産むときにも、別の穴に入れられた交尾栓は邪魔にならない。確かに動物界のいたるところで交尾栓は見られるが、とりわけよく使っているのがクモである。

しかしウールは人差し指を立てて、目を輝かせる。「そうそう、私たちは『栓』と言ってますけど、いや、本当は栓なんかじゃないんです」と注釈する。たとえばクロゴケグモの場合、雌の生殖器内に残された触肢の先端によって、あとで現れる雄がこの雌と交尾するのが完全に阻止されるわけではない。というのは、雌の交尾器の内部に触肢の先端が最大で五つ残されているのが見つかることがある。このことから、最初の雄の「栓」があっても、それ以降の多数の雄がこの雌と交尾して触肢の先端を残すのをあきらめるわけではないということがわかるのだ。触肢は再生しないので、触肢の一部を失った雄は実質的に去勢されるに等しい。なのになぜ、ほかの雄の交尾を完全に阻止できるわけでもないのに、そんな自切行為に走るのか。この問いへの答えを求めて、ウールと指導学生のシュテファン・ネスラーと同僚のユッタ・シュナイダーは、ナガコガネグモの交尾栓の効果を研究している。

ナガコガネグモは、球形の巣をつくる驚異的なクモだ。外見上の最大の特徴である黒と黄色の横縞模様に加えて、八本の脚を二本ずつそろえたX字形にして巣の中にぶら下がる習性から、すぐにこのクモだとわかる。この大型のクモはもともと中央ヨーロッパを主たる生息地としていたが、近年はおそらく気候変動の影響で、イギリス、オランダ、デンマーク、ドイツ北部にも進出してきた。そんなわけで、ウールのような研究者がこの派手な種に対してこれまで以上に注目するようになった。

ウールは立ち上がってオフィスを横切り、研究プロジェクトに関する論文を探す。棚を調べ、山積みの書類をめくり、歌うようにため息をつく（「ああああ、ないわ。どうしましょう――あら、あったわ！」）。学生のレポートと発表済みの論文の抜き刷りを重ねたちょっとした山を抱えて戻ってくると、私の目の前でそれを扇状に広げる。ナガコガネグモの雄のペンチに似た触肢を接写したカラー写真を指差しながら、説明してくれる。雄は触肢で雌の交尾器をつかみ、雌の体の奥深くまで触肢を突っ込んで精液を注入する。それから〝ペンチ〟の一方の先端をあらかじめ決まっている分離点で切り離し、交尾後に雌の体内に自分の体の大きなかけらを置いていく。ウールたちはCTスキャンを使って、この仕組みを正確に解明したそうだ。

交尾の仕上げに自分を去勢することで雄にどんなメリットがあるのか突き止めようと、ウールのチームはまず草地に行って三〇〇匹近い未成熟な雄と雌を巣から採集した。実験室でそれぞれをプラスティック製のカップに入れて成長させるという方法で、交尾経験のない成熟した雄と雌を大量に準備した。それからアクリル樹脂製ケージの中で雄を雌の巣に放って、一部のクモにセックスの初体験をさせた。ナガコガネグモは、雄のほうが雌よりも体がかなり小さい。交尾するとき、雄は雌の体と巣のあいだにもぐり込み、それから互いの腹部を合わせて、自分の右触肢の中身を雌の右側の貯精嚢に移すか、または左触肢の中身を左側の貯精嚢に移すという儀式的動作をする。プロセス全体は通常ほんの数秒で完了する。このあと自然条件下では、雌が口器である鋏角で雄にかみつき、手早く糸で包んで食べる。こうして交尾は唐突に終わる。しかし実験室では、雄の触肢が取れて交尾が終わったらすぐに、研究者が雌の鉤爪から雄を奪い取って救出した。

　このようにして受精管の一本がふさがれた雌とふさがれていない雌を準備すると、今度は別の新たな雄の集団を取り出して一方の触肢を切断し、左か右の一方の触肢を失った雄の大群をつくった。これで巧妙な実験の舞台が整った。クモの交尾行動は非常に予測しやすく、雄は必ず右の触肢を雌の右側の受精管に挿入し、左側には決して挿入しない。そこで研究チームは、前の雄にふさがれた管とまだふさがれていない管のどちらに雄が残された触肢を挿入するか、性行為を操作することができた。次に、雄が雌の体内に触肢を入れておく時間を計った。精子を雌の体内へ注入するときには持続的なポンプ動作をするので、触肢が体内にとどまる時間が長いほど、注入される精子が多くなる。

　案の定、雌の交尾器をふさいでも次の雄の交尾を完全に阻止することはできないが、それを難しくすることはできるとわかった。すでにふさがった受精管に触肢を挿入させられた雄は、ふさがれていない穴に射精する雄と比べて触肢を管内に入れておく時間が半分にとどまった。つまり、ナガコガネグモの雄にとって、触肢の一部を雌の体内に置いてくることにメリットがあるというわけだ。あとから来る雄の触肢の挿入を阻止することはできないが、存分に射精するのを邪魔することはできる。したがって、雌の交尾器をうまくふさぐことのできる雄は、それができない雄よりも、それなりの報い

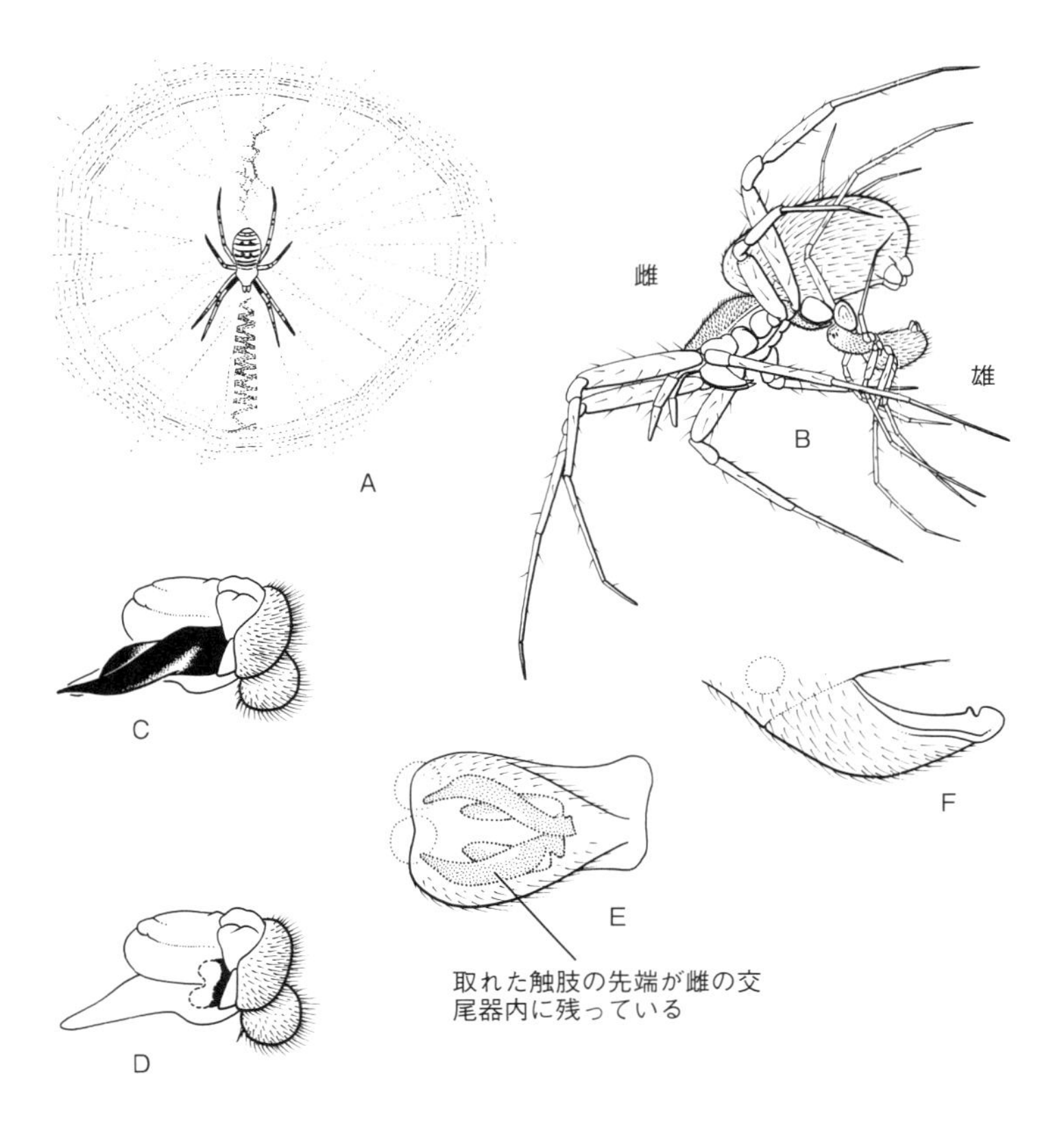

図 18　貞操帯。ナガコガネグモの大きな雌（A）が小さな雄と交尾すると（B)、雄の触肢の先端が１つ取れて雌の交尾器に残される。C は完全な触肢。D では一方の先端が取れている。E では取れた２つの先端が雌の交尾器をふさいでいる。F はそれを横から見た図。

を得る可能性が高くなる。多くの雄は触肢を失えばどうせ死んでしまうのだから、このような自己去勢をしても失うものは少なく、得られるものは多いのだ[5]。

ということは、どんな雄グモも性生活における余命は一般に短いが、これに雄どうしの激しい競争があいまって、クモが交尾栓の進化に前適応しているもう一つの理由が生じる。初めての交尾が最後にもなる可能性がこれほど高い場合、死後に展開する精子競争において自分を利するような布石を打つことで得られるメリットを考えれば、父親になれる可能性を確保する装置として自分の生殖器を利用するというのは、ささやかな犠牲にすぎない。

動き回りやすいようにと巨大な触肢の一方を自分でねじり切るティダルレン属のクモが第５章に登場したが、このクモも自己の犠牲のもと、交尾栓を採っている。残った一本の触肢は一度しか使えず、また雌に抱かれて死ぬのは確実なので、ティダルレン・アルゴは触肢全体を交尾栓として使う。それはこんなふうに機能する。雄が精子を雌の体内に送り込み始めるとすぐに、雌は雄の体をつかんでぐるぐると回転させ、やがて雌の体にしっかりと固定された触肢から雄の体が離れる。触肢は体から離れても数時間にわたって能動的に精子を雌の体内に送り続ける。雌に自分の体を食べられているあいだ、雄は自分の触肢のおかげで自分の精子が雌の体内に保たれ、ほかの雄は精液を加えることができないと信じて安心していられる。ティダルレンの奇妙な性生活の詳細を数多く発見してきた、オーストリアのインスブルック大学に所属するバルバラ・クノフラッハは、丸ごとの触肢でできた交尾栓の有効性を調べる実験を行なった。生殖孔に前の雄の触肢が刺さったままの雌のもとに新たな雄を送り込むと、多くの場合、交尾栓が残っている限り交尾できないということが判明した。

ちなみにティダルレンには、交尾栓に関してほかにも驚くべきことがいろいろある。クノフラッハは、ティダルレン・シシフォイデスという別の種でさらに極端な事例を発見した。触肢が一本だけのほうが二本あるよりも動きやすいということをマルガリータ・ラモスが証明したクモがいたが（第5章）、あれもティダルレン・シシフォイデスだった。この種では、雄が全身を貞操帯として使うということが判明したのだ！　交尾が始まったとたん、ちっぽけな雄は大きすぎる触肢をいそいそと働かせたかと思うと、体を硬直させて死ぬ。これで終わりだ。雌は雄を食べないが、交尾のあと死んだ恋人を何時間も交尾器につけたまま歩き回る。数時間後にようやく、交尾栓となった死体を外して捨てる。(6)

たいていの動物の雄は自分の生殖器を何度も使いたがるものなので、ペニスの一部や場合によっては全体を切断する必要のある交尾栓を進化させた動物は、クモ以外にはあまりいない。しかし、交尾栓をつくる方法はそれだけではない。たとえば一つの選択肢として、二液型接着剤を精液に加えるというやり方がある。

固体の精液

かつて、ある著名な動物学者がこんなことを言った。「新たに何かを発見したければ、ドイツの古い文献を見てはならない」（訳注　せっかく新発見をしたと思っても、ドイツの文献を見るとそれがすでに書かれているということ）。実際に中央ヨーロッパでは、歩くもの、這うもの、泳ぐもの、滑るものはすべて丹念に解剖してことこまかに記述するという伝統が古くからあって、接着剤に似た交尾栓の発見もいち早くなし遂げている。一八四七年、ライプツィヒの動物学者カール・ゲオルク・フリードリヒ・ルドルフ・ロイカルトは、自身がモルモットの雌の外陰部から初めて取り出したものを「膣栓」と命名した。[7]今ではよく知られているとおり、モルモットやそれ以外の齧歯類の多くでは、雄が射精するとすぐに精液の一部が雌の体内で固まって硬い栓となり、膣にぴったりと密着したまま数日間そこにとどまる。こうすることにより、発情周期の妊娠可能期間が残っていても、雄は雌の交尾器に侵入できなくなる。

齧歯類だけではない。昆虫、エビ、センチュウ、ヘビ、トカゲ、そして齧歯類以外の多くの哺乳類も、同様の交尾栓をつくる。[8]霊長類もその仲間だ。一九三〇年、オットー・L・ティンクルポーという科学者が、私たちに最も近縁の親戚であるチンパンジーも固形の精液栓をつくることを発見した。イェールの霊長類研究所に勤務していた彼は、先端のとがっていない洗浄器で雌のチンパンジー一頭の膣を毎日洗い流し、その排出液の塗布試験によってその雌と配偶者の性周期を調べていた。雌の発情期に再三、奇妙な硬い物質のかけらで洗浄器が詰まる、ということがあった。やがて彼は、長さ七センチで幅一・五センチの硬い固体の栓を雌の膣から取り出すことに成功した。ティンクルポーはこの件を扱った短い論文を《解剖学的記録》誌に発表し、「手袋の一本の指によく似た形をしている」と記している。

ティンクルポーの時代以来、霊長類学者は想像しうる限りあらゆるサルや類人猿の性生活を間近で観察することに熱中してきた。本書でもすでにいくつかの印象深い例が登場している。数十年にわたって性行為を詳細に調査して得られた成果の一つとして、多くの霊長類の種がつくる交尾栓のカタログと呼ぶべきものがあり、二〇〇二年にはサンディエゴ動物園のアラン・ディクソンとマシュー・アンダーソンがその集大成を発表した。私たちに最も近縁の親戚である大型類人猿でも、三種類の交尾栓が見られる。一つはチンパンジーやボノボの精液でできた指形の固体の交尾栓だ。二つめとしてオランウータンの場合は、凝固する精液は雌の膣内でひとかたまりの交尾栓とはならず、弾力のある多数の小球体となる。三つめのゴリラやヒトの場合には、形が定まらず柔らかいゼリー状の塊(かたまり)ができる。ディクソンとアンダーソンがリストアップした四〇種の霊長類すべてをこの三種類に分類すると、興味深いパターンが見つかった。雌が乱交であると知られている種のほうが、チンパンジー・ボノボ型の強固な交尾栓を形成する傾向があったのだ。このことは、交尾栓が哺乳類においても雄が精子競争で勝つための手段であることを示す確かなしるしだ。

しかし、液体の精液がなぜパテのような硬さに変わるのだろう。幸いにも、男性の生殖（不）能に関する数十年間の研究から、精液に含まれるさまざまなタンパク質、塩類、糖などの成分と、それらが合わさったときの作用について、非常に詳しい知見が得られている。ここで、哺乳類の雄の性機能を簡単におさらいしておこう。

ご存じのとおり、精巣でつくられた精細胞は未熟なうちに精巣上体に運ばれる。精巣上体とは、コイル状にきつく巻かれた管（ヒトの場合、まっすぐに伸ばしたら六メートルに達する！）が各精巣の奥に押し込まれて、ナメクジのような塊となったものだ。この六メートルの全長を進むあいだに精細胞は成熟し、精巣上体の尾部に蓄積して出動のときを待つ。オルガスムの寸前に、このぎっしりと詰まった成熟精細胞が貯蔵場所から絞り出され、細い管（輸精管）に押し込まれる。輸精管は膀胱のまわりを通ってから膀胱の後ろで精囊腺にぶつかる。精囊腺は左右の精巣から伸びる二本の輸精管の合流地点にあり、精液の液体部分のおよそ三分の二を分泌する。さらにさまざまなタンパク質を加える働きもある。そのタンパク質の一つがセメノゲリンと呼ばれるもので、この名前は覚えておいてほしい。

精液は、オルガスムの真っ最中に精囊腺の分泌物を受け取り、輸精管（ここから先は融合して一本の管になっている）を流れていき、次の腺である前立腺に行き着く。ここで前立腺が独自の液体をいくらか加える。この液体にはさまざまな成分が含まれており、その一つがトランスグルタミナーゼ４（ＴＧＭ４）と呼ばれる酵素である。ただしこの前立腺由来の成分が精液と混ざりあうことはなく、前立腺と輸精管（この部分になると射精管と呼ばれる）の壁の筋肉がきっちりと協調することによって、前立腺由来成分は精囊腺から分泌されるしずくの前を別個の波として進み続ける。最後に、精液の流れはカウパー腺という一対の小さな腺を通過する。この腺はオルガスムのだいぶ前から射精管内に透明な潤滑剤をせっせと分泌しており、その多くは精液の第一波がペニスの付け根でスピードを増すときにこの波に加えられ、例の〇・八秒間隔で起きる生殖器の痙攣（第４章で登場した）によって引き起こされる一連のパルスとして、いよいよ射出される。

生化学者は射精の間欠性を利用して精液の各しずくを別々のカップに採取し、その「画分精液」の成分を調べている。さまざまな腺が次々に寄与することにより、精液の最初の数滴には主に前立腺およびカウパー腺で分泌された精液（ＴＧＭ４を含む）と精細胞が含有されるのに対し、あとのしずくには精細胞が少ない一方で精囊液が多く、それゆえセメノゲリンが大量に含有されることがわかっている。ＴＧＭ４とセメノゲリンが膣に入って互いに接触すると、生化学的相互作用が始まる。あらゆるタンパク質と同様、セメノゲリンもアミノ酸の連なった長い鎖でできている。ＴＧＭ４はこの鎖から特異的に一種類のアミノ酸（グルタミン）だけを見つけ出し、近くにあるセメノゲリン分子に含まれるリシンという別のアミノ酸と結合させて、架橋された分子鎖からなる絡まったクモの巣状の網をつくる。これは私たちの皮膚に弾力性がもたらされるのと同じプロセスであり、また固体の交尾栓も形成される原理は同じだ。

セメノゲリンとＴＧＭ４が交尾栓を形成する時点まで接触すべきでないのは言うまでもない。雄の体内でこの二つの物質を二つの腺で別個に産生して貯蔵することになっているのはそういうわけだ。二液型接着剤の二つの成分のように、これらを混合するにはそれぞれの貯蔵場所から取り出す必要がある。セメノゲリンとＴＧＭ４を産生させる遺伝子は、すべての類人猿とヒトのＤＮＡに存在する。それならば、交尾栓の硬さに大きな違いがあるのはなぜなのだろう。その答えは、それらのＤＮＡの設計図の詳細な構造にある。

霊長類学者のサラ・キンガンは、まだブラウン大学の学部生だったとき、ヒト、チンパンジー、ゴリラにおけるセメノゲリン産生のＤＮＡコードに関する研究プロジェクトに取り組んだ。その結果、ゴリラのコードは大幅に変化しており、機能するタンパク質をつくらなくなっていることがわかった。また、ピッツバーグにあるデュケイン大学のサラ・カーナハンは、ＴＧＭ４についても同様の発見をした。これは理にかなっている。というのは、ゴリラの雄は雌を独占するので、ほかの雄と精子競争をする必要がほとんどなく、あったとしてもまれで、交尾栓は不要だからだ。ゴリラにおいて、進化にはいっさい悪影響をおよぼさずに、接着剤成分を無用なものにする突然変異が蓄積してきたのも不思議ではない。さらにカーナハンの発見によると、長期にわたる一雌一雄の関係を築く小型類人猿のフクロテナガザルも同様で、やはり精液中のタンパク質がライバルの精子に対抗する機能を失っていた。

しかしキンガンとカーナハンの発見によると、チンパンジー、ボノボ、オランウータン、ヒトでは事情が違い、精子競争のリスクはもっと大きい（私たちは人間が基本的に一夫一婦制だと思いたがるが、ヒトはフクロテナガザルよりもはるかに不貞なのだ）。これらの種では、接着剤成分をつくり出す遺伝子がまだ機能を維持している。それだけでなく、特にチンパンジーとボノボに顕著なのだが、ＤＮＡ配列を調べると急速な進化を物語る証拠が見つかる。これらの種ではセメノゲリン分子がはるかに大きくなっており、ＴＧＭ４によって形成されるリシンとグルタミン酸の結合が多くなり、そのためもっと堅固な交尾栓がつくられるわけである。しかし、話はまだ終わりではない。最近、雌側の事情も明らかになってきたのだ。といっても、ヒトではなくマウスの話である。

二〇一三年、南カリフォルニア大学のマシュー・ディーンは《ＰＬＯＳジェネティクス》誌に発表した論文で、マウスのノックアウトを用いて哺乳類の交尾栓の話に新たな解釈を加えた。「マウスのノックアウト」とは、アンフェアなボクシングの試合の話ではなく、実験用マウスのもつ特定の遺伝子を働かなくする遺伝学的研究手法である。遺伝子操作によって特定の遺伝子を欠損させたマウスの系統を作製する国際的な共同研究として「国際ノックアウトマウスコンソーシアム（ＩＫＭＣ）」（妙な名称だが笑わないように！）というプロジェクトまである。それらの遺伝子の多くについて、遺伝学者はノックアウトする方法はきちんとわかっていても、正確な機能はまだ解明できていない。特定の遺伝子をノックアウトするとどんな能力が損なわれるかを調べることによって、その遺伝子のもたらす機能を突き止めようというのが、ノックアウトマウスを作製する目的である。ディーンは、雄のTGM4ノックアウトマウスをIKMCから二匹入手し、実験室でノックアウトマウスの交尾成功度を正常マウスと比較する試験を行なった。

予想どおり、TGM4タンパク質を欠損したマウスの精液は雌の膣で凝固せず、交尾栓をきちんと形成することができなかった。しかしTGM4による交尾栓が形成されないと、ほかの雄との精子競争が起こりやすくなるだけでなく、それ以外の影響も生じると思われた。TGM4を含有しない精液を注入した場合、凝固する通常の精液と比べて雌の生殖管をさかのぼる精子の数が著しく少ないことがわかったのだ。つまり、交尾栓にはあとから来る雄を邪魔する働きに加えて、雌による精子排出を阻止する働きもあるのかもしれない。TGM4を欠損した精子は、輸卵管にたどり着いても受胎に至る確率が通常よりも低いということも判明した。ということは、交尾栓には雌による能動的な胎流産（第4章で触れた「ブルース効果」）を防ぐ働きもあるらしい。ディーンによれば、これは雄のペニスが膣から去ったあとも交尾栓によって雌の受ける「物理的刺激」が長く持続するせいかもしれない。

交尾栓とは、表面的には雄が雌に貞節を強いるために用いる数々の不愉快な手口の一つにすぎないように思われるが、実際にはもっと微妙な役割をもつのかもしれないということがここでも明らかになる。交尾栓があればあとから来る求愛者が精子を与えにくくなるのは確かだが、同時に精子排出を防ぐとともに交尾したペニスのもたらした感覚器への求愛行為の余韻も生じるのかもしれない。さらに、雄が自分の触肢を切り離して雌の生殖孔で貞操帯として機能させるのを雌が自ら助けるティダルレンというクモのところで見たとおり、雄が雌の生殖器をふさぐのに雌が協力することもある。

　リスの研究でも、交尾栓をめぐる雌の役割が受動的ではない可能性が示されている。動物学者のジョン・コプロフスキーは二年続けて冬になると毎朝、夜明け前に起床して、勤務先のカンザス大学の敷地内で二種の樹上性リスが行なう朝の交尾の儀式を観察した。冬の交尾期になると、そわそわしたようすの雄リスの群れが雌の巣の入り口付近でたむろし、寝ぼけ眼（まなこ）の雌が出てきたらすぐさま交尾しようと待ち構えている。双眼鏡ごしに交尾を観察したコプロフスキーは、半数以上で交尾が終わると雌が交尾栓（サイズと形状はタバコの吸殻とほぼ同じ）をかじって食べるか地面に投げ捨てることを知った。しかしそれ以外の場合は、一日ほどで交尾栓が自然に溶けるまで雌は喜んでこれを膣内に入れたままにするらしい。しっかりとした固体の交尾栓は、しばらく膣に入れておくにはよいものなのかもしれない。「物理的刺激」のためにせよ、あるいはちゃんとした交尾栓をつくれる雄を自分の息子の父親にしたいからにせよ……。

精液の化学作用

　もう少し精液の話にふけろうか。すでに見たとおり、ヒトにおいてさえ、この物質には目に見える以上の役割があり、混ぜ合わせると交尾栓のできるタンパク質を含んでいる。また、精子の燃料となる糖や、精細胞を膣内の酸性環境から保護するタンパク質、精子のＤＮＡを健全な状態に保つ亜鉛、時期尚早（じきしょうそう）な段階で精細胞ががんばりすぎないようにする化合物も含んでいる。

しかし、これらは膨大な成分リストの一端にすぎない。ヒトの精液には数百種類のタンパク質が含まれる（これらは一部の女性においては精液に対するアレルギー反応である「精子アレルギー」を引き起こす）[9]。こうしたタンパク質は量も少なくない。ほとんどはかなりの高濃度で存在するので、私たちが知らないだけで何か重要な役割を果たしているに違いない。あのちっぽけなキイロショウジョウバエの精液においてさえ、研究者は一三三種類ものタンパク質を同定している。一三三種類だ！　しかもこの数字には、精細胞自体に含まれるさまざまなタンパク質は入っていない。この一三三種類は、すべてショウジョウバエの前立腺に相当する器官で産生され、精液の液体部分に移行する。

ありがたいことに、ショウジョウバエは実験生物学者のためによく働いてくれるので、精液に含まれるタンパク質の果たす役割はかなり判明している。少なくともヒトの精液タンパク質についてよりわかっていることは多い[10]。第一に、これらのタンパク質を受け渡しする交尾器と同じく、タンパク質自体も急速に進化している。カナダのハミルトンにあるマクマスター大学のラマ・シンは、さまざまな種のショウジョウバエのもつ精液タンパク質の組成を研究しており、ショウジョウバエの進化系統樹の枝ごとにそれらの遺伝子のＤＮＡコードが機能は維持しながら絶えず急速に変化していることを発見した。シンによれば、「わかっている限り最も進化の速いタンパク質」である。そしてそれだけ急激に進化しているというのは、精液タンパク質が性淘汰によって絶えず振り回されていることを示す確かな証拠でもある[11]。

ショウジョウバエの研究者は、この生化学的カクテルの成分の一部がある種の神経心理学的操作に関与するということに強い確信を抱いている。それらの成分は雌の性的欲求を遮断することでホルモン系を乗っ取り、精液を受け取ってから最大数日間はまったく雄なしで過ごさせる。精液を注入されたばかりの雌は求愛者を蹴飛ばすようになり、しつこく攻め立てられると産卵管を長く伸ばして精子が膣に到達するのを阻害する。さらには自分の魅力を損ねる臭いを発散させさえする。これらの行動は、血中に入った精液成分によって誘発される。通常、雌は一度に産む卵の父親が複数であることを好む。健全な遺伝的多様性をもたらせるからだ。ところが雄は、卵の受精に使う混合物にほかの雄の精子を加えるという雌の決定権を奪うことによって、精子競争を阻止することができる。このプロセスは、精神的な交尾栓を残すに等しい。

こうした「性欲抑制」効果をもつ物質の一つが、性ペプチドである。これは膣壁を通過して血中に移行できるほど小さなタンパク質分子で、雄の交尾器のそばにある腺で産生される。精液中に存在するが、精細胞の尾部にも付着している。精液中に遊離する性ペプチドは、すばやく仕事をこなす。交尾が完全に終わらないうちに膣壁を通り抜けて血中に入り、数分以内に脳付近の受容体に付着し始めて、ほかの雄に対する関心を低下させる。最大で七時間、最初に注入された性ペプチドの作用で雌は雄に冷淡な態度をとる。その後、精子の尾部に付着した性ペプチドが遊離し始め、性欲抑制剤の絶え間ない静脈内点滴として一週間ほど作用し続ける。これは精子がほかの雄の精子に邪魔されず、自由にふるまうのに十分な時間だ[12]。

性ペプチドは、ショウジョウバエの雌が雄と交尾するたびに受け取る精液に含まれるさまざまな化合物の一つにすぎない。では、ほかの化合物はどんな役割を果たすのか。ほかの昆虫の研究から、それらの物質に遂行できる仕事がいくらかわかりそうだ。たとえばネオピロクロア・フラベルラタというアメリカ原産の甲虫の精液には、カンタリジンという有毒物質が含まれている。人間の世界では催淫剤「スパニッシュフライ」として悪名の高い物質だが、この甲虫の雄が得るメリットは交尾相手の性的興奮が高まることではなく、自分の精子で受精した卵にこの物質が入り、テントウムシに食べられないように保護するという効果である。また、アメリカタバコガの雄がＰＳＰ１というタンパク質を交尾相手に注入すると、フェロモンの産生がただちに止まる。そうすると、この雌はほかの雄（全面的に嗅覚に頼る）に見つからなくなる。さらに、ナガヒメダニというマダニの例がある。信じられないかもしれないが、ナガヒメダニの雄は交尾器からソーダ瓶のような精包を産出し、口でキャップをかみ切ると、瓶の首の部分を先にして雌の膣に突っ込む。精包内で炭酸の泡が生じ、精子やその他の含有物が雌の体内に押し出される。含有物のうち少なくとも一つは、雌の産卵率を上げる化合物である。ということは、これらの精子を父親とする子が多くなる可能性がある。[13]

　このリストを見ると、ヒトの精液に含まれるさまざまなタンパク質のなかにも同様に相手を操作する効果をもつものがあるのだろうかという疑問が生じる。そのようなものがあるということになれば、次に挙げるゴードン・ギャラップとレベッカ・バーチの研究結果に説明がつけられるかもしれない。第６章ではこの二人が人工精液を入れたラテックス製の膣に人工ペニスを挿入するもようを紹介したが、それとは別の研究で、二人は三〇〇人ほどの女子学生にセックスとメンタルヘルスに関する質問票に回答させた。その結果、常にコンドームを使う女性、つまり精液中のタンパク質の影響を受けない女性のほうが、コンドームをまったく使わない女性と比べてうつ関連症状のスコアが五〇パーセント近く高いことがわかった。このことから、精液中の物質が女性の神経系に干渉すると言えるかもしれない（ただし証明されるわけではない）[14]。また、妊娠中にコンドームをつけずにパートナーとセックスした妊婦は、コンドームを使った妊婦よりも子癇前症と呼ばれる症状を起こしにくいことを示す証拠もある。子癇前症とは胎児によって誘発される母体の炎症（簡単に言えば、母親が自分の子に対してアレルギーを起こす）なので、この調査結果から、精液中の物質が女性の免疫系調節機能の一部を乗っ取るのだと言えるかもしれない[15]。

どうやら精液には操作性物質が豊富に含まれているらしい。雄が雌の生殖系を利用して、雌の生殖の自律性を奪おうとし、潜在的な将来の競争相手に対しても進化によって研ぎすまされた攻撃性を振るって、化学戦を繰り広げるのだ。しかしこのように精液を魔法のカクテルととらえるのは、あまりにも偏った見方かもしれない。なにしろこれらの精液成分がきちんと役割を果たすには、雌の交尾器の壁を通過して血中に入る必要があるのだ。ごく小さな分子なら自力で可能かもしれないが、大きなタンパク質分子は雌の組織のすきまを通過することができないので、雌の助けが必要となる。たとえばゴムフォケルス・ルフスという赤褐色のバッタを見てみよう。研究者が雄の生殖腺から採取した物質を雌の血中に直接注入したところ、何も起こらなかった。ところが雌の貯精嚢に注入すると、ただちに雌は接近してくる雄をことごとく蹴飛ばしてはねつけるようになった。研究者はこの行動が精液に由来する物質のせいだと判断した。貯精嚢の壁に生えたとげに存在する受容体にこの物質が付着し、それによって生理的反応が生じてこの興奮性行動が起きる。つまり、雌はこうしたいわゆる操作性物質の作用を自ら媒介しているに違いない。それならば、これらの精液成分の多くが携わっているのは、化学戦というよりむしろ化学コミュニケーションということになる。雄のタンパク質が雌の生理機能を活性化させるには、雌の細胞装置が分子の弁を開けてやる必要がある。やはり雌の裁量が鍵となるのだ[16]。

しかしこのような分子レベルでも、化学的な「ノー」の返答を受け入れようとしない雄がいる。イエバエがその一例だ。このあまりにもなじみ深い昆虫は、おそらく読者も二匹が壁で交尾しているのを否が応でも目撃したことがあるくらいどこにでもいる。交尾の際、雌は放心状態で両前肢をこすり合わせている。次にそういう場面を目撃する機会が来たら想像してほしいのだが、じつはこんなことが行なわれている。交尾の開始から数分以内に、雄が雌の膣に精液を注入すると、膣にある小さな袋がその液体を受け止める。交尾開始から一〇分後、精液に含まれる侵食性の化合物が膣壁に穴を開け始める。細胞で構成される薄い層が破れ、精液が雌の血中に漏入し始める。これが少なくとも三〇分続き、そのころには膣壁に大きな穴がいくつも開き、精液が雌の血中に吸収され、性欲抑制性のタンパク質が作用し始める。ここで雄は飛び立ち、雌は性欲を失った状態がそれから少なくとも三週間は続く[17]（巻いた新聞紙で叩き殺されない限り）。

侵食性の化合物、精神に作用する分子、破壊的な物質……あらゆる動物において、雄の精液は無害どころではない成分を含んでいるらしい。雌の体に対して、それらの化学物質による襲撃はどんな影響をもたらすのだろう。雄が与える薬物はすべて、パートナーの健康にとって危険なのだろうか。実際、一部の動物では精液が雌の健康に悲惨な影響をおよぼすことがある。一九九五年、イギリスのトレイシー・チャップマンとリンダ・パートリッジという二人の進化遺伝学者が、ショウジョウバエの雄の精液に雌を何度も接触させると雌の寿命が二〇パーセント短くなることを発見した。二人は遺伝子操作により精子は産生できるが精液タンパク質はまったく産生できない雄を作製し、これと通常の雄の与える影響を比較するという方法でこの事実を証明した。遺伝子操作された雄と交尾した雌は四〇日以上生存したのに対し、雄の化学攻撃に耐えることを余儀なくされた雌はほとんどが第四週までに絶命した。

雄の精液中を漂う物質に毒性があるというのは、矛盾した話に聞こえる。雄が自分の子を産んでくれる雌の健康を危険にさらすのはなぜなのか。アルベルト・チベッタとアンドリュー・クラークという研究者がその答えを出した。二人が発見したのは、ショウジョウバエのなかには遺伝的にほかの雄より有害な精液をもつ雄がいるということだった[18]。そのような雄は、父親になる成功率も高い。つまり、精液の毒性が強ければ強いほど、そこに含まれる精細胞で卵を受精させることに成功しやすいのだ。このように、特にたちの悪い精液をもつ雄は交尾相手を破滅させる究極の原因となるにもかかわらず、繁殖においてメリットを手にすることができる。しかし雌の側も、手をこまねいているわけではない。ショウジョウバエと同じく雌にやさしくない物質を精液にたっぷり含んでいるマメゾウムシの場合、一部の雌はほかの雌と比べて毒性作用に対する遺伝的免疫が発達している[19]。

精液タンパク質の毒性に変異をもたらす雄の遺伝子と、その毒性に対する感受性に変異をもたらす雌の遺伝子により、急速な進化スパイラルの発動する舞台が整う。ここでは両性が自分にとって最も有利になるように、精液に対応して絶えず進化していく。そしてベイトマンが示したとおり、両者の利益は一致しない。やや長いタイムスケールで見ると、その結果は進化のタンゴのようなもので、雄がステップを踏み出す（操作性タンパク質Ｘを精液に加える）たびに、それに対して雌が次のステップを踏み込んでくる（Xに対する解毒剤を進化させる）。このことから、ショウジョウバエの精液タンパク質が進化の高速レーンに乗っているという、ラマ・シンによる発見が説明できる。それらのタンパク質の設計図を変更して適応させよというプレッシャーが常に存在するからなのだ。このことは、ショウジョウバエだけでなくたいていの動物にあてはまる。

しかし、雄が精液に添加するのにもっと有効なタンパク質を進化させるだけでなく、その精液を雌に与えるのにもっと効果的な方法も進化させたらどうなるだろう。そのとき、まさにとげが雌を襲う。

愛は痛みを伴うもの

「では、このへんで」。ガブリエレ・ウールは棚から引っ張り出した最後の学生レポートをぱたんと閉じると、本や論文の抜き刷りやクモのアルコール標本が雑然と集まった山に加えた。インタビューのあいだ、この山はウールの机の上で高くなっていった。ナガコガネグモの交尾栓から、イエユウレイグモの交尾中に雌の心に起きることへと、話題はあちこちに飛び、途中でクモなどの精液の粘度にも話はおよんだ。会話が途切れがちになってきたころ、ドアがノックされ、ウールの夫で甲虫マニアのミヒャエル・シュミットがさっそうと入ってきた。私の手をさっと強く握ると、部屋の隅に置かれたデスクチェアに腰を下ろした。「彼は学生の試験をしなくてはいけなかったんです」と言ってウールはウィンクする。「それなのに、開始時間の直前まで忘れていたんですよ」

シュミットは紅茶を飲んで一息つくと立ち上がり、コートをつかんで私を階下の研究室へ連れていった。とげで覆われた甲虫のペニスについて語りあう約束をしていたのだ。

書棚に囲まれた居心地のよい研究室で、シュミットはいろいろなものを見せてくれた。そのなかに、彼の指導学生ラッセ・フープヴェーバーの書いたカミキリムシのペニスに関する論文があった。[20] 前に見たとおり（ルネ・ジャネルと彼の洞窟性甲虫を取り上げたところで）、甲虫のペニスは通常、丈夫な袋状の構造物となっていて、中に入っている膨張可能な内袋を外に出すことができる。カミキリムシも例外ではない。洞窟性甲虫と同様、カミキリムシのペニスの内袋は見るからに痛そうなとげと刺毛で覆われている。フープヴェーバーの論文に掲載された電子顕微鏡写真には、空想の余地などほとんどない。優美なヨーロッパ原産種のホクチチビハナカミキリのペニスには、サメの歯に似た後ろ向きのとげが何列も並んでいる。東南アジア原産で白と黒の体をしたクロロフォルス・スマトレンシスは、外向きの硬い歯のついた不気味な石目やすりのような管を突き出す。「なかなか見事でしょう」とシュミットが言う。

もちろん、ペニスにとげがあるのはカミキリムシや洞窟性甲虫だけではない。ほかにも多くの甲虫に同様のとげはあるし、ショウジョウバエ、クロバエ、トビケラといったハエの仲間にもある。もっと大きな動物にもあり、本書でこれまでに登場したものではハネジネズミ、齧歯類、カモのペニスにとげがあった。さらにヘビは二つのペニスを誇るが、中世の兵士が使った鉾槍の握りのような突起に多数の歯が刻まれ、赤や濃紫色の突起が美しく魅惑的に並んだペニスをもつものがいる。シモフリアカコウモリのペニスの亀頭には、亀頭そのものよりも長い針がついている。そして「カルトロプ・コルヌティ（角状の鉄菱）」という謎めいているがぴったりな名前のパーツがペニスについたガもいる。これは戦の際に追ってくる敵軍の速度を落とすために地面にばらまく鉄菱と似た形の、星状に枝分か

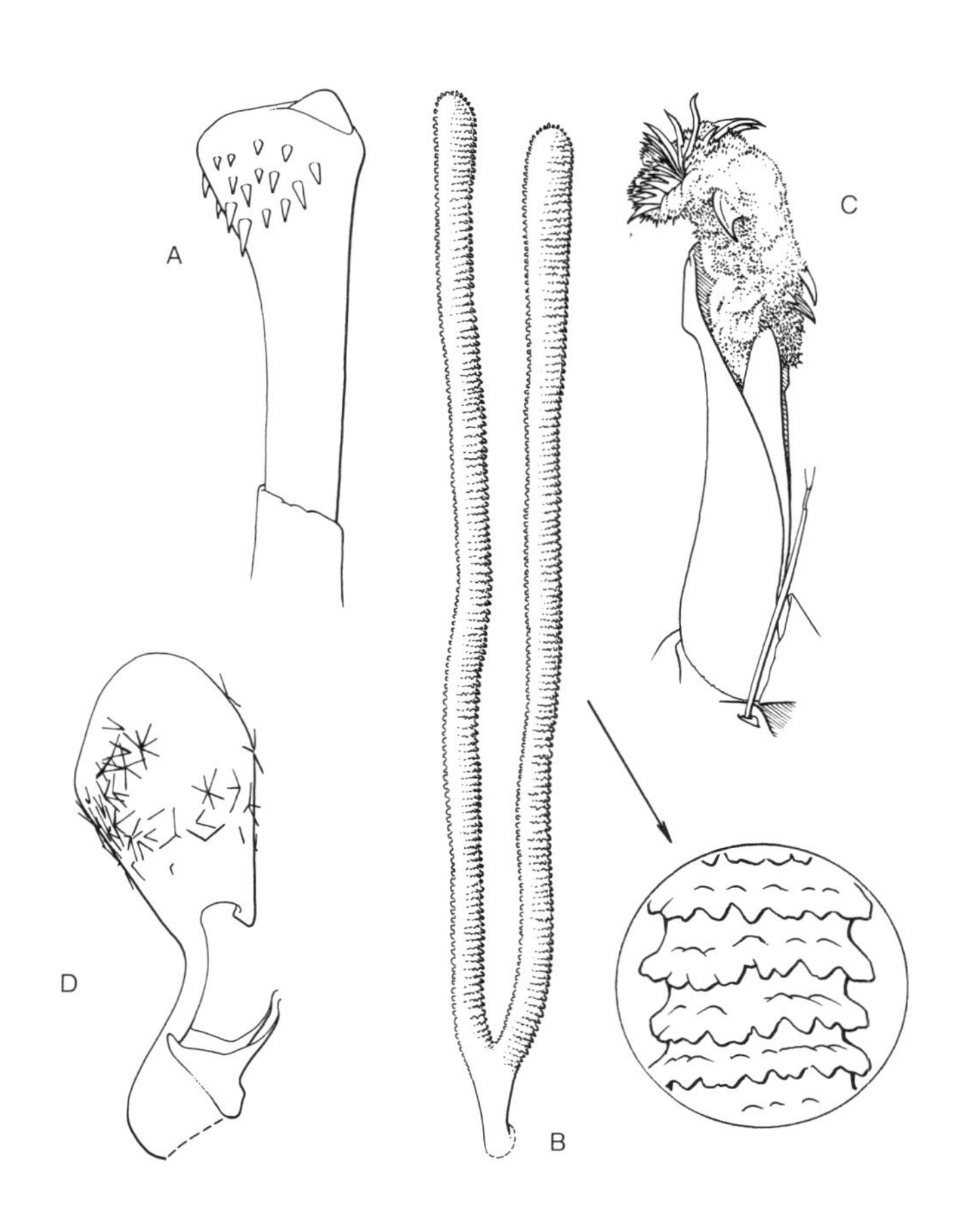

図19　痛っ！　とげに覆われたペニスは動物界のいたるところで見られる。たとえばガラゴ（A）、キングコブラ（B）、甲虫（C）、カルトロプ・コルヌティをもつガ（D）のペニス。

れした刺毛で、交尾中にペニスから取れて雌の生殖器内にとどまる[21]。

カルトロプ・コルヌティがどんな邪悪な目的のためにあるのかはわからないが、マメゾウムシなどのペニスについているもっと平凡なとげの用途を知りたければ、ウプサラ大学のスウェーデン人研究者、ヨーラン・アーンクヴィストに尋ねるのが一番だ。

私がアーンクヴィストに初めて会ったのは、フローニンゲン大学の狭くて人の多いセミナー室だった[22]。二人とも、性淘汰をテーマとしたシンポジウムに出席していた。彼は細身で愛想がよく、鋭い顔つきで、あごにヤギひげをちょこんと生やし、左耳にはピアスをつけていた。トイレブラシのようなマメゾウムシのペニスの写真を見せて、「いかにも忌まわしげだし、実際に忌まわしい。でもおもしろい構造物です！」と打ち明けた。アメンボとコクヌストモドキから研究を始めて、ときにはトコジラミや鳥類も対象としてきたアーンクヴィストは二〇〇二年以来、ヨツモンマメゾウムシの交尾器の研究に多くの時間を費やしている。とげで覆われたペニスをもつ甲虫類はほかにもたくさんいるが、それらと比べてこの種に特別なところがあるわけではない。マメゾウムシは実験室で飼育するのがきわめて容易だという、それだけの理由だ。乾燥した緑豆をペトリ皿に入れて定期的に与えれば、ウサギのようにどんどん繁殖する。

アーンクヴィストがマメゾウムシの研究を始める数年前の二〇〇〇年、マイク・シヴァ＝ジョシー（外傷的精子注入のところで登場した）の指導学生ヘレン・クラジントンが、すでにマメゾウムシの生殖器に関する論文を《ネイチャー》に発表していた[23]。とげの真の目的を解明するために、交尾中のペアに液体窒素をかけて凍結した交尾器を解剖した。その結果、とげは相手をくすぐる無害なおもちャなどではないことがわかった。膣壁を突き刺すので、何回か交尾した雌にはたくさんの小さな傷が残る。よって当然ながら、雄がこの拷問具をあまりにも長く雌の体内に保持すれば、雌は相手を蹴飛ばそうとする。クラジントンが雌の後ろ脚を接着剤で固定して蹴飛ばせないようにすると、交尾時間は通常の雌の二倍に伸び、膣内の傷も二倍に増えた。

クラジントンとシヴァ＝ジョシーは、このように膣に穴を開けるペニスのとげの進化について、二つの説明を考えた。一つめは、膣内の傷の痛みによって、雌が今後現れる雄を拒む決意を強くするのではないかという説である。これはすでに傷を負わせた雄にとってはメリットとなるはずだ。もう一つのもっと興味深い可能性として、とげによって生じた穴から精液中の操作性物質が雌の血流中に直接入り込むということも考えられる。

二つの可能性のどちらが正しいか決めかねたクラジントンとシヴァ＝ジョシーは判断を保留したが、数年後にアーンクヴィストがこの問題に切り込んだ――まさに文字どおりに。同僚のテッド・モローおよびスコット・ピトニックとともに、マメゾウムシを含む数種の昆虫を用いて実験を行ない、雌に「交尾後に亜致死性の傷」を負わせたのである。[24] これは婉曲な言い方ながら、要は科学研究の名のもとで正当化される昆虫いじめにほかならない。彼らの実験とはこういうものだ。雄が雌の体から降りたらすぐ、研究者は極細の針の先で雌の胸部と膣を刺して傷つけた。そして雌がこの痛みを伴う経験に懲りて、それ以降は性交渉をいやがるか観察した。その結果、ペニスにとげがあるかないかにかかわらず、いずれの種の雌も性交渉をいやがらないことがわかった。むしろ雌は傷を負っていない場合よりもすぐに次の交尾をした。

一つめの仮説を棄却したアーンクヴィストのチームは、もう一つの説に目を向けた。ペニスのとげのおかげで精液の成分が雌の血中に入りやすくなるというものだ。それから数年間、彼ら（特に大学院生のコーシマ・ホツィー）は複雑な実験を行ない、イエバエの精液に含まれる組織侵食物質と同様、とげは雌の分厚い膣壁に穴を開けて雄の精液の通り道をつくる役割を果たすということを証明した。これを突き止めた手法は圧巻だった。まず雄に放射線を照射して、放射性の精液を射出するようにした。この雄を放射性でない雌と交尾させると、放射性物質が雌の膣内から血中へ移行するのが観察できた。ここまでは問題はない。精液が雌の血中に移行していたということだ。次に、とげがこれを引き起こしているということを示す必要があった。チームはそのために、レーザーガン込みでミシャル・ポラクを雇った[25]。

シンシナティ大学のポラク博士の部屋には、世界で一つしかないというきわめて高精度のマイクロレーザーがある。「すばらしい装置です」とアーンクヴィストは言う[26]。ポラクは昆虫学界のドクター・イーブル（訳注　映画〈オースティン・パワーズ〉シリーズに登場する「悪の帝王」）さながら、顕微鏡下のごく小さな手術台になすすべもなくうつぶせで固定された昆虫にレーザービームの狙いを定める。レーザービームは非常に細く、きわめて高精度の操作が可能なので、毛を一本だけ狙い撃ちすることさえやってのける。ペニスのとげ一本を照射することもできるわけだ[27]。「ピュン、ドキューン！」と、アーンクヴィストはレーザービームの怪しげな物まねをする。「すごいんです。本当にすごい」。彼は指導学生が体長三ミリのマメゾウムシに麻酔をかけて、ペニスを押し出して長さ〇・〇五ミリのとげを採取したときのことを思い出すと、今でもわれを忘れてしまうらしい。

このようにしてすべての雄に対して顕微手術を行なったチームは、ペニスからとげを三〇本除去した場合には一〇本除去した場合と比べて交尾の持続時間と精液の射出量は変わらないが、雌の膣に生じる傷は少なく、膣壁から血中に入る精液の量が著しく少なくなることを証明した。最後に、チームはこれによって雄の子の数に影響が生じることも示した。残っているとげが多いほうが、たくさんの子の父親になることができるのだ。だめ押しとして、チームは違った雄を用いて実験をもう一度行ない、生まれつきとげの長い雄と短い雄を比較した。やはり、長いとげをもつ雄のほうが繁殖成功度が高いことがわかった。

この結果から言えることははっきりしている。マメゾウムシがとげに覆われたペニスを進化させたのはおそらく、そのほうが精液中のタンパク質が雌のホルモン系の化学的機構の中に直接侵入しやすく、それによって雌をほかの雄と交尾しにくくするか、あるいはなんらかの別の方法で自分に都合よく雌の性生活を乗っ取ることができるからだ。だからといって、この世界であまねくペニスのとげが進化したわけではない。また、初期のヒトがペニスのとげを失った理由も、この説では説明できない。

なめらかなペニスをもつヒトは、霊長類では少数派に属する。類人猿、サル、メガネザル、キツネザル、ガラゴ、ロリスのほとんどの種では、ペニスの亀頭か場合によってはペニスの軸全体に頑丈な短いとげが生えている。私たちにとって近縁のチンパンジーさえ、股間にそのようなものがある。とげは皮膚が成長して短い釘のような形になったもので、多くの霊長類ではきわめて小さいが、なかには目をみはるようなものもある。たとえばガラゴがその例だ。

ガラゴはグレムリンに似たアフリカ原産の小型夜行性霊長類で、夜に森でむせび泣くような鳴き声を発することから、ブッシュベイビーとも呼ばれる。ほとんどの種は小さく、体重はわずか数百グラムで、目と鼻が大きく、一生の多くをアフリカ大陸の森林で木の幹にしがみついて過ごす。ほんの数十年前まで、動物学者はガラゴ属の種はせいぜい七つだと考えていた。ところが今ではその数が四〇となり、まだ増え続けている。新種のほとんどは雨林を広範に探索して発見されたのではなく、既知の種の股間をじっと観察することで発見された。すでによく知られている種の中に、じつはたくさんの新種が隠れていたのだ。

ガラゴの雄の生殖器は、分類学者にとって金鉱となった。新たに発見されたブッシュベイビーの多くは、毛皮で覆われた外見はよく似ているが、ペニスを見ると違いがある。皮膚の模様、亀頭の形状とサイズ、陰茎骨の長さと形態——これらの特徴すべてがガラゴの種を区別する助けとなったが、なかでも最大の特徴がペニスのとげだ。たいていのガラゴのペニスにはとげがあるが、わずか数分の一ミリという短いとげをもつものがいる一方で、一九九七年に発見された絶滅危惧種のロンドコビトガラゴなどは、長さが最大で三ミリに達するまがまがしい後ろ向きの歯がたくさんついている。全長がかろうじて二センチという細い棍棒形のペニスにしては、ずいぶん巨大なとげだ。とげの長さだけでなく、形状にも違いがある。霊長類の交尾栓の分類方法を考案した人物として本章に登場したアラン・ディクソンは、ガラゴのペニスに生えているあらゆるタイプのとげを列挙し、三つのタイプに分類している。タイプ1は細くて短いとげ、タイプ2は長くて付け根のほうが太くなっているとげ、タイプ3は（驚くなかれ）枝分かれしたとげだ。[28]

残念なことに、これらの霊長類のペニスに生えたとげがマメゾウムシのとげと同じ機能を果たすのかはまだわかっていない。一見したところ、霊長類の場合も膣壁の皮膚にとげで穴を開けて精液タンパク質を雌の血中に送り込めるようにするという可能性は高そうだ。とげで覆われたペニスをもつ齧歯類では、交尾を二回ほどすると膣の皮がひどくすりむけて、雌はそれ以上のセックスを拒むことが知られている。[29]

この問題の答えに、アラン・ディクソンが肉迫したのだ。一九九一年、彼が《生理学と行動学》誌に発表した、中南米原産の小型樹上性霊長類であるマーモセットを使ったペニスのとげ除去実験について報告する論文がある。ディクソンは、アーンクヴィストがマメゾウムシの実験で使ったマイクロレーザーは使わず、手軽な市販の脱毛クリームを使用した。とげは体毛と同じくケラチンでできているので、脱毛クリームを使えば顔面などの不要な毛と同じようにペニスのとげも除去できるのである。この結果、とげを失った雄はとげのある雄と比べて、雌にマウントしてから膣を見つけるのに苦労した。このことから彼は、とげには感覚機能があるのではないかと推測した。[30]残念ながら、彼は雌への作用は調べていないので、とげが精子競争においても重要な役割を担うのかについてはまだわからない。

ちなみに遺伝学者は、さほど遠くない昔に私たちの直接の祖先もペニスにとげがあったに違いないことを突き止めている。スタンフォード大学のデイヴィッド・キングズリーの率いる生物学者および生物情報学者のチームが、マウス、ヒト、チンパンジーのゲノムを比較したところ、マウスとチンパンジーにはペニスにケラチンのとげを生じさせる遺伝子をコントロールするスイッチがあるのに、ヒトにはこれを含む長いＤＮＡ配列がないことがわかった。[31]おそらくヒトとチンパンジーの共通祖先からヒトに至る進化の道のりのどこかで、このＤＮＡが消滅したのだろう。男性のおよそ二〇パーセントには亀頭の縁を取り囲む柔らかい「真珠様陰茎小丘疹」があるが、これは私たちの祖先がかつてもっていたペニスのとげの名残ではないかと考える人もいる。しかしキングズリーの考えでは、その可能性は低い。第一に、陰茎小丘疹の有無にかかわらず、とげを生み出すＤＮＡスイッチはどの男性にも存在しない、と彼はウェブサイトで述べている。そして第二に、ほかの霊長類のもつ硬いとげとは違い、陰茎小丘疹は柔らかいこぶなのだ。[32]

　ほかの霊長類におけるペニスのとげの機能については、答えは手に入りそうだ。勇猛果敢な霊長類学者が薬局で脱毛剤を買って、この問題に挑む日も遠くはないだろう。ついでにヒトがとげを失った理由も明らかにしてくれるかもしれない。

　霊長類、昆虫、その他のいわゆる「雌雄異体」（一つの個体が雄と雌のうちいずれか一方の性だけをもつ）動物の交尾器の進化をめぐるツアーは、これで終わりだ。雄の生殖器がときには邪悪な精液の助けを借りて、穏やかな説得からまぎれもない強要に至るまでありとあらゆることをやってのけるということがわかった。同様に、雌の陰部も受動的な穴ではなく高度な分別装置であり、名乗りを上げてきた雄のなかで最良の雄を選ぶ一方で、交尾相手による操作よりも一枚上手を行こうとする。

　とはいえ、私たちの物語はまだ終わっていない。生殖器をもち交尾する動物がすべて雌雄異体というわけではないからだ。さらに先へ進むが、準備はいいだろうか。最終章では、性に関するあらゆる仕事をこなす何でも屋、雌雄同体動物に目を向ける。雌雄同体動物は、雄と雌の両方となり、卵と精子をつくり、受精し受精されるための手段を備えている。では、それらの交尾器の進化についてはどんなことが期待できるのか。それは妥協の縮図ではないのか。いや、じつはその逆なのだ。では、見てみよう。

第8章　性のアンビバレンス

ビデオ画面上で、デロケラス・プラエコクスというナメクジが二匹で交尾している。互いのまわりを這い始めてから二分以上が経過した。舌のようなもので互いの体をけだるそうになめあっている。ヨーリス・クーネの軟体動物解剖学を受講する学生のうち数人が、ぼんやりとよそ見をしだした。ナメクジのすごいセックスを見せてくれると言っていたのに、約束が違うではないか！　しかしこのとき、クーネが静かに告げる。「ここからだ」。あくびをしている者も含めて四〇人の目の前で、穏やかに交尾していた二匹のナメクジが、いきなり何の前触れもなく、ナメクジ離れしたすばやさで、それぞれの生殖孔から青白い巨大な塊（かたまり）を噴出した。同じ生殖孔から今度は複数の指のようなもののついた繊細で半透明な器官が飛び出てくる。学生がいっせいに驚嘆の叫びを上げる。手袋のような形をしたものがそれぞれの交尾相手の背中に触れてから下りてきて、先ほどの塊を付着させると、出現したときとほぼ同じようにすばやく、まったく同時に引っ込む。まるで漁師の投網（とあみ）のようだ。これですべてが終わった。一瞬のうちに二つの白い塊を交換し、それぞれの右頭の後ろにある生殖孔に生殖にかかわるものをすべてきちんとしまうと、二匹は離れて別々の方向へ這っていった。「さて、今のは何だろう」とクーネが言う[1][2]。

学生たちが見たのはもちろん、同時的雌雄同体動物の生殖器の不思議な世界から切り取った一コマにすぎない。たいていの陸生軟体動物や多くの扁形動物およびミミズ、それにもっと地味なタイプの多くの動物と同じく、ナメクジも同時に雄と雌の両性を備える。精子と卵をつくり、ペニスと膣をもち、必要な管も備え、ナメクジどうしで交尾して互いの卵を受精させるときにはペニスと膣の両方を同時に使用する（たいていの雌雄同体動物は、強要されない限り、自分で自分を受精させるという究極のナルシシズムにふけることはない。自己受精を避けるために、小さな「コンドーム」に精子を入れる種さえある[3]）。相互受精、すなわち双方向の交尾については見事な動画がいくつか撮影されている。たとえばヨーリス・クーネが学生に見せたのは、ドイツのナメクジ研究者ハイケ・ライゼが撮影したものだ。同様の動画が、分類学者と進化生物学者を隔てる障壁に、じわじわと風穴を開けつつある。

分類学者は雌雄異体動物に対するときと変わらぬ熱心な姿勢で、雌雄同体動物の交尾器の探究に臨んできた。デロケラス・プラエコクスのペニスについた指状の突起はよく知られているが、それは一九六〇年代にポーランドの分類学者アンジェイ・ヴィクトルがこの種を発見して命名したときに、当然この突起も記録したからだ[4]。デロケラス属には一〇〇ほどの種があり、そのほとんどはアジア、ヨーロッパ、北米の全域に生息し、外見上は互いにそっくりで、当たり前だがナメクジらしい姿をしている。どれも一方の端が細く、中間が少し太くなり、もう一方の端が再び細くなっている。ところが

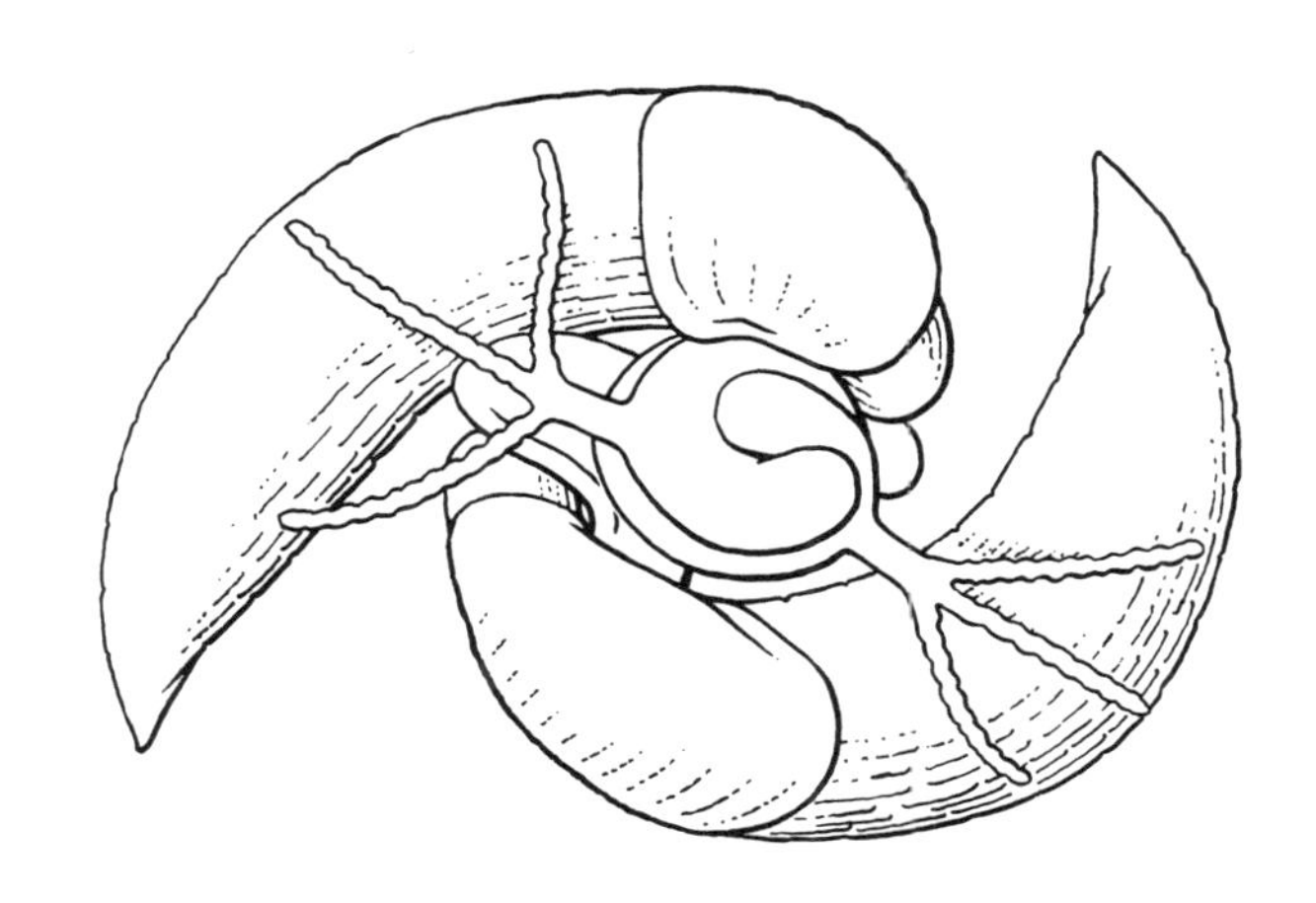

図 20　双方の合意。雌雄同体のナメクジ、デロケラス・プラエコクスが相互に精子を注入しようとしているところ。複数の指状構造物の生えた腺を相手の背中に伸ばすと、おそらくその腺に含まれているホルモン様物質により、相手の精子を受け入れる気持ちが高まる。

ペニスは種によってすべて異なる。それどころか、この複雑な構造物を呼ぶのに「ペニス」という言葉はいささか単純すぎる。そこでデロケラス属の専門家は「ペニス複合体」と呼ぶのを好む。

もちろん、ペニス複合体にはペニスがある。安静時にはちっぽけだが、興奮すると体長の半分近くまで一気に膨張する。ペニスは通常単純な棒状ではなく、嚢や指状の延長部を備えている。これらの付属物には役割があり、ナメクジは自分の精子を交尾相手のペニスの先端に移し（このペニス対ペニスの交尾については、本章でのちほど取り上げる）、交尾相手の精子を自分の膣に運び込む。例の動画で、交尾の終わりに交換された白い塊がこれだ。ペニスの付け根から生えている舌(した)状の器官は肉矢(にくし)と呼ばれ（英語の sarcobelum はギリシャ語の「肉質の針」を意味する言葉に由来する)、動画の初めのほうで求愛中のナメクジが互いになめあっていたのがこれだ。ペニスの先端には陰茎腺がある。求愛中にホルモンに似た物質をため込み、交尾の最後の悶えで陰茎腺が解放されると、この物質が交尾相手に浴びせかけられる。

ナメクジの分類学者は、肉矢、ペニス、陰茎嚢、嚢、腺といったパーツすべての形状を利用して、ほかの点ではまったく区別できないデロケラス属の種を区別している。たとえば陰茎腺は、シンプルなものや分岐したもの、小さいものや大きいものがあり、そこについている指も、なめらかなものや畝(うね)状のすじの入ったものがある。肉矢はさらにバラエティーが豊富で、広範に生息するD・ラエウェの肉矢は短くてずんぐりしているが、中央ヨーロッパ原産のD・ロドナエは大きな肉矢をもっている。後者はヒトの舌によく似ていて、ナメクジはこれを使って相手の体じゅうをなめ回す。

これらからどんなことがわかるだろう。第一に、デロケラスの交尾は、表面的にはかなり地味に思われる動物にしては妙に複雑だということである。長々と互いをなめあう前戯は何のためにするのか。なぜペニスに舌がついているのか。急激に勃起するくせに挿入しないのはなぜなのか。体外で精子を交換する理由は何なのか。何本もの指の生えた器官が相手の皮膚に放出する物質には何が含まれているのか。[5] 二つめにわかるのは、デロケラスのペニス複合体はどうやら電光石火のごとく進化するらしいということだ。というのは、多数の近縁種のあいだで著(いちじる)しく異なるのはこの器官だけなのだ。しかもデロケラスだけではない。ナメクジであろうと、あるいはカタツムリ、ミミズ、扁形動物であろうとも、同時的雌雄同体動物のほとんどは、妙に派手な形状のペニスとやたらに活発な生殖器がお決まりなのだ。もちろん、すでに七章にわたって奇抜な生殖器の話を読んできた読者なら、このくらいで驚きはしないだろう。じつにさまざまな雌雄異体動物で、同様の状況を見てきたはずだ。

しかしこのように野放図な生殖器が同時的雌雄同体動物でも見られるというのは意外だ。ダーウィンは『人間の進化と性淘汰』で彼と同時代のルイ・アガシの言葉を引用して、「カタツムリが愛を交わすところを見たことのある人ならば誰でも、雌雄同体動物どうしが二重の交尾のための準備をし、それをなし遂げるためにする動きや身ぶりのなかには、誘惑が存分に発揮されていることを疑いはしないだろう」と記しているが、彼は雌雄同体動物にとどまることを知らない性淘汰が作用することはないと考えていた。なにしろ両性が一つの体に閉じ込められているのだから、これらの動物における性の進化は過激なものというよりむしろ妥協の産物になるはずだ。さらに、ダーウィンはこれらの動物が交尾相手の差異を見分けられるほど賢くはないと考えて、「同性個体が競争相手として闘うために必要な心的能力は十分ではないと思われ、それゆえに、第二次性徴も持っていないのだろう」（以上長谷川眞理子訳）と書いている。一九七〇年代まで、雌雄同体の世界では性淘汰が作用しないという見方が一般的だった。

しかし、アムステルダム自由大学の助教授で雌雄同体動物のセックスのエキスパートであるクーネは、進化生物学によってこの見方が一変するのを目の当(ま)たりにしてきた。研究室の地下で飼っているタニシに餌をやりながら、彼は私に説明してくれた。[6]「雌雄同体動物は雌雄異体動物とまったく同じく、ベイトマンの原理に従い、数の限られた卵を受精させるために競争する。私たちはこのことを理解するようになりました」。こう言って、泡立つ水槽の前で足を止めた。水槽の中では、雌雄同体のタニシが二〇匹ほど這い回っている。彼は水槽のふたを持ち上げてレタスの葉を何枚か投げ入れながら、説明を続けた。「このタニシの体内には一匹で卵が一〇〇個ほどありますから、この水槽全体でおよそ二〇〇〇個の卵が受精を待っているわけです。すべてのタニシがほかのすべてのタニシと交尾すれば、それぞれが自分以外の一九匹全員から精子をもらえます。そしてタニシが自分の精子に有利となるように情勢を変えられる方法があれば、必ずや進化の取り上げるところとなるでしょう」[7]

つまり、雌雄異体動物と同じく、平均よりも高い割合で卵を受精させてもらえるように仲間を説得する手段をもつタニシがいれば、次世代にはその遺伝子をもつ個体が増えるはずだ。何世代も経るうちに、集団のほとんどがこの成功したタニシの子孫となり、その祖先のもっていた説得や操作のスキルや装置を受け継いでいることになる。

それでもなお、ダーウィンの説に従えば、雌雄同体動物のほうがそうした進化が生じにくいはずだと考えられないだろうか。雌雄同体動物は性のスペシャリストではなくジェネラリストではないか――。いや、それは違う。クーネの説明はこうだ。「ダーウィンがあれを書いたときに考えていたのは、派手なディスプレイや飾りでした。実際、雌雄同体にはそのようなものはあまり見られません」。しかしこのことは、とりわけ不埒な交尾器の進化によって、おつりが来るほど埋めあわせられているらしい。私たちはすでに、雌雄異体動物の外傷的精子注入や有害な生殖器という極端な例に遭遇してきた。しかし雌雄同体動物の世界でノーマルと見なされているものと比べたら、今まで見てきた例などかすんでしまう。

クーネによれば、雌雄同体動物の生殖器の進化がこれほど極端に進展したことには、理由がいくつがある。考えてみれば当然のことなのだ。というのも、たとえば雄の昆虫が雌の生殖系を操作するには、雌の生理機能において鍵となる部分をしっかり押さえる物質を、進化によって「発明」する必要があった。なにしろ本物の雌のホルモンを産生できる遺伝子のほとんどは、雄においてはスイッチがオフになっているのだ。しかし雌雄同体動物では、全個体で雄雌両方の機能がすべてオンになる。だから雌雄同体のナメクジの場合、自分の雌性ホルモンを交尾相手に浴びせさえすればいい。自分の雌としての部分に干渉しないようホルモンをきちんとパッケージしている限り、このはるかに効率的な交尾対象の操作手法には何の支障もない。かくして、雌雄同体動物では操作能力をもつ生殖器を使うのに必要な手段が、雌雄異体動物よりもずっと手軽に利用されることとなる(8)。

雌雄異体動物でおなじみのものと比べて、雌雄同体動物の交尾器や性行動に差が見られるもう一つの理由は、雌雄同体動物は雌雄異体動物よりも交尾すべきでない理由が少ないからだ。雌の動物は何か——通常は自分の子の父親として、よりよい雄——が得られそうなときのみ交尾するが、雌雄同体動物には考慮すべき選択肢が常に二つある。自分の卵のためにこれ以上精子をもらう必要はないかもしれないが、自分の精子を遺伝子プールに加えることには関心があるはずだ。このように二つの立場をもつ結果として、二個体の雌雄同体動物が遭遇する場合には、繁殖に関する決定が四つ下され、演じるべき四つの役割があることになる——雌雄異体動物の雄と雌が遭遇したときには二つですむのだが。これはつまり、さまよう雌雄同体動物が出会う性的機会の複雑な迷路において、雌雄異体動物よりもはるかに頻繁に脳内で「イエス！」という生化学的な答えが出されるということだ。そうだとすると、逆説的かもしれないが、雄と雌の区別をなくしたことによって、もっと性的なものに満ちてもっと乱交的な世界への入り口が開き、その世界では進化の実験の行なわれる機会が減るどころかむしろ増えているはずではないだろうか。

そして実際、雌雄同体動物は実験している。最近一五年ほどのあいだに進化生物学者は、雌雄同体動物の暮らす世界ではきわめて異様な性器が用いられ、奇妙でしばしばおぞましい交尾の儀式が当たり前に行なわれているという事実に気づくようになった。たとえば、インド洋と太平洋に生息する雌雄同体の海洋性扁形動物、ニセツノヒラムシのペニスを使ったフェンシングの例を見てみよう。この生物は短剣が二本対(つい)になったようなペニスを使ってやり逃げ(ヒットエンドラン)の外傷的精子注入をするが、潜在的パートナーに遭遇したときには一般に精子を注入されるより注入するほうが好ましい。そんなわけで、前半身を持ち上げて、攻撃を仕掛けたりかわしたりする決闘を行なうのだ[9]。さらによい例が、陸生カタツムリの恋矢(れんし)だ。多くのカタツムリがペニスの付け根にある特別な器官から至近距離でこの石灰質の矢を「発射」するが、この矢の機能は一九九〇年代の終盤まで謎だった。長いあいだ、これはある種の求愛行為だと思われていた。「雌」による密かな選択において気にかけてもらうために、少量の石灰石のパッケージが配偶者への贈り物として差し出されるものと考えられていたのだ。しかし次節で明らかになるとおり、真相はそんなに穏やかではない[10]。

悪事を働く者は悪事を恐れる者なり

アリストテレスの時代から、博物学者はカタツムリのセックスとそれに伴う恋矢の使用に驚嘆してきた。一九世紀初期のイギリスの動物学者トマス・ライマー・ジョーンズが、それについてきわめてすぐれた記述を残している。ジョーンズは著書『動物界の構造の概要』に「［カタツムリが］交尾する方法は相当におもしろい」と記した。「双方でさまざまな愛撫を交わし、そのあいだにほかのときにはめったに見られない活発な動きを示す。それから一方が首の右側から……短剣に似た鋭い針か矢のようなものを出す。……この奇妙な武器を取り出すと、隙あらば恋人の体の露出した部分に突き刺そうとする。相手は攻撃をかわそうとあらゆる手を打ち、すばやく殻に引っ込む。しかしついに愛情をかき立てる傷を負うと、手負いのカタツムリは仕返しの態勢を整えて、自分を刺した相手に同じようにやり返そうとあらゆる努力をする」。それからその後に起きる「もっと効果的な展開」（ペニスの勃起と相互の精液注入）が記され、「すごいものを見た」という博物学者としての感慨を述べる、いかにもそっけない一文で締めくくられる。「カタツムリが情事にふける奇妙な方法は以上である」[11]

確かに奇妙だ。食用カタツムリのヒメリンゴマイマイの場合、交尾中に双方が長さ一センチ近い石灰石の針を発射して互いのわき腹に刺す（少なくともわき腹を狙う。標的を外して針が地面に落ちることもある。さらにひどい場合は相手の頭部に突き刺さったりする）。今度エスカルゴを食べるときに、歯のあいだでぱりぱりと音を立てるものがあったら、それがこの恋矢だ。ただし、ジョーンズが恋矢を観察したのはおそらくこのエスカルゴだが、恋矢をもつのはこの種だけではない。陸生カタツムリの多くの科や、ウミウシやミミズも同様の武器を使う。ヨーロッパではヒメリンゴマイマイの属するマイマイ科のカタツムリはすべてこれをもつし、中国のナンバンマイマイやキューバのカラフルなコダママイマイ、それに東南アジア全域に生息するマラッカベッコウマイマイやナメクジにもある。

いずれも「一矢嚢」と呼ばれる筋肉質の袋がペニスの付け根にあって、恋矢はここから放たれるが、恋矢自体はカタツムリの種によって大きく異なる。東ヨーロッパ原産のモナコイデス・ウィキヌスの恋矢は中世の射手が使った矢にそっくりで、矢頭（やがしら）、矢柄（やがら）、矢羽根（やばね）がすべて備わっている。ボルネオ島のキナバル山に生息するエウェレッティア・コルガタの場合、恋矢は中が空洞で、側面に穴が一列に開いている。イタリア原産のウォールコマイマイの恋矢はいかにもイタリアらしく、古代ローマの兵士が使った剣にそっくりだ。

形状だけでなく、使い方も異なる。ヒメリンゴマイマイは矢を一本だけもっていて、一度発射するとまた新しい矢を育てるが、アフリカ原産のトリコトクソン・ヘイネマンニというナメクジは二本もっていて同時に使う。「侍カタツムリ」とでも呼ぶべき日本のセトウチマイマイは、一回の求愛行動で二匹が互いをなんと三三〇〇回も突き刺す。カタツムリの一部の種は交尾のたびに必ず恋矢を放つが、特定の相手に対してしか使わない種もある。ペニスを互いに挿入する前に恋矢を放つ種もあれば、挿入中や挿入後に放つ種もある。カタツムリとナメクジの世界全体で恋矢の形状や使い方がこれほど多様であるからには、これにはなんらかの重大なメリットがあるに違いない。進化において、複雑な器官や行動は必要性がなければ捨て去られるはずだ。

生物学者は長年にわたり、そのメリットというのは「婚姻の贈り物」としてカルシウムを渡すことではないかと推測してきた。カタツムリは自分の住む殻と同じく卵殻も炭酸カルシウムでつくる。生息環境によっては、この材料を入手するのが難しい場合もある。そこで、交尾の際にカルシウムをたっぷり与えて、相手がそれを皮下にうまく蓄えてくれれば、自分の精子で受精させた卵を相手にたくさん産んでもらえるかもしれない。

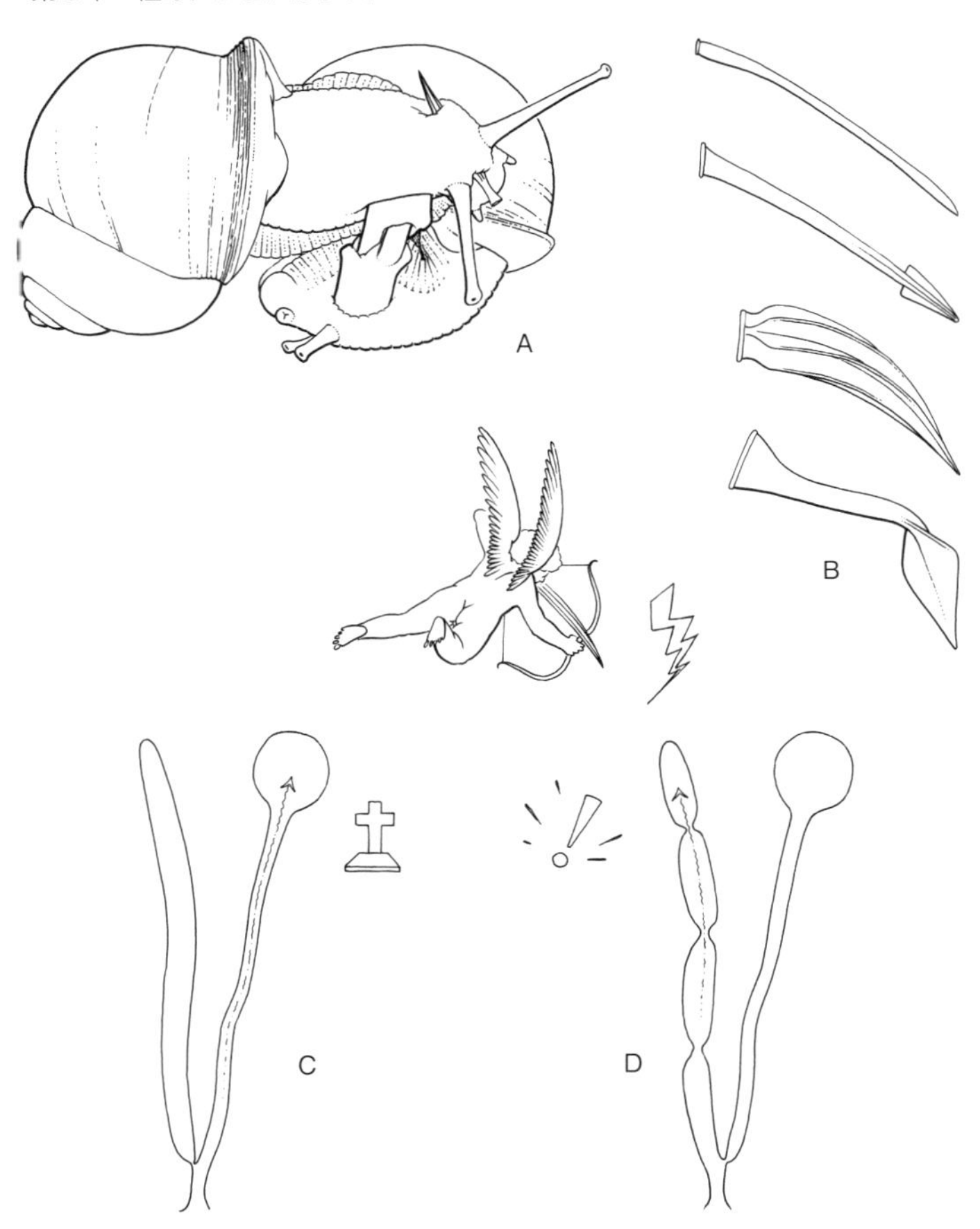

図21　キューピッドの矢。陸生カタツムリの多くの種は、交尾の際に「恋矢」を互いに突き刺す（A)。恋矢の形状は種によって異なる（B)。恋矢を放たないと、ほとんどの精子は受け手側の風船形の交尾嚢の中で分解されてしまう（C)。恋矢にはホルモン様物質がついているので、これによって交尾嚢が閉鎖され、精子は「安全」な憩室に保持される（D)。

これはいかにももっともらしい仮説なので、何十年間も検証されずに流布していたが、一九九〇年代にモントリオールにあるマギル大学のカナダ人生物学者ロナルド・チェイスが、この考えをきちんと確かめることにした[12]。そのために彼は、当時若い大学院生だったクーネを雇った。「私たちは『婚姻の贈り物』説に疑いを抱いていました」とクーネは経緯を語った。「婚姻の贈り物は雄から雌に渡されるなら役に立ちますが、同時的雌雄同体動物では意味がありません。私が一箱のチョコレートを相手に贈り、相手からも一箱もらうのと同じことです。これにどんな意味があるでしょう」。チェイスとクーネは実験用のヒメリンゴマイマイのコロニーをつくり、恋矢に含まれるカルシウムの量、「被害者」に射込まれる恋矢の材料の量、卵の成熟に必要なカルシウムの量を調べ始めた。一九九八年に《軟体動物研究ジャーナル》で報告されたその結果は、明らかに通説と合わなかった。カタツムリ二〇匹のうち恋矢を体内に取り込んだのは一匹だけで、それ以外の一九匹は皮膚から矢を押し出してしまったのだ。そのうえ、恋矢一本には卵一個の材料をかろうじて供給できる程度のカルシウムしか含まれていなかった。こうして「婚姻の贈り物」説を葬る弔鐘が鳴らされた。

同じ年のうちに、クーネとチェイスは《実験生物学ジャーナル》で、これこそ恋矢の背後にある真の進化的理由に違いない、というものを明らかにした。性的操作だ。恋矢は放たれるとき矢嚢上の腺から分泌される濃い粘液で覆われているということを彼らは発見した。そこで雌性生殖器を外科的に摘出してペトリ皿上で生存させ、この粘液を塗布した。するとただちに蠕動運動が始まり、この管状の器官全体に波動が伝わっていった。

これが何を意味するのか理解してもらうためには、雌雄同体のセックスをする際にカタツムリの雄性部分と雌性部分で起きていることについて説明しなければならない。交尾が始まると、雄性交尾器は大量の精子を精包（せいほう）に詰め込み始める。この精包がペニスを経由して相手の雌性交尾器の憩室（けいしつ）（行き止まりのわき道）と呼ばれる場所に送り込まれる。精包はそこから最終的に交尾嚢という別の器官へ送られる。これは精包や精子などの消化を専門とする胃のようなものだ。精子がすべて消化・破壊されてしまうのなら、卵はどうやって受精するのか。精包が憩室に入ってからいわば敵である交尾嚢に届くまでのどこかで、いくつかの精細胞（通常は精包内にある一〇〇万個以上のうちわずか数百個）が精包の尾部からこっそり逃げ出して、卵を目指して卵管をさかのぼっていく。逃げ出す精子が多ければ多いほど、たくさんの卵が受精する可能性がある。ここで恋矢の出番となる。恋矢についた粘液にはホルモン様物質が含まれていて、恋矢が相手の皮膚の奥深くまで刺さると、この物質によって憩室が不随意に蠕動運動を始める。これが助けとなって、精包の吸収が促進される。また、交尾嚢への入り口が封鎖され、それによって恋矢を放ったカタツムリが父親となる確率が上がる。

この論文から数年後、この確率が実際に上がるということが、チェイスと彼の指導学生のカトリーナ・ブランシャールによる見事なまでにシンプルな実験で証明され、二人はこの実験を《英国王立協会紀要（生物学）》に発表した。二人が行なったのはカタツムリの顕微手術である。そう、カタツムリに麻酔をかけて切開して、矢嚢を切除し、切開部を縫合し、回復させたのだ。このようにして矢を失ったカタツムリを別のカタツムリと交尾させ、矢嚢からの抽出物か無害な食塩水のいずれかを注射器で相手に注射した。すると、食塩水では何の影響も生じないが、矢嚢の抽出物を注射すると、矢のないカタツムリの受精によって生まれる子の数は、抽出物を注射しない場合と比べて二倍になったのだった。

　クーネによれば、デロケラス属のナメクジについても、交尾の終わりに相手の皮膚につける物質が何であれ、それがカタツムリの恋矢についているホルモン様物質と同様の役割を果たすということは当然考えられる。そうだとしても、化学物質による説得に関与する生殖器のパーツがこれほど多様なのはなぜなのか。デロケラス属の種間に見られる最大の違いは恋矢にあるし、軟体動物のキューピッドが数千種のカタツムリにも長い矢、短い矢、太い矢、細い矢、曲がった矢、まっすぐな矢、アーチ形の矢、突起のついた矢など、さまざまな愛の矢を与えていることもすでに見てきたとおりだ。では、なぜこれほど多様なのか。すべての種が最終的には最もうまく機能するタイプの装置に収斂（しゅうれん）すると考えてはいけないのだろうか。まあ、確かにそう考えたくもなる――同時的雌雄同体動物がこれほどまでに性的に解離した存在でなければ。

　カタツムリやナメクジの生殖器の雄性部分――精子の受精率を上げるために交尾相手の体内に注入する化学物質のカクテルとともに、精子をパッケージして送り届けるための機構全体――は、雄としてふるまうことに何世代も成功してきたことによって最適化されている。しかし同時に、雌性生殖器――精包を受け取って処理する身体パーツ――は、雌にとって最大の利益をもたらすように設計されている。一腹（ひとはら）の卵の健全性のためには、複数の交尾相手からもらう精子で卵を少数ずつ受精させるほうがはるかに望ましいかもしれない。交尾相手の精包のほとんどを消化するというのは、その望ましい結果を手にする一つの方法たりうるだろう。

　この利害対立が進化上、どのようなかたちで落ち着くかというと、現状維持にはならない。雄と雌が交尾器を互いに受け入れつつ忌避するという果てしないダンスの話が本書で前に出てきたが、同じ種類のダンスがここでも演じられるのだ。しかしここで進化作用がおよぶ対象は性を異にする二つの個体ではなく、一個体の雌雄同体動物に備わる交尾器の個々のパーツなのである。恋矢に出っ張りを加えてより多くのホルモン様物質を送り込めるようにするなどして雄のシステムを改良すると、雌のシステムが対抗策として憩室をもっと深くして、精子を逃げ出しにくくする。これに対して雄が新たな手を（一度だけでなく何度も突き刺すとか、矢を引き抜くたびに新たな粘液を恋矢につけるなど）繰り出せば、さらに雌が対抗策を出してくる（憩室にわき道を加えるなど）。こうした愛と闘いの歴史は基本的に予測不可能であり、さまざまな方向へ進む可能性があり、多様な種で多彩な「発明」が関与するので、結果として多様性が生じるのだ[13]。

最終的に、すべてのカタツムリやナメクジがこの何世代にもわたる利害の対立による結果を背負うことになる。雄性生殖器はまさに雌性生殖器が許さないであろうことをしようとするのだ。性の進化を研究する科学者が同時的雌雄同体動物を避けてきた理由の一つは、雌雄異体である私たちには雌雄同体動物と同じように物事を考えるのがあまりにも難しいからかもしれない。しかしクーネに言わせれば、そのような考え方ができるようになれば、得られる洞察は相当なものになる。「一個体で二つの性をもっているから、雌雄同体動物は二倍おもしろいのです！」と彼は言いきると、タニシの入った水槽にまたレタスの葉を落とした[14]。

去勢不安とペニス羨望

アイルランドの軟体動物研究者がナメクジ優越主義に駆られて、講演を聴く生物学者たちに、ナメクジは実験用ラットよりすぐれていると力説する場面に私は居合わせたことがある。「動物行動学的に言って、ナメクジは基本的にラットと変わりません。ラットに粘液を塗りつけて、脚を切断し、交尾器を右耳の後ろに引っ張り上げて、スロー撮影すれば、ナメクジになります！」[15]。交尾器と性行動については、ナメクジは確かにラットよりもさらに豊かな鉱脈を秘めた研究の金鉱だ。あるナメクジの属が隠しもっている驚くべきトリックについては、すでに見てきた。しかしデロケラス属は鉱脈のほんの一端にすぎない。軟体動物研究家（マラコロジスト）（軟体動物マニアは自分たちをこう呼ぶ）により、陸上や海底の岩や石の下にひそんでいるナメクジのバラエティーに富んだセックスが、ゆっくりとだが明らかにされつつある。そしてこれから見ていくとおり、同時的雌雄同体動物における生殖器の進化の働きについて、さらに驚くべきことが明かされている。

ウミウシはおそらく驚くほどのサイケデリックな体色で最もよく知られている。とりわけ派手で種の多い裸鰓（らさい）類と呼ばれるものは、色彩の鮮やかさが際立って印象的だ。英語で裸鰓類を意味する nudibranch（ヌーディブランク）――仲間うちでは「ヌーディ」と呼ばれる――は、多くの種でえら（branchia）がむき出し（nude）で背についていることに由来する名称である。もう少し落ち着いた色の裸鰓類として、ミノウミウシ属のアエオリディエルラ・グラウカという種がいて、これはヨーロッパの北部と西部の沿岸にある低温の浅瀬のアマモ場に生息している。小さなイソギンチャクを捕食し、わき腹に沿ったフリルの中にイソギンチャクの有毒な刺胞（しほう）を取り込んでおいて、自分の身を守るためにこれを利用する。しかしそんなことはどうでもいい。私がここでA・グラウカを取り上げるのは、全体で三〇〇〇以上の種が存在する裸鰓類のなかで、性行動がきちんと研究されている数少ない種の一つがこのA・グラウカだからだ。

A・グラウカについて多くのことが明らかになっているのは、ウプサラ大学のアンナ・カールソンとグライフスヴァルト大学のマルティン・ハーゼのおかげだ。ハーゼが鳥類学者である妻のアンゲラ・シュミッツ＝オルネスと共有している研究室で雑談しながら話してくれたところによると、カールソンは一九九〇年代の終盤にハーゼの上司と学会で出会い、自分の部下のハーゼと手を組まないかともちかけられた。彼女はこのありふれた海洋裸鰓類の生殖生物学の研究に乗り出したばかりの博士課程学生で、一方、ベテラン軟体動物解剖学者のハーゼは何か新しい研究に着手したいと考えていた。二人は共同研究を始めて、驚くような発見を次々になし遂げた。そして唖然とし続けた。「教会では許されないようなありとあらゆることが、この種には存在するのです！」とハーゼは力を込めて言う[16]。

アエオリディエルラ・グラウカのセックスはこんなふうに行なわれる。興奮した個体が潜在的パートナーに遭遇すると、まずはあとを追う。やがて好意を寄せられているほうが振り返って求愛者と向かいあう。一分も経たないうちに、この「対面」の段階が「にじり寄り」に移行する。双方が互いの右わき腹をこするようにして動くのだ。この右わき腹には生殖孔がある。必要な場合には、二匹のうちで熱心なほうが相手を性的に興奮させるかのように、相手の生殖孔をかじる。まず、生殖孔のまわりにあるフラップを使って双方の体を互いに固定し、それから両者が巨大なペニスを取り出す。ハーゼとカールソンが驚いたことに、このウミウシはほかのたいていのウミウシとは違って、ペニスを相手に挿入しない。大きすぎて挿入できないのだ。代わりにペニスを相手の背にしっかり当てて、ソーセージ形の精包を放出する。それから叩いてしっかり固定するかのように、ペニスを持ち上げて精包に何度か打ちつける。通常、二匹は完璧にそろったタイミングですべてを行なう。

精子の交換がほんの一、二分で終わると、二匹はそれぞれ別の方向へ身をくねらせて去っていく。本物のマジックが始まるのは、交尾相手がいなくなってからだ。数分以内に、背中に精包を載せたウミウシは頭を持ち上げ、右肩ごしに口を精包に近づけて一部を食べる。これによって生殖孔と精包の距離が広がる。それから待つ。三時間ほど経つと、精包から出てきた精子が細い列をなし、生殖孔に向かってウミウシの皮膚の上で行進を始めるのが観察される。精子はとても小さいので、イソギンチャクの刺胞がしまってある突起のあいだを縫って近道をしながら背中を進んでいくにもかかわらず、目的地にたどり着くまでには数時間かかる。

ウミウシは、自分の背中で繰り広げられる精子のパレードをおとなしく見物しているわけではない。進捗（しんちょく）状況をこまかく監視しているらしく、生殖孔に十分な精子が入ったと判断すると、まだ背中にいる精子を吸い込んで、行進を中断させる。「本当に見ものですよ！」とハーゼは言う。不運な精子で満腹したウミウシは、食べなかった精子で卵を受精させて産み始める。ハーゼによればさらに、「二匹がそれぞれの口で精子の流れを止めてから一腹の卵を産んで、それが終わるとまだ背中で行進していた精子の列を再び食べ始めるのを見たこともあります」。ハーゼは向かいの机にいる妻にウィンクする。「初めて出会ったとき、アンゲラは私の名前をグーグルで検索して、私の発表したアエオリディエルラに関する論文をまとめて見つけて仰天したそうですよ[17]」

ハーゼが考えるに、ウミウシはきっとセックスに関して、まだまだ驚きを隠しもっている。二〇一二年になってようやく、太平洋に生息するクロモドリス・レティクラタという別の裸鰓類の交尾に関する詳細が解明された。この種はもっと一般的な方法（ペニスを膣に挿入する）で交尾するが、日本人研究者らの発見によると、交尾後にペニスが体から取れてなくなる。しかしペニスの続きが巻いて体内にしまってあるので、今度はこれを使うのだ。この巻かれたペニスは、全体が使い終えてなくなってしまい、あとは丸ごと再生するしかなくなるまでに、交尾を三回するのに十分な長さがある。このような使い捨てのペニスが進化した理由はまだ不明だが、ペニスの先端にある「返し」によって精子が取り除かれることがわかっているので、ペニスが使い捨て式なのは前の交尾相手の精子を取り出して捨てるためなのかもしれない。イトトンボのところで精子かき出し器が出てきたが、今度のは雌雄同体動物の使い捨て精子かき出し器というわけだ。[18]

陸生のナメクジもペニスを失うことがある。あるデロケラス属のナメクジ（先ほどとは別の種）が、交尾の終わりに自分のペニスをかみ切り、餌として相手に与えることがあるという報告がカザフスタンから出されている。[19] カリフォルニアに生息する黄色い大きなバナナナメクジ（アリオリマクス）は、それを逆方向で行なう。交尾の最後に相手のペニスをかみ切り、相手（今や「彼女」と呼ぶべき）を去勢してしまうのだ。[20]

ナメクジで最も淫乱なのは、リマクス属で体長が最大で二〇センチに達する大型の「タイガースラッグ」だ。これはヨーロッパ原産だが、マダラコウラナメクジという種が南北アメリカ、オーストラリア、南アフリカなど、世界各地の温帯地域や亜熱帯地域に期せずして侵入している。このため、多くの人におなじみだろう。夜行性で、暗闇を這い回り、歩いた地面や登った木に光沢のある濃い粘液の痕跡を残す。しかしよく見かけるのは昼間でも同じだ。丸太や石の下を調べたり、枯れた樹皮を引きはがしたりする人は、ヒョウに似た薄茶色と黒のまだら模様をしたこのナメクジとの遭遇に備えて、十分な心の準備が必要だ。リマクス属で最もよく知られて広く分布しているのはマダラコウラナメクジだが、じつはほかにも数十の種があり、体色はクリーム色から深紅色、そしてすすのような黒色までさまざまで、地の色よりも濃い色の斑点や縞模様がついているものが多い。これらのさほど有名でないリマクス属の種は、アルプス山脈などヨーロッパの山岳地帯の限られた範囲に生息している。

それでもその奇妙な交尾器がなかったら、リマクス属の多様性はおそらく長いあいだ知られることがなく、研究もされなかっただろう。フジツボの話を覚えているだろうか。第3章で、体長との相対比で世界最長のペニスをもつ動物として、すきまを探るフジツボ、クリプトフィアルス・ミヌトゥスを紹介した。ペニスの長さが体長の八倍もあるのだ。しかしじつは、リマクス属のいくつかの種は、この世界記録保持者の座を脅(おびや)かす存在である。一部の人の想像力をいかにもそそりそうな話ではないか。そんなわけで実際、リマクス属の求愛、交尾、そして特にペニスの長さに関する重要な事柄をめぐってほかならぬ、科学界を牛耳るそうそうたる〝有閑〟博物学者の面々が、三世紀半にわたって激論を交わしてきた。

一六七八年に論争の火ぶたを切ったのは、イングランドの博物学者マーティン・リスターだ。イングランドの動物を扱った学術書『英国動物史』において、斑点のある大きなナメクジが二匹、木の幹から垂れ下がった長さ三〇センチほどの粘液の糸につかまって情熱的に抱擁しあいながら下降し、そのあいだに淡青色の大きなペニスを突き出して絡めあい、丸々とした洋ナシ形の結び目を形成する光景をラテン語で描写している。それからほんの数年後の一六八四年、同じく博物学者でイタリア人のフランチェスコ・レディ（ウジは腐った肉から自然発生するという古くからの考えの誤りを証明したという業績のほうがむしろ著名）の刊行した著書にも、自ら観察したリマクスの交尾に関する記述があった。しかし、それはリスターの記述とはまったく違っていた。レディは長い粘液の糸には言及せず、体を絡めあったナメクジから「一フロレンティンヤード」以上、すなわち七五センチ以上もある非常に長い二本のペニスが並んでぶら下がっていたと述べているのだ！　彼はさらに、二匹の妙に派手な斑点のあるナメクジが極端に長いペニスを絡ませあい、それがページの下まで伸びている図版も添えている。その縦長の図版を掲載したページの余ったスペースにナメクジの身体構造の詳細を描いたほかの図を載せても、なお余白が残るほどだった。

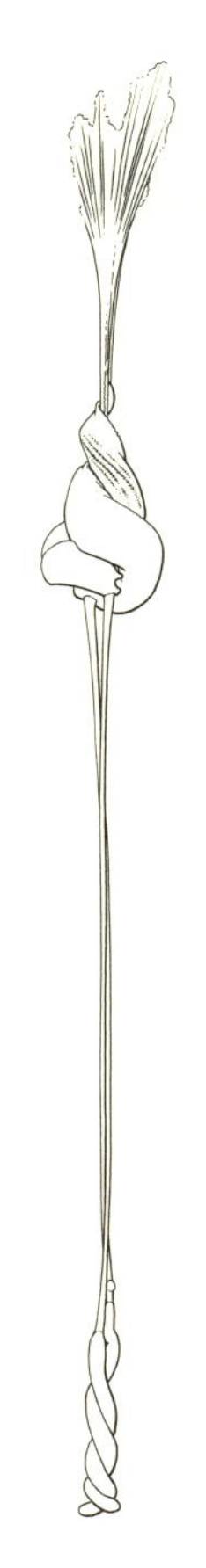

図 22　セクシーなナメクジ。リマクス属のナメクジは、長く垂れ下がったペニスを介して精子を交換する。この雌雄同体動物において、ペニスは精子を与えるだけでなく受け取るためにも使われる。

その後の数世紀間は、博物誌の著者たちが続々とリマクスの交尾についてこまかな記述を加えていった。それらの観察によって繰り返し裏づけられたのはリスターの記述のほうで、レディの記述では決してなかった。結局それらは別々の、二つの種だったのだとわかったおかげで、小さな齟齬の一部は解消した。粘液の長い糸でぶら下がり、ペニスで固く握手をするようにしてフランジ状の結び目をつくるのが、マダラコウラナメクジ(リマクス・マクシムス)である。一方、尾の先端でぶら下がり、ペニスを絡めあわせてきっちりと詰まったベル形のとぐろをつくるのが、リマクス・キネレオニゲルだ。しかし確かにこの二種のペニスは立派な大きさだが、レディの言う長さには程遠い。そこでリマクスの交尾に関する知識が増えるにつれて、レディの観察はしだいにばかげていると思われるようになり、二〇世紀の初めごろにはイングランドの動物学研究家、H・ウォリス・キューが、レディの説を「きわめて不可解である」として退けた。レディはきっと、ラテン系のナメクジのもつ雄々しさを誇張したに違いない! そうでなければ、粘液の糸をペニスと勘違いしたのだろう、と。

しかし二〇世紀に入って最初の数十年間、ヨーロッパ北部の軟体動物学者たちがリマクスの謎は解決済みだと確信してのんきに構えているあいだに、地中海沿岸地域のリマクスがじつは信じがたいほど巨大な性器の持ち主であることを裏づけると思われる報告が、イタリアやスイスの研究者からぽつぽつと発表されるようになった。混乱が広がったが、そうこうするうちに一九三三年になった。この年、ハレ大学のドイツ人動物学者ウルリヒ・ゲルハルトが、ナメクジのセックスに関する画期的な論文の第一弾を発表した。家畜解剖学生理学研究所の研究スタッフとしての権限をどうやら広義に解釈して、彼は広大な屋内ケージでナメクジの行動を丹念に研究した。ナメクジを解剖し、交尾の時間計測と撮影をし、ドイツのすぐれた伝統に則って自らの発見をきわめて詳細に記述して、自分よりも忍耐力に欠ける前任者たちに敬意を払うそぶりを見せながら、随所で厳しい批判を浴びせた。かつてない詳しさでマダラコウラナメクジとリマクス・キネレオニゲルというリマクス属二種の交尾を完璧に記録すると、レディの報告した巨大な性器をもつリマクスの問題にとりかかった。

それより数年前にレディと同じものを観察したというスイス人生物学者のベルンハルト・パイアーが、スイスのナメクジ五〇匹を生きたままゲルハルトに送ってきた。ゲルハルトはそれを背の高いケージ（万が一に備えて、数フロレンティンヤードぶら下がっても大丈夫な高さ）で飼育した。新しい棲みかで暮らし始めてから二週間ほど経ったある晩、一匹のナメクジが別のナメクジに関心を示し始めた。自らの欲情の対象が残す粘液の跡をしつこく追っていたのだ。二時間後の夜の一〇時には、二匹はケージを支える垂直の板の上で互いのまわりをぐるぐると回り、中心に粘液がたまっていった。二匹はしだいに距離を縮め、やがて絡みあい、板から頭を離し、それから体全体を離し始めた。やがて二匹はねばねばした粘液の塊（かたまり）から尾でぶら下がるかっこうとなった。それからごくゆっくりと、双方のペニスがそれぞれの生殖孔から顔を覗かせ始めた。

ゲルハルトはすぐさま記録できるようにノートを準備して、寝ずに待機した。一一時三〇分、ペニスの長さはまだわずか二センチで、互いに触れてつながり始めたばかりだった。通常、リマクスの交尾はほんの一時間ほどで終わるので、ゲルハルトはこのとき例の長いペニスが本当に生じるのかと疑念を抱いていたに違いない。それでもひたすら待った。おそらく何杯ものコーヒーの助けを借りたことだろう。夜のあいだじゅう、双方のペニスは着々と伸び、ゆっくりと脈打つような動きに合わせて先端が活発なダンスのような動きで膨れたり縮んだりした。午前三時四五分、ペニスの長さは八センチになった。朝の七時には二六センチになっていて、ゲルハルトは「青色がかった半透明の細いペニスの中を米粒大の精包が降りてくるのが見える」と記録することができた。午前一〇時、交尾開始からちょうど一二時間後にペニスは最大の長さに達した。それぞれの櫛歯状の先端は、持ち主からなんと八〇センチも下で互いにくっついていた。まさに二五〇年前にレディが言ったとおりだ。ナメクジ自体は体長が一三センチほどなので、相対比では記録保持者のフジツボのペニスに近い。

この長く伸びた状態で二匹はじっとぶら下がりながら、精包をペニスの先端まで送っていった。双方の精包が先端に達したとたん、二匹は不意にペニスを引き上げ始め、同時にペニスの先端の穴から精包を押し出した。それからゲルハルトが毎秒六四コマで撮影した映像を見ない限りよくわからないほどの早業で、櫛歯状のペニスの先端が広がってシャベルのような道具となった。これがまず自分の精包をつかんで相手のシャベルに押しつけ、同時に相手の精包を受け取った。それから二匹のナメクジは電光石火の速さでペニスを引っ込めながら、ペニスの穴から相手の精包を吸い込んだ。午前一一時までに、二匹は離れ始めた。三〇分後には、ペニスの最後の部分がそれぞれの生殖孔の中に納まり、両者は滑るようにして離れていった——おそらくは見ていたゲルハルトもかくや、というほどの満足感を覚えて。

このリマクスの生殖器と行動があまりにも風変わりだったので、ゲルハルトはこのスイスから送られてきたナメクジが一つの独立した種だと思い、そのユニークな交尾行動の発見者に敬意を表してリマクス・レディイと命名した。多くの実験用ラットと同じく、ゲルハルトに初めてその性生活を垣間見られた見(み)せた二体の標本は、その後、自らの体を科学に捧げた。八〇年近くアルコール漬けにされたために色はあせてしまったが、二本のガラス製フラスコの中でペニスをつけたまま、ベルリンのフンボルト博物館の棚に置かれている。

近年では、リマクス属はオーストリア、スイス、フランス、イタリアで、プロ・アマチュアを問わない生物学研究者のあいだで研究対象として人気を集めている。その生物多様性を専門に扱うウェブサイトもいくつか開設され、たくさんの新種の発見につながっている。ゲルハルトのころにはほんの数種しか知られていなかったが、今では三三種を数え、そのうちのいくつか（すべてイタリア、スイス、フランスに生息する）はリマクス・レディイと同じく長いペニスをもつことが知られている。イタリアのウェブフォーラムNaturaMediterraneo.comでは、現代のレディの信奉者らが活発に自らの発見を報告している。交尾中のリマクスがぶら下がっている木のかたわらに得意顔の軟体動物研究家(マラコロジスト)が立ち、記録破りの粘液の糸とペニスの長さを測ろうと巻尺をもつ姿をとらえた写真も掲載されている。コルシカ島で撮影されたリマクスのペアの写真では、測定結果を調整したうえでペニスの長さの数値が九二センチに達し、「Nuovo record del mondo」（世界新記録）というキャプションが添えられている。[21]

リマクスの極端に大きなペニスは、雌雄同体動物ではペニスが精子を送り出す器官であるとともに受け取る器官にもなるという思いがけない認識を私たちに突きつけるだけでなく、生殖進化生物学という分野で見られる主たる見解の相違の好例でもある。巨大なペニスは、雌による密かな選択の結果かもしれない。あるいは雌雄同体動物について論じているのだから、むしろただの「密かな選択」と言うべきか。クジャクの尾と同じくペニスも長いほうが飾りとして好まれるならば、進化の過程でどんどん長くなるはずだ。しかし一方で、巨大なペニスはそこに性的操作が行なわれていることのしるしかもしれない。つまり、雄の役割を究極的にどちらが担うかをめぐる闘いだ。リマクスが交尾の終わりに演じるトリックの詳細な仕組みはまだ十分に解明されていないが、おそらく少しでもペニスが長いほうのナメクジが精包を与えることができ、同時に相手から精包を受け取るのを避けることができるのだろう。

アエオリディエルラ・グラウカの驚くべき交尾方法自体も、同じような進化過程の結果という可能性がある。ほかの裸鰓類は精包を生殖孔にもっと近い場所に置くが、その場合、受け取る側がそれを排除したいと思ったら簡単に排除されるおそれがある。手が出せないように精包を相手の背中に付着させて、見られていないすきに精子を生殖孔からこっそり侵入させることで、A・グラウカの祖先は少なくとも精子の吸い込みが進化するまでは優位に立っていただろう。こうした雌雄同体動物の奇妙なセックスを目の当たりにしたクーネは、自分としては密かな選択でなく軍拡競争説を採りたいですね、と言う。「そこらじゅうに操作が見て取れますから」。しかしこの二つの考え方は分かちがたく結びついたものだとも認めている。「ナメクジだって、操作の巧みな相手と交尾したいと思っているかもしれませんからね」

右か左か、それが問題だ

この最終節で、生殖器の進化に関する私自身の研究の一端を紹介して、その複雑性の層を最後にもう一つ重ねることにしたい。雄性と雌性のものが別個に存在する動物の交尾器に作用する性淘汰の測りがたい紆余曲折の話をさんざん聞かせたあとで、私は、雌雄同体動物の生殖が示すややこしい二元性へと、読者の注目を促したわけである。この最終節では、鏡像的な雌雄同体動物の生殖器からなる奇妙な鏡の国を急ぎ足で旅してみよう。この国ではすべてが同じでありながら完全に異なる。旅の終わりには、一定の条件のもとでは生殖器の進化が動物の全身の形状にさえ影響する可能性があるということがわかるようになるはずだ。

物語は一九八九年に始まる。若手の生物学研究者としてマレーシアのクアラルンプールに到着した私は、タマゴコバチという微小な寄生バチが幼虫を寄生させるためにガの卵を探すときの詳細について、五カ月かけて調査することになっていた（浮き世離れした研究と思われるかもしれないが、なかなかどうして。じつは畑でスイートコーンを荒らす毛虫の防除手段として、このハチを使う計画があったのだ）。しかしプロジェクト——トウモロコシ畑に張り込んで、毛虫の糞がついていないかと成長中の茎を調べながら、暴れまわる水牛を追い払うのが主たる作業だった——を始める前に、閑散とした砂浜が広がるトレンガヌ州の東海岸で短い休暇を過ごした。地元の漁師に勧められて、カパスという沖合いの小さな島へ船で渡った。

今でこそカパス島はにぎやかな観光地で、国内外から船で訪れる多数の旅行客を相手に一〇軒あまりのビーチリゾート業者が商売に精を出しているが、当時はたった一人のイングランド人女性が賃貸する三角屋根の小屋が六軒あるだけだった。島ではココヤシの木に縁取られた自然のままのビーチが二キロにわたって続き、そこにいるのは小屋に宿泊するわずかな客、ときおりビーチに上がってくるアオウミガメ、そして数千匹のスナガニだけだった。私は熱帯を訪れるのはこのときが初めてで、海岸や森や沿岸の木立を歩くトレッキングはあまりできなかった。サイチョウという大型の鳥を見たのも初めてで、トビトカゲやジョロウグモを見たのもやはりこのときが初めてだった。片手ほどの大きさのジョロウグモはいかにも恐ろしげな姿で、金色に輝く円形の巨大な巣を張る。しかしもっと心に残っているのは、島内のいたるところで木の幹や枝からぶら下がっているマレーマイマイというカタツムリだった。

マレーシアでの冒険の前年には、ライデンの国立自然史博物館の軟体動物課にいたので、マレーマイマイのことは知っていた。私の指導係だったエドムント・ギッテンベルガーから、この属のカタツムリ——東南アジア全域に生息する大型でカラフルな樹上性カタツムリ——は殻の巻き方が時計回りの個体と反時計回りの個体の割合がどうやら拮抗しているらしいが、そういうのは世界中でほかにいないと聞いていたのだ（学名のアンフィドロムスは、ギリシャ語で「両方向を向く」という意味）。カタツムリには全部で一五万の種があるが、そのほとんどは時計回りか反時計回りのどちらか一方だけで、両方は存在しない[22]。

カタツムリの殻の巻き方が通常は一方向しか存在しない理由は、ドイツの博物学者ヨハンネス・マイゼンハイマーが今から一世紀前に書いた論文を読むと理解しやすい[23]。マイゼンハイマーは、通常とは反対方向に渦を巻いたリンゴマイマイを発見した。このカタツムリは、ふつうは時計回りに渦を巻いている。つまり殻の頂点を上にして持つと、開口部（中身が顔を出す口）が右側に見える。ところがマイゼンハイマーの発見した突然変異体は鏡像となっていて、渦巻きが反時計回りなので開口部が左側にあった。たいていの陸生カタツムリでこのような突然変異体はときおり生じるが、きわめてまれで、発生する確率は一万分の一程度かそれよりさらに低いことが多い。

マイゼンハイマーが突然変異体を正常な渦巻きの個体とともに瓶に入れると、少なくともカタツムリの場合は、正反対の相手とは幸せな結婚ができないということが明らかになった。殻だけではなく、体全体が逆にできているのだ。生殖孔は頭部の右側ではなく左側についている。だから恋矢は右側ではなく左側に向かって放たれる。交尾器全体が鏡像で、脳もまた同様である。さらに性行動もやはりそうなのだ。その結果、「何日も、何週間も、カタツムリたちは疲れ果てるまで求愛行動をしたが、最終的な交尾に至ることはなかった」。マイゼンハイマーは観察しながらいくらか同情を覚えた。左利きのカタツムリが右利きの集団の中に出現したなら、進化論的に言えばたちまち死んでしまうはずだ。交尾相手が見つからないからである。カタツムリのすべての種が時計回りか反時計回りのいずれか一方の巻き方になっているのはそのせいだ。そして、臆することなく堂々とこのルールを無視するマレーマイマイがとても特別なのもまた、そのせいなのである。

それから何年も経ち、私はマレーシアの大学にポストを得た。興味深い研究プロジェクトを探し始めたとき、カパス島のマレーマイマイをめぐる遠い記憶がよみがえってきた。マレーマイマイが特に高い密度で生息するカパス島は、左巻きと右巻きのカタツムリが入り混じって暮らしているのはなぜかという未解決の難問を解決するのにうってつけの場所だと思った（のどかな環境にも惹かれたのは言うまでもないが）。そこで、同僚、学生、ボランティアからなる多彩な顔ぶれの一団とともに、カパス島（もはや自然のままではなかったが、それでもなおとても美しい）でそこに棲む軟体動物の秘密を解き明かす研究プロジェクトを開始した。

　調査場所を二つ設けた。サイト1は、ディンという人物が経営するライトハウス・インというおんぼろなホテルの裏手にある森の一角にした。やせこけて長髪でおおらかなディンは、ラスタファリ運動という宗教的思想運動に傾倒するマレー人だ。サイト2はもっと北に設けた。ウミガメがときおり上陸して卵を埋める（埋めたとたんに恐竜のような巨大なミズオオトカゲに食べられてしまうのだが）ほどの静けさが残る唯一のビーチを上がってすぐの木々の中だ。どちらの場所にもマレーマイマイは大量にいて、互いに鏡像関係にある二種類が存在するのは確実だった。およそ三五パーセントが時計回り、残りが反時計回りの渦を巻いている。私たちは、フィールド派の生物学者が知っている唯一の方法で調査を始めた。自ら手を出し、樹上で彼らの生活を間近から詳細に調べたのだ。

　蚊の大群に包囲され、ディンのホテルから聞こえてくるレゲエ音楽をBGMにして、私たちが最初に調べたのは、ほかのすべてのカタツムリと同様にマレーマイマイでも渦巻きの方向は遺伝的なのかということだった。答えはイエスだ。カタツムリの子の渦巻きは、母親の遺伝子によって決まっていた。ということは、同じ一腹の卵からかえったカタツムリの子はすべて同じ向きの渦巻きをもつはずだ。腐った木の枝や切り株に生じた水たまりに産みつけられた粒状のゼリーのような卵で、まさにそれが観察できた。生まれたばかりのカタツムリのきょうだいは、時計回りか反時計回りのいずれかですべてそろっていた。

　次に、左回りと右回りのカタツムリは、生態系においてそれぞれ別の位置を占めるのではないかと私たちは推測した。餌が違うのか、同じ植生の中で棲む場所が分かれているのか、あるいはそれぞれ異なる捕食者に食べられるのか。答えはすべてノーだった。一年間にわたり、生きたカタツムリの殻に番号を記して追跡したが、巻き方とは無関係にすべてのカタツムリが同じ場所でいそいそと入り混じって餌を食べたり休息したりしていた。島の森に棲むネズミはカタツムリの殻の一番上の渦をかじり取り、美食家さながらに中の肉をすすり出すが、左巻きか右巻きかを気にするようすは見せなかった。殻を割って中身を食べる際の左右の比率は、カタツムリの左右の比率と完全に一致していた。

しかし、番号をつけたカタツムリを追跡して木々の葉の中を這い回るうちに、私たちは奇妙なことに気づき始めた。雨の日になると、左巻きと右巻きのカタツムリがときおり性交するのだ。ただしマイゼンハイマーのカタツムリとは違って、欲望を満たせぬまま「何日も続けて疲れ果てるまで」試みることはなかった。私たちは交尾中のカタツムリにさらに注意を傾けるようになった。しかし、容易なことではなかった。このカタツムリたちはあまり情熱的にふるまわず、たまにしか交尾しないのだ。交尾する場合には、モンスーン期の初めにするのがふつうだ。それでも数年間で、いわゆる「ズボンを下ろした」カタツムリのペアを一〇〇組以上捕まえた。そしてそれらのペアのうち驚くほど多く――ランダムにペアをつくった場合に期待される頻度よりも多く――で、時計回りの個体が反時計回りの個体と交尾していた。どうやらこれらの混合カップルは、自分たちの器官がすべておかしな位置にあるという事実を気にしないらしい。むしろ自分とは反対側の鏡像群に属する相手と交尾するのを好むふしさえあった。

ある晩、トレンガヌの海岸上空で雷雲が急速に発達するなか、私たちは三人でココナッツの倒木に座り、流れ作業方式で大量の生きたカタツムリに番号を記入していた。油性マーカーで数字を書き、その上に透明なマニキュアを塗り、詳細を記録する。作業をしながら、自分たちの調べているカタツムリの謎めいた性生活について議論した。やりとりを耳にした水着姿の旅行客がぎょっとした顔でこちらを見ながら通り過ぎるのも気にせず、私たちは交尾中のカタツムリのペアの体内で何が起きているのか突き止める必要があるという結論に至った。ほかの種のカタツムリはみな巻き方が逆の相手とは交尾しないし、交尾しようともしないのに、マレーマイマイだけは巻き方が逆の交尾相手を探し求めるのはどういう仕組みなのか。そしてもっと重要な問いは、なぜそうするのかということだ。

第3章で登場したシルエッテルラ属のクモを覚えているだろうか。マティアス・ブルガーが交尾器の研究をしたというクモだ。それから、ヘレン・クラジントンによるマメゾウムシの交尾の研究（第7章）はどうだろう。彼らは交尾中のペアに液体窒素をかけて、交尾器の内部の働きを正確に突き止めることができた。軟体動物を愛する私の気持ちには反するが、交尾中のマレーマイマイに対して同様の無慈悲な仕打ちをする以外に方法はなかった。カパス島に一ガロンの液体窒素を持ち込むのは無理なので、次善の策として凍結スプレーを使うことにした。これは局所麻酔や電気部品の冷却に使われる揮発性の液体で、スプレーすると何でも凍結させることができる。これならうまくいくに違いない。そこである年、カタツムリがモンスーン期の最初の雨に反応してアバンチュールを始めると、私は島中を巡回し、情事の最中のペアを捕まえては、二匹に永遠の絆を贈った。手早く何回かスプレーすると、カップルは永遠に結ばれたまま、アルコールの入ったフラスコの底に沈んだ。死さえも二匹を分かつことはできなかった。

　実験室に戻ると、つながった部分を解剖した。マレーマイマイの交尾はつかのまの情事ではなく、夜明けから夕暮れまで続く。だが私の集めた標本は、この長丁場のプロセスで生じるすべての段階をカバーするに十分だった。交尾が始まるとすぐ、双方が長さ六センチのらせん状の精包をつくり始める（まだ同時的雌雄同体動物の話が続いていることを思い出してほしい。双方が互いを同時に受精させるのだ）。この精包は、ペニスの延長部にあたる上陰茎という場所で、その内壁を鋳型としてつくられる。最終的に精子が精包から出る際の出口となる先端は、上陰茎の先から突出しているらせん形の付属物を型にして成型されることがわかった。そしてなんと、殻と同じ方向に渦を巻いていることが判明した。殻が時計回りのカタツムリは精包の先端も時計回り、反時計回りのカタツムリはやはり精包の先端も反時計回りの渦を巻いていたのだ！　この性質はマレーマイマイに特有で、ほかのカタツムリの種ではたいてい精包の先端はまっすぐになっている。

　だんだんとおもしろくなってきた。今度は雌性、というか、受け手の側に移ろう。精包が交尾嚢の中に詰め込まれる。交尾嚢の役目は、精包の大部分をはじめとする中身すべてを消化することである。らせん状の精包の先端だけが交尾嚢から突き出て、卵へ至る管につながった場所へ進入する。ここがマジックの舞台となる。雌性交尾器を切開すると、ある角度でこの管が交尾嚢につながっているのがわかった。この角度というのは、時計回りのカタツムリでは右側、反時計回りのカタツムリでは左側に傾いている。実験スツールに座って無言で顕微鏡をのぞき込み、せっせと解剖をするうちに、だんだんと真相が見えてきた。この鏡像関係にあるらせん状の生殖管で大事なのは、らせんの方向が逆の個体どうしで交尾するほうが、精包の先端と雌性生殖器のあいだのかみ合わせがよくなるということ

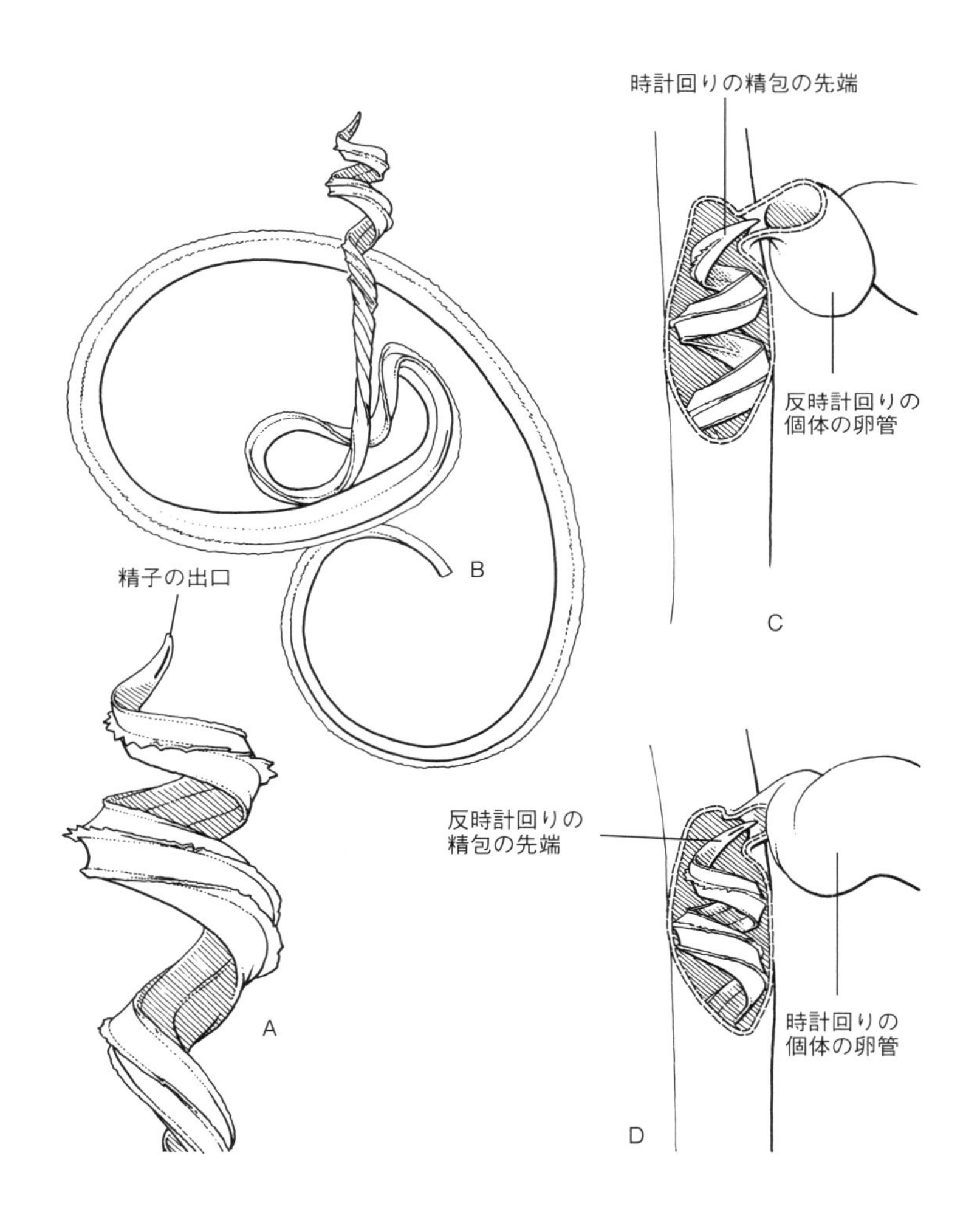

図23　鏡像の交尾。クリイロマレーマイマイには、時計回りと反時計回りという2つの型がある。これは殻の渦巻きだけでなく、精巧にできた精包（B）の先端（A）にもあてはまる。時計回りの精包には、反時計回りの個体の雌性生殖系のほうがうまくフィットする（C）。逆も同様（D）。

だったのだ！　そうだとするときっと、この組み合わせのほうが精包から出て卵に至る管に入る精子も多くなるはずだ！　ようやくそのことに気づいた私は、スツールに座ったままくるくると回った。

このマレーマイマイの状況から、第6章で出てきたカモの交尾器を思い出す読者もいるのではないだろうか。今の例とは逆で、反時計回りのペニスは時計回りの膣にきちんとフィットしないという話だった。おもしろいのは、カモにおいては時計回りと反時計回りの膣が進化によって半々の割合になる状況は決して起こらないということだ。雄が雌に挿入しやすくなっても、雌にはなんらメリットがないからである。ところが、マレーマイマイのような同時的雌雄同体動物では事情が違う。なぜならどちらも雄としてふるまうので、らせんが逆の相手と交尾することによって両者ともメリットが得られるからだ。

サセックス大学のポール・クレイズ（現在は権威ある《生態学・進化学における趨勢》誌の編集長も務めている）が、私と一緒にマレーマイマイの研究をするためにマレーシアを訪れて、カタツムリの互いにぴったりフィットする交尾器がもたらす影響をシミュレートするコンピュータープログラムを作成した。案の定、彼のシミュレーションにより、このような交尾器こそ、渦巻きが逆方向の個体どうしが常に入り混じって生活する種を生み出す要因であることが確認できた。私たちはこの結果を、性淘汰と生殖器形状が一つの動物における体全体の設計図（時計回りか反時計回りか）を左右する最初の例として、二〇〇七年に《進化生物学ジャーナル》に発表した。ここ本書の末尾で、私はこれをもって、これまで語ってきた「交尾器は自然を知る格好の鏡である」という話の締めくくりとしたい。(24)

雌雄同体動物の不可思議な世界をめぐる旅から、どんなことが学べただろうか。一つは、その生殖器は「通常」の動物の生殖器とまったく同じく奇妙だということだ。それどころか、もっと奇妙でもっと強烈であることも少なくない。ダーウィンの考えとは違って、性淘汰は生殖器の進化にも影響をおよぼすのだ。好色なナメクジやカタツムリの体はみな自らの欲情の対象と同じつくりになっているが、だからといって実用本位で無味乾燥な「君が欲し、私も欲する」というようなセックスが行なわれるわけではない。むしろ正反対だ。どちらも雄役をやりたがるので、相手からいわば雌らしい面を引き出すためのさまざまな仕掛けを進化させている。恋矢、極端に長いペニスの先端で行なわれる精子の受け渡し、精子の摂食、そしてこっけいなほど巨大な精包――これらはみな交尾相手に自分の精子をより多く受け取らせるために進化した戦略なのだ。この闘いの結果として、すでに雌雄異体動物で見てきた戦略をさらに増強して、相手に対するパワーアップされた操作手段が生まれた。これは生殖器の進化が種に対してもたらすことのできる究極の結果とも言える。全身が完全に裏返ったようなものなのだから。

赤面はあらゆる表情中最も特異にして且つ最も人間的である。

――チャールズ・ダーウィン『人及び動物の表情について』

（浜中浜太郎訳、岩波文庫より引用）

あとがき

一九七九年にジョナサン・ワーゲが革新的な論文を《サイエンス》に発表してカワトンボのペニスの仕掛けを報告すると、一部のメディアは彼を持ち上げた。しかしある見出し――彼の記憶ではタブロイド紙の《ナショナル・エンクワイアラー》に載ったもの――は「大学のインテリがトンボのセックスの研究に税金を無駄遣い」と書き立てた。[1] ワーゲが画期的な論文を発表してから三五年が過ぎたが、交尾器研究者をおとしめようとするメディアはあとを絶たない。二〇一三年三月、ニュースネットワークのCNSはパトリシア・ブレナンらによるカモの交尾器の研究（第6章）を同様の見出しであざけり、アメリカのメディアでは二週間におよぶちょっとした騒ぎが起きた（フォックス・ニュースは怒りをぶちまけたが、《ナショナル・ジオグラフィック》や《スレート》はこの研究を擁護した）。この騒動はすぐに「ダックペニスゲート事件」と呼ばれるようになった。[2]

科学の基礎研究をあざ笑いたがる人間にとって交尾器研究が格好の標的（座っているカモのよう

に）となる理由を、理解するのは難しくない。取るに足りない動物の秘部の詳細を解き明かす研究など、言語に絶するほどくだらないものとして容易に退けることができる。このような考え方に立った判断は、その鉾先（ほこさき）の向けられた相手を、まさに踏んだり蹴ったりの目に遭わせる――たとえばこんな感じで。「イェールのパトリシア・ブレナンと彼女の常軌を逸した同僚を除いて、この世の誰もアカオタテガモの生殖器の正確な形状など気にしないし、こんな研究はいかなる実用的な目的にも役立たない。だから公金をそんなものに無駄遣いすべきでない！」。フォックス・ニュースの調査で、回答者の九割がこの結論に同感だと答えたのも不思議ではない。

しかし、交尾器研究には実用性がないという見方を論駁するのに持ち出せる主張もある。本書の数カ所で、関与する交尾器の進化を十分に把握すれば理解できる――そして場合によっては解決できる――ヒトや家畜の繁殖をめぐる問題の事例を見てきた。たとえば第4章では、家畜の人工授精で当該種のペニスと似た注射器を使うと繁殖率が上がるという事例が出てきた。エバーハードは、ヒトでも同様かもしれないと主張する論文を《医学の仮説》誌に発表している。[3]

この論文が医学研究界から完全に無視された（一九九一年の発表以来、医学論文への引用回数は文字どおりゼロなのだ）という事実は、ヒトの生殖をごく当たり前の身体機能と見なす医学界の伝統を表している。そこでは両性が「ヒトという種の利益のため」に協力するものと考えられており、不妊の問題はその機能の欠陥にすぎないと見なされる。しかし、いかなる種においても繁殖とは終わりのない進化のタンゴから生じるものであり、闘いと舞踊の要素を兼ね備える果てしない舞踏会だということが、読者にはもうはっきりとわかっているはずだ。すでに見てきたとおり、子癇前症（しかんぜんしょう）（第7章）、自然流産（第4章）、精子アレルギー（第7章）、非交通性子宮角妊娠（しきゅうかく）（第6章）など、医師からは不可避な「エラー」として片づけられてしまうことの多いヒトの婦人科系および泌尿器系の問題も、生殖器が進化過程において振るう力について知ればすべて理解でき、おそらくもっとうまく対処できる。(4)

　しかし、生殖器研究者が自らの研究の正当性を裏づけるために挙げる理由が、実用的な用途の可能性だけであってはならない。美術、音楽、スポーツと同様、基礎科学は人類全体にある種の楽しみを与えるために存在するのだ。進化生物学者は、私たちの暮らす世界について正しい話を語るのに必要なあらゆる事柄を見出して解明しようと、つらく厳しい仕事に取り組む。たとえばテレビの自然ドキュメンタリー番組を観る人は、世界中に何億人もいる。視聴者は新たな事実を知って驚嘆したりおもしろがったりする。しかし、生物にまつわる新たな事実を発見して視聴者に伝えようと、蒸し暑い熱帯のジャングルや切り立った断崖をあえぎながら進んだのは番組の進行役ではないということは忘れられがちだ。そうしたドキュメンタリー番組では、いつかどこかで基本的な研究をしている名もなき生物学者による長年の仕事が、すべての瞬間を支えているのだ。

　セックスに対する関心は、人間の心の奥深くに根ざしている。この関心を満たせる（その一方で、同時に満たされる）ならば、生殖器研究者が世間から真剣に受け止めてもらうのも難しくはないはずだ。しかしそこには問題も存在する。セックスに対する揺るぎない関心は、知りたがりの獣のようなものだ。生殖器は人間のさまざまな感情において戦略的に重要な位置を占めるため、私たちと自らの秘所との関係も常に揺れ動いている。生殖器は私たちの好奇心を激しく刺激する一方で、男女の両方において支配力と脆弱性が宿る場所でもある。節度と猥褻さが絶妙のブレンドで配合されることによって、私たちがある意味で最も近縁の種と共有する人間行動の進化した側面が生じたのかもしれない（類人猿も生殖器のもつ特別な意味を理解しているらしい。群れの中で頭角を現してきた雄のチンパンジー二匹がそれまで群れを支配してきた雄に対して反乱を起こすときには、ボスの首を絞めたり頭を殴ったりするのではなく去勢させるという。フランス・ドゥ・ヴァールによるこの観察に、私はいつも感銘を受けている[5]）。

ということは、私たち自身やほかの種の生殖器について、その起源、仕組み、進化に注目を引きつけることによって、生殖器研究者がこの諸刃の剣から恩恵と苦しみの両方を得るというのは驚くべきことではない。この分野の研究について伝えるのはたやすい。なぜなら人はただちに耳をそばだてるからだ。しかし、その好奇心はたちまち当惑に変わりかねない。二〇一三年に《サイエンティフィック・アメリカン》が同誌のフェイスブックページを通じてペニスのサイズの魅力に関するブライアン・マウツの研究（第3章）を報告したときには、露骨すぎるとしてフェイスブック社が（コンピューターで作成された）画像を削除した[6]。

一方、交尾器研究というものは、生殖器やセックスに関する固定観念がどうしてもつきまとう。本書全体で、私は生殖器研究者の二陣営間で続いている議論を指摘してきた。ビル・エバーハードが率いる陣営は、交尾器の進化における「雌による密かな選択」を重視する。反対陣営に属するヨーラン・アーンクヴィストのような研究者たちは、性拮抗的共進化こそ生殖器の生物多様性を促進してきた原動力だと考えている。両者の違いはわずかだ。雌による密かな選択が支配するのなら、交尾器が進化するのはもっぱら雌が求愛者の選択肢から最良の雄を選ぶからだということになる。この雄が雌を

操作する 邪（よこしま）な策を弄するとしても、自分の見つけられる限り最良の遺伝子を子に与えるために「選択的に協力する」（エバーハードの言葉）のは結局のところ雌なのだ。一方、性拮抗的共進化陣営は、生殖器の進化とは受精の最終決定権をめぐる雌雄の闘いが形成するスパイラルを双方が下っていくことと考えている。(7)

どちらの陣営が正しいのか、判断するのは難しい。確固たる証拠を入手できる唯一の方法は、自然環境下でさまざまなタイプの雄と交尾した雌の子や孫や曾（ひ）孫の正確な数――言い換えれば総繁殖成功度――を比較することだろう。雌が多数の雄と交尾した場合にこの数字が下がるなら、それは性拮抗的共進化を支持する証拠となる。逆に数字が上がるなら、雌による密かな選択が優位に立つことになる。しかしエバーハードによれば、「このスコアについて妥当なデータの作成に近いことすら」誰にもできていない。

その一方で、両陣営は相手陣営が性的分業に関する非科学的で男性中心的な古いステレオタイプに陥っていると、互いに相手側を批判している。雌による密かな選択の権威であるエバーハードは「文化による目隠し」について発言し、これのせいで性拮抗的共進化陣営は性の相互作用において男性が能動的で女性が受動的だとする見方を無意識のうちにすり込まれていると主張する。対する性拮抗的共進化陣営は、相手陣営があまりにもペニスばかりを重視して、最も大事なはずの「ヒト」という種についてすら雌の身体をしばしば無視していると指摘する。

ペニスばかりが重視されて膣がないがしろにされているという批判は、生殖器研究という分野全体で真摯に受け止めるべきものであることは間違いない。現実的な理由もあって（たとえば昆虫の場合、ペニスは通常キチン質でできているので、乾燥させてピンで留めた標本になってもその形状は保たれる。それに対して雌の柔らかくしなやかな生殖器はしなびてしまう）、ペニスのほうが大事にされて膣は避けられてきた。しかし、ヒトのペニスが難なく教科書で章を一つ割り当てられてきたのとは対照的に、ヒトのクリトリスについてはきちんと記述するだけでも困難が伴ったことからわかるように、文化的なバイアスもあるに違いない。フェミニストの進化生物学者パトリシア・アデア・ガワティが書いているとおり、生物学全体で雌の交尾器は「精巧というより平凡、奇妙というより実用的」と見なされてきた[8]。しかし、現実的および文化的な障壁を克服して雌の交尾器をよく見ればたいてい（第6章のカモとハネカクシを思い出してほしい）、雄の交尾器と同じくらい珍妙で多彩だということがわかる。実際、さまざまなタイプの動物（少しだけ例を挙げれば、クモ、エンマムシ、ムクゲキノコムシ、サシチョウバエ、ガなど）において、雄の生殖器だけでなく雌の生殖器も種の同定に利用されている。

こうした問題点やバイアスはあるものの、交尾器の進化の研究を通じて、生命の歴史に関する深い洞察と目をみはるような展望が得られている。若い学生だったビル・エバーハードがクモ学の学術論文をめくり始めたとき、彼の関心をかき立てたのは、生殖に直接かかわる器官ほど進化によって多様化した身体パーツはほかにないという事実だった。さまざまな生物において交尾器こそ生物多様性の極致であるという事実は、あたかも自然法則のように感じられる。しかしそこへ至った細い偶発的な道すじを忘れてはならない。

時間の層のはるかかなたで、急速に進化するウイルスから逃れる手段として、あるいは遺伝暗号のエラーを修復するための手段として、セックスが始まった。その後、細菌が原始の細胞に忍び込んだ。共生する細菌どうしの闘いを克服するため、異なる性細胞（精子と卵）をつくる雄と雌という二つの性が出現した。一部の生物は流れる水の中でこれらの性細胞をランダムにばらまくのではなく、精子を精包（せいほう）に詰めて受け渡しできる生殖器を進化させた。こうして性淘汰が魔法の杖を振るう舞台が整い、雌による密かな選択、フィッシャー主義的選択、両性の対立という魔法の力によって、現在の私たちが目にするあきれるほど多様な形態や機能が生まれたのだ。

しかし、それだけではない。第7章に出てきた交尾栓を形成するタンパク質は、これらの動物の祖先が、ひょっとしたら交尾器が進化する前、精包の外被をつくり始めたころに使っていたのと同じタンパク質かもしれない。また、外傷的精子注入を進化させた動物においては、精細胞が卵細胞の外層以外のものも通過する必要が生じた場合、細胞に侵入できる精子の性質が役に立った。雌雄同体動物は、もともと雄性ホルモンと雌性ホルモンの両方を産生することができ、そのおかげで交尾相手をホルモンで操作するように適応できた。これについては、第8章でヨーリス・クーネが指摘している。そして、第3章の精子排出と第6章の精子かき出しを隔てる境界線はもっと微妙かもしれない。交尾中、雄は雌に前の交尾相手の精子を排出する反射を起こさせることができるのかもしれず、そうなれば精子排出と精子かき出しの区別はあいまいになる。

こうした偶発的な出来事や宿命によって、生殖器の進化にゆるい制約が加わる。「ゆるい」というのは、第4章で見たとおり、一定の制約の中で生殖器の進化はきわめてダイナミックなプロセスとなり、予測不可能なあらゆる方向へ進む可能性があり、その結果として形態の著（いちじる）しい多様性が生じるからだ。一方、環境はカダヤシやティダルレンの生殖器のサイズを抑えるだけではなく、それよりはるかに大きな役割を果たす。私はクレタ島での休暇中に本節を書いている。たいていの旅行客とはちがって、私は路傍の花の上で交尾している甲虫を観察するのにいくらか時間を費やしている。一部の種は周囲の世界など気にすることなく交尾し、私がつまみ上げて虫眼鏡で観察するあいだもしっかりと互いにつながっている。その一方で、邪魔が入るとすぐさま体を離して飛び去る種もある。ひょっとしたら、すぐに離れない種は、ペニスのとげでつなぎとめられているのかもしれない。そのようなとげが進化できたのは、これらの甲虫が有毒であるとか、あるいは何か別の理由で捕食者が少なく、交尾中に現場を押さえられても攻撃されにくいからかもしれない。種の生殖器とその種が生息するニッチとのあいだにそのような進化的コミュニケーションが存在していても、私は驚かない。

逆に、生殖器の進化は新しい種を誕生させる原動力にもなるかもしれない。雄の交尾器が雌の交尾器に適応できるように、また雌の交尾器が雄の交尾器に適応できるように、どちらも絶えず進化するという話が本当なら、双方による二重の適応から「種分化」と呼ばれる分岐が生じる可能性がある。たとえば雄が雌の体内に毒物を注入するというマメゾウムシが第7章で登場したが、この甲虫は種によってペニスのとげの数が異なり、膣の皮膚もそれに対応した厚さとなっている。雄のペニスが特にたくさんのとげで覆われている種では、雌の膣もしっかりと装甲しているのだ。このような相互適応は、すでに別々の種に属しているマメゾウムシだけに起きるわけではない。同じ種に属する別々の個体群のあいだでも、このプロセスは生じる。たとえば、ヨツモンマメゾウムシでそれが見られる。インド生まれのヨツモンマメゾウムシの雄がアフリカ出身の同種の雌と交尾した場合、雌と同じ個体群の雄との精子競争ではなかなか勝てない。逆の組み合わせでも結果は同様だ。このように各個体群内で起きる雄と雌との相互適応はそれぞれ、個体群の境界を越えた実質的な交雑を妨げる障壁を生み出すかもしれない。この障壁が、場合によっては各個体群を別々の種に進化させることもある。[9]

ただし、これはマメゾウムシの話だ。本書の「まえがき(フォアプレイ)」で指摘したとおり、私たち自身の交尾器と私たちにとって最も近縁にあたるチンパンジーの交尾器とのあいだには、顕著な違いがある。交尾器の進化が私たちと近縁の霊長類とのあいだに打ち込まれた楔(くさび)だと言うつもりはないが、これらの種が過去数百万年間に歩んできた進化の道のりを切り開くのに一役買っていることは間違いない。本書を通じて、私たちはそれを垣間見(かいまみ)て興味をかき立てられてきた。たとえば、とげを失ったが精子をかき出しやすい形状を進化させたと思われるペニスがあった。また、雌が雄から受け取った精液を選び取ったり拒絶したりするオルガスムもあった。これによって雌の生理機能が微妙に変化したり、ほかの雄の精液の邪魔さえしたりするのかもしれない。

私が論じなかったのは、生殖器の進化に同性愛も関与している可能性だ。生殖器研究者は、まだこれに手をつけてさえいない。ヒトを含めて哺乳類においては、これは重大な意味をもちそうだ。たとえばボノボのクリトリスの亀頭は、ほかの哺乳類と比べてサイズが大きく、前に突き出ている。一部の霊長類学者はこの解剖学的特徴を、ボノボでは雌どうし(および雄どうし)の同性間交尾が社会的に重要な意味をもつという事実と結びつけて考えている。[10] トコジラミでは雄の同性愛によって雄が別の雄の繁殖を媒介するという説もあった(第6章)。雄が雄と交尾し、その交尾相手が今度は雌と交尾するという仕組みになっている——なんともややこしい話だが。動物界では同性愛が頻繁に見られるので、生殖器の進化に影響をおよぼした同性間交尾の様式はほかもありそうだ。ただし、生物学者がきちんと研究した事例はまだ一つもない。

私たちヒトがたたずむ穏やかな入り江の外には、性機能という広大な海が開けている。ほかの動物のもつ性機能の多くは、私たちにとってひどく異様に感じられる。仮にマメゾウムシやウミウシ、イエユウレイグモと同じ性生活を実践しろなどと言われたら、私たちはあまりうれしくないだろう。しかし本書で私が示したかったのは、ヒトだけが特別な存在ではないということだ。私たちの生殖器の形状や機能が進化によって生み出されたプロセスは、動物界全体と切れ目なくつながり、そのおかげで私たちも自然界の確たる一員となっている。私たちはこの世界を共有するすべての動物とともに、マッコウクジラのペニスを眺めていた一七世紀の夫妻と同じく、性の抗いがたい魅力を認めた祖先たちから途切れることなく続く子孫なのだ。

謝辞

本書は自宅で書いた部分もあれば、世界各地の旅先で書いた部分もある。自宅で書いた部分については、パートナーのレイチェル・エスナー、子どものフェナとヤンにありがとうと言いたい。家族はライデン、アムステルダム、パリ、コタキナバルのキッチンテーブルで私に付きあい、執筆作業で煮つまった私の気分を受け止めてくれた。さらにレイチェルには、私がふだん以上に交尾器について思案するのを許してくれたことにも感謝する。外国で書いた部分については、以下に挙げる場所で働く皆さんが、ご本人には知る由もないが本書の誕生を助けてくれた。ロンドンでは、デイナセンター、ロンドン大学インペリアル・カレッジの食堂、ヴィクトリア&アルバート博物館のレストラン、スー・クレイソン夫人の宿屋(B&B)。アゾレス諸島では、ポンタデルガダのリンスホテル。クレタ島では、イラクリオンにあるマーリンホテルとモロシニのカフェ（ざわめく街のレックが見渡せる)、そしてドウリアナにあるフィリップパズハウス。第6章はすべてニューヨークのブルックリンで暮らすベン・バンクソンのアパートで書かせてもらった。また、第1章と第2章の大半はアンネット・シレから借りたベルリン市内のアパートで書いた。

ちょっとした時間や多大な時間を無償で提供してくれた人、アドバイスや情報をくれた人、そして実験室や研究室や自宅に快く迎えてくれた多くの人など、たくさんの科学者（および何人かのアーティストと美術史家）にも感謝する。そのなかには友人や同僚もいるが、まったく面識のない人もいる。アルファベット順にその方々の名を挙げる。ゲルト・アルベルティ、ヨーラン・アーンクヴィスト、リサ・ベッキング、ティム・バークヘッド、オスカー・ブラットストロム、マリア・フェルナンダ・カルドーゾ、千葉聡（ちばさとし）、ビル・エバーハード、コビー・ファイエン、ハンス・ファイエン、クラウディア・ガック、ジョン・グレアム、マルティン・ハーゼ、ペーター・ファン・ヘルスディンゲン、カスパー・ヘンドリクス、ロルフ・フクストラ、マイケル・ジェニオンズ、木村一貴（きむらかずき）、ヨーリス・クーネ、ハンナ・コッコ、ブラム・カウパー、マイケル・ラング、マルティネ・マーン、パトリシア・マイナルディ、ブライアン・マウツ、ティボー・ドゥ・ムルメステール、ペーター・ミハリク、ジェレミー・ミラー、ケース・ムリカー、長太伸章（ながたのぶあき）、ヴィルジニー・オルゴゴゾ、アントネッラ・ディ・パルマ、リッチ・パーマー、ミシェル・ペロー、ミシャル・ポラク、アンドリュー・ポミアンコフスキー、リチャード・プリース、〝テオ〟・ミヒャエル・シュミット、アンゲラ・シュミッツ＝オルネス、スティーヴン・サットン、ガブリエレ・ウール、ジョナサン・ワーゲ、ポール・ワトソン。

友人たちは、アドバイスと知的および精神的なサポートを与えてくれた。とりわけパートナーのレイチェル・エスナーには数々の点で助けられたが、ほかにもフランク・ファン・ローイ（この二人は原稿を広範囲にわたって校正してくれた）、イェルン・ルールフセマ、ジャニーヌ・カウラコス、リディアン・テル・ブリュッへ、アビゲイル・ソロモン・ゴドー。ナチュラリス生物多様性センターの同僚たちにも感謝したい。特に、クリス・デ・フレーフ、特質進化専門グループの全メンバー、私のもとで交尾器を研究している学生のフロー・レーベルヘン、ルーベン・ファイファーベルフ、タイメン・ブレースホーテン、パウリーン・デ・ヨング、タマラ・ホーヘンボーム、リック・ファン・ベーク、メラニー・マイヤー・ツ・シュロホテルン、そして上司のヤン・ファン・トル、コース・ビースマイヤー、エリック・スメッツ、エドウィン・ファン・ハウス。皆さんが融通を利かせてくれたおかげで、自分の時間の一部を本書の執筆に充てることができた。

最後になったが、サイエンス・ファクトリーのピーター・タラックとルイーザ・プリチャード、そしてヴァイキング社のメラニー・トルトロリとウェンディ・ウルフ。彼らはデザイナーのフランチェスカ・ベランジャーおよびジョン・パトリック・トマス、ヴァイキング社制作部長のブルース・ギフォーズ、図版を描いてくれたヤープ・フェルモーレンからの測り知れない助力とともに、すべてを可能にしてくれた。

訳者あとがき

ペニスを勃起させた雄ガモたちが、一羽の雌ガモのまわりに群がってくる。どの雄も交尾しようと必死だ。ついに一羽がペニスを強引に挿入する。しかし――。

「私の生殖器の構造は、ねじくれたトンネル。迷路よ。雄の生殖器をさえぎれる。相手を迷わせることができるの。だますことができる。でも好きな相手なら――」

雌ガモは一羽の雄ガモに自ら膣口を差し出す。

「私の夫になってちょうだい。もう少し右。もう少し左。そこよ。そこに卵子がある。ああ、あなたが子どもの父親」

本書の「まえがき(フォアプレイ)」で、さまざまな動物の性交を扱って人気を博した作品として短篇映像シリーズ《グリーン・ポルノ》が挙げられているが、右に記したのはそのエピソードの一つである(https://youtu.be/ivT2RKmeJ6I で、ＷＯＷＯＷが制作した日本版、「『グリーン・ポルノ』ねじくれた穴の中」が視聴できる）。雄ガモは紙でつくられた偽物、雌ガモはベテラン女優のイザベラ・ロッセリーニがコスチューム姿で演じている（日本語版の吹き替えは藤原紀香）。雄ガモがペニスを挿入すると、画面は雌ガモの生殖器内に切り替わり、気に入らない雄を雌の生殖器が拒むようす、あるいは気に入った雄に卵を受精させようと誘うようすが映し出される。生殖器内は確かに「迷路」で、卵にたどり着くのは容易ではない。何が何でも卵を受精させたい雄ガモと、気に入った雄の精子で卵を受精させたい雌ガモ。両者の思惑が繰り広げる攻防は、滑稽で、邪悪で、しかしけなげでもある。

このような雌雄の攻防は、決してカモだけのものではない。雄と雌は、同じ種に属する生物どうしであっても、繁殖をめぐって利害が対立する。自分にとって有利にことを運ぶべく、雄も雌も互いを出し抜く仕組みをつくり出している。そんな両性の競争から生まれた多彩な性器や性行動の知られざる世界を描くのが、本書『ダーウィンの覗き穴』である。体長がわずか数ミリのクモや甲虫から、ウシやゴリラといった大型の哺乳類に至るまで、それぞれが種独自の生殖器を進化させてきた。本書では、その巧妙な仕組み、奇想天外なデザインが、「これでもか！」とばかりに次々と紹介され、性や性器にまつわるイメージが一変する。

種ごとに大きく異なり、進化も急激に起きるという「生殖器」。本書ではどちらかというとカタログのように、多様な生殖器のあり方を提示しているが、そうした多様性を生み出した原動力は「性淘汰」であり、当然それについても説明がなされている。さらにこの分野を掘り下げて、そもそも「なぜ」性淘汰が起きるのかをよく知りたい読者には、『クジャクの雄はなぜ美しい？（増補改訂版）』（長谷川眞理子著、紀伊國屋書店）が参考になる。性淘汰の起きる「仕組み」とその「影響」については、

『赤の女王』（マット・リドレー著、長谷川眞理子訳、ハヤカワ文庫）が役に立つだろう。また、『盲目の時計職人』（リチャード・ドーキンス著、日高敏隆監修、早川書房）は、性淘汰における「正のフィードバック」によって共進化がとどまるところを知らないかのように進展する、いわゆる「進化的軍拡競争」のメカニズムを詳細に解説している。

本著の著書、メノ・スヒルトハウゼンは、本書を執筆した動機について、「性にまつわるあらゆることに対する生まれついての好奇心」という誰にでもある心情を率直に挙げるとともに、生殖器研究に携わる者に対して「メディアから浴びせられる忍び笑い」に打ち勝ちたいとも説明している。知識の欠如や社会の風潮のせいで生殖器がまじめな研究対象とは受け止められなかった時代が過ぎ、ようやく「生殖器学」が一つの学問分野として確立するようになったと著者は考えている。それでもなお、生殖にまつわることがらをオープンにすることへの社会の抵抗感は、容易には消え去らないようだ。

著者は、生殖器研究の成果と意義を社会にきちんと伝えることにより、生殖器研究に対するメディアや世間からの不当な扱いを打破したいと真剣に願っている。といっても本書はまじめ一辺倒な作品ではなく、全体にユーモアが感じられるし、あちらこちらに著者の遊び心が顔をのぞかせている。特に注目したいのが、映画や音楽、文学といったアート作品を下敷きにしている部分だ。あえて説明するまでもないものから、説明を要するもの、なかにはどうしても英語から日本語に移せなかったものもあるが、ここでいくつか触れてみたい。

たとえば第1章に出てくる小見出し「ブルー・ヴェルヴェット」。もとは一九八六年に制作されたデイヴィッド・リンチ監督による映画のタイトルである。倒錯的な性行為におぼれるクラブ歌手を、先ほどの《グリーン・ポルノ》のイザベラ・ロッセリーニが演じているのは奇遇だろうか。

第3章には「恋の骨折り損」と題された節がある。言わずと知れた、シェイクスピアの喜劇のタイトルだ。せっかく雌の体内に精液を注入したのに、あっさりと体外に排出されてしまったときの雄の徒労感には、同情を覚えずにいられない。

第4章の章題「恋人をじらす五〇の方法（Fifty Ways to Peeve Your Lover）」は、一九七六年にヒットしたポール・サイモンの楽曲「恋人と別れる五〇の方法（*50 Ways to Leave Your Lover*）」をもじっている。この曲は、一説によるとじつは深い意味がなく言葉遊びに終始しているとも言われるが、本章は雄を手玉にとる雌たちの興味深い事例が満載で、しっかりした読み応えがある。

第7章には「愛は痛みを伴うもの（Love Hurts）」という節があるが、これはスコットランドで結成されたロックバンドのナザレスが一九七五年に発表したバージョンで著名なロック・バラードの名曲「ラブ・ハーツ（*Love Hurts*）」からとったタイトルだろう。「愛は痛みを伴い、傷跡を残し、痛手を与え、打ちのめす」という歌詞の一節は、まさに痛みに満ちあふれるこの節にぴったりだ。

本書の帯に推薦文をお寄せくださった九州大学総合研究博物館の丸山宗利氏は、本書の訳出にかかわる疑問に快くお答えくださった。早川書房の伊藤浩氏には、本書を翻訳する機会をいただき、編集作業においてもご提案やご指摘をいただいた。校正をご担当くださった谷内麻恵氏からも、きめ細かなご指摘をいただいた。ほかにもたくさんの方々に、相談に乗ってもらったり、質問させてもらったり、励まされたりと、大いに助けられた。皆様に感謝の気持ちを伝えたい。

二〇一五年一二月

田沢恭子

原　注

まえがき（フォアプレイ）

（1）　現在では、**オランダ国立自然史博物館**はライデン・バイオサイエンスパークにあるモダンな建物に移転し、ナチュラリス生物多様性センター（www.naturalis.nl）と改称されている。枝角のコレクションとクジラの絵（ブローウェルスハーヴェンの海岸に打ち上げられたマッコウクジラを描いた作品、1606年）もここにある。

（2）　**『野獣の性』**（大島正満訳、法政大学出版局）は、Burns (1953)。

（3）　教室の壁に貼るポスター**「動物界のペニス」**は、ジム・ノウルトンが制作した（ノウルトンはこれで1992年にイグノーベル賞を受賞）。

（4）　オンライン配信シリーズ**《グリーン・ポルノ》**は、www.sundancechannel.com/greenporno で視聴できる。

（5）　第一次性徴が性淘汰を受けるという考えに対する**ダーウィンの否定的見解**は、『人間の進化と性淘汰』（長谷川眞理子訳、文一総合出版）（Darwin, 1871）第8章（「性淘汰の諸原理」）253～254ページ（邦訳書では第II巻11～12ページ）に概述されている。

（6）　**ワーゲの論文とエバーハードの著書**（Waage, 1979 および Eberhard, 1985）は、本書の参考文献リストに挙げてある。ワーゲが**カワトンボの生殖器の研究**を始めたときの事情は、2013年3月14日に私が行なった彼へのオンラインインタビューによる。

（7）　**エバーハードの著作**の構想をめぐる出来事は、2013年4月下旬にビル・エバーハードからもらったメールによる。

（8）　**スティーヴン・ハッベルの発言**は、拙著『生命の織機』（Schilthuizen, 2009）による。

（9）　**チンパンジーの雌の交尾器**については、Dahl (1985) に記述されている。

（10）　**チンパンジーの雄の交尾器**については、Prasad (1970) に記述がある。

（11）　《ネイチャー》に発表された論文（Barron and Brown, 2012）は、科学メディアが**性淘汰研究を扱う際にセンセーショナルで不正確になりがちな**傾向を批判している。

第１章　用語を定義せよ！

（1）　Prasad Narra and Ochman (2006) に、**細菌のセックス**に関する現在の見方が記されている。

（2）　**サンゴの大量放卵・放精**は、Harrison et al. (1984) などに記述されている。

（3）　**雌雄間の直接接触を伴わない精子の受け渡し**は、カニムシ、トビムシ、サンショウウオについてそれぞれ Weygoldt (1969)、Schaller (1971)、Houck and Verrell (2010) に記述されている。

（4）　Clark (1981) は、**動物が精子をやりとりするさまざまな方法**に関するすぐれた概説となっている。

（5）　**精包の受け渡しのほうが交尾器の進化より先に始まった**とする説は、Highnam (1964) の数章で扱われている。

（6）　植物、寄生バチ、ナナフシ、甲虫、シチメンチョウ、トカゲ、ヒルガタワムシの**無性生殖**については、それぞれ Calzada et al. (1996)、Godfray (1994)、Bullini and Nascetti (1990)、Dybas (1978)、Olsen (1966)、Radtkey et al. (1995)、Fontaneto et al. (2007) に詳しい情報がある。

（7）　Ridley (1993) は、**有性生殖の起源**に関するさまざまな説を非常にわかりやすく説明している。

（8）　Hoekstra (1987)、Randerson and Hurst (2001)、Schilthuizen (2004) に、**性の進化**の背景が書かれている。本節と前節の内容は、ロルフ・フクストラにチェックしてもらった。

（9）　**第一次性徴と第二次性徴**の代表的な医学的定義は、Haeberle (1983) に載っている。

（10）　Darwin (1871, Part II: 253-55) は、Hunter (1780) の言う**第一次性徴および**

第二次性徴とそれらを動物において定義する際の問題点について記述している。最近では Ghiselin (2010) が同じ点を取り上げている。

（11）　**キクロネダ・サングイネアの交尾器**については、Eberhard (1985: 158)、Araújo-Siqueira and Almeida (2006) に記述がある。

（12）　Prum and Torres (2004) に、ロエストモンキーとコモリネズミの雄がもつ**青い陰嚢**に関する記述がある。

（13）　**性淘汰の発見**に関する詳しい背景については、拙著『カエル、ハエ、タンポポ』（Schilthuizen, 2000) の第 4 章に書かれている。

（14）　**「形質」という語の使用に対するギセリンの検討**は、Ghiselin (1984) などに記されている。

（15）　**交尾器の定義**について、エバーハードは Eberhard (1985: 2) で論じている。

（16）　Clark (1981) は、陸上生活から生じた結果としての**体内受精の進化**に関するすぐれた議論となっている。

（17）　**淡水中ではイヌの精細胞が死滅する**ということを最初に記述した（デリケートなテーマゆえにラテン語で書かれた）のは、Van Leeuwenhoek (1678) である。

（18）　**さまざまな種の魚の精細胞**をいろいろな温度の蒸留水に入れた場合の寿命を示す詳細な図が、Lindroth (1947) に掲載されている。

（19）　**イカの精子による「感染」症例**に関する記述と動物学的解釈が、Marian et al. (2012) にある。また、「ナード・ナイト・サンフランシスコ」（2012 年 6 月 20 日）でのパフォーマンスを撮影した動画でダナ・スタールもこれを扱っている。引用した見出しは、Park et al. (2012) の論文にもとづくイギリスの《デイリー・メール》紙の 2012 年 6 月 15 日付オンライン版による。

（20）　Tinbergen (1939) は、コウイカの**交接行動**を記述している。

（21）　カイダコの**交接腕の自切行動**に関する情報は、Laptikhovsky and Salman (2003) および Sukhsangchan and Nabhitabhat (2007) による。

（22）　本文中で簡単に触れている**カイダコの殻**は、多くの推測を生み出している。というのは、アンモナイトの殻と見た目はよく似ているが材料が異なり（カ

イダコは方解石、アンモナイトは霰石)、外套膜ではなく触腕でつくられるからだ。このため Naef (1921) は、アンモナイトがまだ絶滅していなかったころにカイダコの祖先は捨てられたアンモナイトの殻の中に産卵していて、やがて殻を修復する能力を進化させ、最終的に自分で殻をつくれるようになったのではないかとの見解を示している。ただし、この想像に富んだ説を真剣に受け止める者は多くない。カイダコの生態をめぐっては、興味深い点がもう１つある。クラゲ（雌の場合）やサルパ（雄の場合）と共生することがあるらしいのだ。カイダコの基本的な情報を伝えるすぐれた動画が museumvictoria.com.au/about/mv-news/2010/argonaut-buoyancy/ で閲覧できる。

(23)　キュヴィエによるヘクトコチルス・オクトポディスの記述は、Cuvier (1829) にある。

(24)　英国王立協会で発表された**セジウィックの論文**は、Sedgwick (1885)。**社会性有爪動物の集団ハンティング**については、Reinhard and Rowell (2005) が記述している。

(25)　**新奇な頭部付属物**を最初に報告したのは、Tait and Briscoe (1990)。Tait and Norman (2001) はフロレルリケプス・ストゥトクブリアエの交尾行動を報告している。頭部付属物をもつ有爪動物には皮膚を貫通して受精するための器官もあるという発見は、Walker et al. (2006) に記されている。

第２章　ダーウィンの覗き穴

本章の冒頭７段落は、Schilthuizen (2013) としてオランダ語で発表した文章を改変したものである。

(1)　ルネ・ジャネルの像を見ようと**パリ植物園**と国立自然史博物館を訪れたのは、2012 年 7 月 16 日。

(2)　**ジャネルの経歴**に関する情報は、Motas (1966)、Negrea (2007)、d'Aguilar (2007) およびルネ・ジャネルに関するウェブページ fr.wikipedia.org/wiki/René_Jeannel による。

(3)　ジャネルが発見した**洞窟芸術**に関する情報は、Lawson (2012) で触れられ

ている。

（4）　**ジャネルの博士論文**は、Jeannel (1911)。小型食菌甲虫のタマキノコムシ科の一種であるメクラチビシデムシは、ジャネルの時代にはバティスキイナエと呼ばれ、シデムシ科の亜科と考えられていた。

（5）　ジャネルの**「挿入器」に関する小論**は、Jeannel (1955)。

（6）　**マルハナバチの分類学**の例としてはWilliams (1991) やRichards (1927) があるが、マルハナバチのペニスに見られる種ごとの特異性についてはすでにV・オードワンが1821年に指摘している（Jeannel, 1955）。

（7）　**マルハナバチの交尾器**に関する詳しい情報は、www.nhm.ac.uk/research-curation/research/projects/bombus/genitalia.htmlで入手できる。

（8）　**マルハナバチ全般に関する詳しい情報**は、www.bumblebee.orgおよびbumblebeeconservation.orgで入手できる。マルハナバチは主に北半球に生息するが、東南アジアの山岳地域や南米大陸でもいくつかの種が見られる。

（9）　**ハネジネズミ**とその分類に関する基礎知識は、Springer et al. (1997) やDawkins (2004: 224) から得られる。Woodall (1995) は雄ハネジネズミの生殖器の形状に関する研究であり、またTripp (1971) には雌の生殖系に関する基礎知識が記されている。

（10）　拙著『カエル、ハエ、タンポポ』（Schilthuizen, 2000）の第4章で、私は**生殖器の多様性を種分化というコンテクストに置いている**（本書の最終章「あとがき（アフタープレイ）」も参照）。

（11）　オランダ昆虫学会の集会（1981～82年の冬）で**私の心に残った昆虫学者**とは、ディアコノフ氏である。

（12）　**マリア・カルドーゾ**に関する段落は、オーストラリア放送協会が制作したドキュメンタリー番組（www.abc.net.au/arts/artists/maria-fernanda-cardoso-the-museum-of-copulatory-organs/default.htm）、カルドーゾ自身のウェブサイト（www.mariafernandacardoso.com）、および本書執筆期間全体にわたる彼女とのメールのやりとりをもとにした。

（13）　**ゴスの言葉**は、Gosse (1883) からの引用。私以前の多くの人たちと同じ

く、じつは私もゴスの言葉を意図的に文脈を無視して引用している。じつのところゴスはこの言葉に続けて、交尾器を鍵と鍵穴にたとえる見方がしばしば表明されるが、「この公理が証明されるのを見てみたいものだ」と述べているのだ。

（14）　**「鍵と鍵穴」仮説**に関するもっと詳しい背景は、Eberhard (1985) や Shapiro and Porter (1989) などで得られる。

（15）　本節では、**「鍵と鍵穴」仮説の「機械的」バージョンと「感覚的」バージョン**を一緒にしている。後者については、Jeannel (1941, 1955) や De Wilde (1964) などに記されている。

（16）　チェコの森の**シデムシ**に関する論文は、Kočárek (2002)。チビシデムシ各種のペニスの図は、Jeannel (1936) などに載っている。

（17）　**マカクの交尾器**について報告しているのは Fooden（1967）。

（18）　マルハナバチにおける**「鍵と鍵穴」説に疑義を呈した**のは、Richards (1927) や Boulangé (1924) などである。

（19）　**種の壁を越えた交尾**を見せてくれた昆虫学者は、故ヤン・ルーカスである。

（20）　**キラルのカマキリ**を用いた交尾実験は、Holwell and Herberstein (2010) に記述されている。

（21）　この「鍵と鍵穴」仮説を否定する**生物地理学的証拠**は Eberhard (1985) にあるが、ほかに Shapiro and Porter (1989)、Eberhard (1996)、Arnqvist (1997)、Eberhard and Huber (2010) などにも同様の証拠がある。

（22）　**ショウジョウバエにおける「鍵と鍵穴」的パターン**の例は、Kamimura and Mitsumoto (2012) による。

第３章　体内求愛装置

（1）　ここで挙げた**図鑑**は、Jeyarajasingam and Pearson (1999)、Kleukers et al. (1997)、Freude et al. (1971) である。

（2）　**エバーハードの言葉**は、Eberhard (1985: 15) からの引用。

（3）　**ダーウィンの戯画**はアルバート・ウェイ（1805 ～ 1874) によるもので、ケ

ンブリッジ大学図書館に保管されている（知られている限り、ダーウィンは巨大な甲虫に乗ったことはない。巨大なカメに乗っただけだ）。甲虫採集の日々に関する記述は、Barlow (1958: 62-63) による。

（4） **フジツボに関するダーウィンの著書**は、Darwin (1851, 1854)。

（5） ダーウィンは 1854 年の著作において、**フジツボのペニスを**（Birkhead, 2009 によれば）「驚くほど発達している……完全に伸ばすと、全身の長さの 8 倍から 9 倍に相当するに違いない……巨大な蠕虫のようにとぐろを巻いている」と描写している。

（6） Neufeld and Palmer (2008) に、**動物界でトップクラスの長いペニス**のリストが収録されている。

（7） **フジツボのペニスの形態**に関する詳細は、Hoch (2008) や Neufeld and Palmer (2008) に記載されている。また、交尾中のフジツボを撮影した動画が vimeo.com/7461478 で閲覧できる。

（8） 父親の研究に対する**ヘンリエッタ・ダーウィンの影響**は、Birkhead (2007, 2008, 2009) などに書かれている。スッポンタケ排除運動のエピソードは、Raverat (1952) による（Birkhead, 2007 に引用されている）。2012 年 5 月 11 日にライデン大学でバークヘッドが行なったティンバーゲン記念講演の際に私が自分で取ったメモも参照した。ヘンリエッタの日記とその解説が www.darwinproject.ac.uk/hed-diary-1871 で公開されている。ダーウィンが死の床で回心したという「ホープ夫人の話」をヘンリエッタが否定したことについては、Litchfield (1922) に書かれている。

（9） **Bateman (1948)** は、Trivers (1972) に「再発見」されて以来、性淘汰理論の展開において重要な論文となった。しかし Bateman (1948) は実験の設計と結果の分析において誤りを犯しており、追試をしても性淘汰の証拠を見出せなかったとして、Gowaty et al. (2012) 中で誤りが指摘されている。ベイトマンの原理に対するその他の批判は、Judson (2002) にまとめられている。本書でベイトマンの原理を扱った節は、ハンナ・コッコに読んでもらい、コメントをもらった。彼女はこのテーマに関する未刊行の本で彼女が一部執筆した 2 つの章について教えてく

れて、さらにGerlach et al. (2012) の論文も教えてくれた。Gerlach et al. (2012) は、雌における正のベイトマン勾配（訳注：交尾の成功と生殖の成功との相関関係）が統計上のノイズと考えられる理由を説明している。

（10）　**性淘汰の歴史**に関して、特に「雌の選択」による性淘汰に関して、広く支持されている説明がSchilthuizen (2000) にある。私はこの本で、「優良遺伝子派」と「フィッシャー派」の主張する性淘汰の概念の違いにこだわった。Ridley (1993) も参照。しかしKokko et al. (2003) などが示しているとおり、両者のあいだに根本的な違いはない。

（11）　**毒ガエルにおける性淘汰**に関する研究は、Maan and Cummings (2008, 2009, 2012) に記されている。この性淘汰の仕組みについて、詳しくはMyers and Daly (1976) およびSummers (2004) を参照。

（12）　**クジャクとツバメにおける雌の選択**の例は、それぞれPetrie (1994) とMøller (1990) による。

（13）　雌の選択に対する**脚環の効果**の最初の発見は、Burley et al. (1982) に記されている。

（14）　**とさかの効果**に関するバーリーの研究はBurley and Symanski (1998)、人工的に魅力を付加された雄の行動変化に関する情報はBurley (1988) に書かれている。

（15）　**感覚便乗**は複雑なプロセスであり、その要素のいくつかは個別に研究され命名されている。Endler and Basolo (1998) は、感覚便乗について明瞭な全体像を描いている。

（16）　カダヤシ、霊長類、トカゲにおける**ペニスの視覚的ディスプレイ**は、それぞれKahn et al. (2010)、Wickler (1966)、Bohme (1983) に記述されている。一方、Mautz et al. (2013) はヒトの男性の視覚的魅力にかかわる要因としてペニスの長さを扱う研究の参照資料となる。リスザルの例は、Ploog and MacLean (1963) による。

（17）　**ルーブ・ゴールドバーグ**の漫画は、rubegoldberg.com で閲覧できる。

（18）　ガガンボの**摩擦音を出す生殖器**に関する論文は、Eberhard and Gelhaus

(2009)。ガの生殖器の摩擦音に関する論文としては、Heller and Krahe (1994) や Conner (1999) などがある。

(19) **交尾鉤**の機能全般についてはEberhard (1985) に記されており、特に甲虫についてはDüngelhoef and Schmitt (2010) に書かれている。かぎかっこを付した文（「もっと左——そう、そこよ！」）は、デュンゲルヘーフ博士からの引用ではないことを断っておく。キクロネダ属のテントウムシの交尾鉤についてはAraújo-Siqueira and Almeida (2006) などに記述されており、交尾中のペア（交尾鉤の動きも見られる！）を撮影した動画がwww.youtube.com/watch?v=VplJpdlUmswで閲覧できる。

(20) 昆虫の**ペニスについた鞭状パーツ**については、Eberhard (1985) や Rodriguez et al. (2004) に記述がある。有蹄類の尿道突起については、Prasad (1970)。ウシの交尾では尿道突起が鞭を振るうような動きをするという報告は、Eberhard (1985: 11) による。

(21) **ボルネオ島のパラン**の文化人類学については、Harrisson (1959) による興趣に富んだ記述がある。マレーシアのサラワク博物館には、よく知られた例がいくつか収蔵されている。

(22) **ハチの交尾器に関する言葉**は、West-Eberhard (1984) から引用した。

(23) **性器のリズミカルなスラスト**をする種の割合、ガラゴに関する詳細、「密かなスラスト」に関するコメントは、Eberhard (1996) による。

(24) アカハシウシハタオリの**ペニス様器官**と交尾におけるその使用については、Winterbottom et al. (1999, 2001) に書かれている。2012年5月11日にライデン大学で行なわれたティム・バークヘッドによるティンバーゲン記念講演でも取り上げられた。

(25) カワトンボの膣、ゴキブリの雌性生殖器、ヒトのクリトリス、ヒトの膣に備わる**感覚器**については、それぞれCórdoba-Aguilar (2005)、Eberhard (2010a)、Cold and McGrath (1999)、Pauls et al. (2006) をもとにした。

(26) **性器の形状の遺伝性**を示す一例は、Sasabe et al. (2007)。

(27) 《動物行動学》の**同じ号に並んで掲載された2本の論文**とは、Baker and

Bellis (1993a) と Baker and Bellis (1993b)。本節の内容はこの2本の論文からとったのに加えて、1997年8月24～28日にアーネムで開催された第6回欧州進化生物学会でロビン・ベイカーと交わした会話にもとづく。

(28)　**ベイカーののちの業績を批判した**人物の一人がティム・バークヘッドだった。初めのうちは穏やかだったが (Birkhead, 1995)、やがて批判は手厳しくなった (Birkhead et al., 1997)。

(29)　プリンストンで開かれた学会での**ベイカーとベリスの人気ぶり**を伝える言葉は、Birkhead (1995) による。

(30)　シルエッテルラ・ロリカトゥラという**クモの雌の交尾器**と、この種がもつ精子排出の習性がどのように機能するかについては、Burger et al. (2006) および Burger (2007) に記述されている。

(31)　イエユウレイグモの**精子排出**は Peretti and Eberhard (2009)、グレビーシマウマについては Ginsberg and Huck (1989) および Ginsberg and Rubenstein (1990)、ニワトリについては Dean et al. (2011) で報告されている。センチュウ（カエノラブディティス・エレガンス）の交尾と精子排出については、Barker (1994) に記述がある。交尾中のセンチュウが行なう交接刺のスラスト運動と交尾に関する詳細は、Barr and Garcia (2006) に記されている。

第４章　恋人をじらす五〇の方法

(1)　**エバーハードの著書からの引用**は、すべて Eberhard (1996) による。

(2)　私が参照した**ドナルド・デューズベリーの論文**は、Dewsbury (1971, 1974)、Langtimm and Dewsbury (1991) など。

(3)　Kullmann (1964) も、**クモの交尾における「ドライ」段階**を早い時期に報告した。

(4)　Tanabe and Sota (2008) などに、ヤスデの**ドライセックス**に関する記述がある。ほかの動物の例は、Eberhard (1985) による。

(5)　2012年10月25日、ライデンで**ペーター・ファン・ヘルスディンゲン**にインタビューした。彼の論文は Van Helsdingen (1965)。

(6)　**ネリエネ・リティギオサに関する研究**は、Watson (1991, 1995)、Watson and Lighton (1994)、Eberhard (1996) などで報告されている。それ以上の詳細は、2012年10月28日にポール・ワトソンがくれたメールにもとづく。実際には、シエラドームスパイダーは交尾のドライ段階後に立ち去るという拒絶方法をあまり用いず、たいていは精子排出を行なう。

(7)　サラグモ数種の**雌の生殖器の形態**は、Hormiga and Scharff (2005) などに記述されている。ゴールデンハムスターについては、Yanagimachi and Chang (1963)。

(8)　**人工授精における雌への適切な刺激**がもたらすプラス効果については、Evans and McKenna (1986) および Eberhard (1991) を参照。Roach (2008) には、ブタの人工授精に関するさらに多くの目撃談が記されている。

(9)　**ジュウイチホシウリハムシ**に関する研究は、Tallamy et al. (2001) で報告されている。

(10)　**ヒトのクリトリス**の解剖学とその研究の歴史に関する情報のほとんどは、O'Connell et al. (1998, 2005) および Foldes and Buisson (2009) による。ライニア・デ・グラーフに関する詳細は、Rozendaal (2006) による。《ニュー・サイエンティスト》の論文は、Williamson (1998)。

(11)　コベルトによるクリトリスの解剖は、Kobelt (1844) に記述されている。

(12)　**ヒト女性のオルガスム**をめぐる見解の変遷を扱った短い段落は、主に Gould (1991) と Symons (1979) をもとにした。フロイトは女性のオルガスムに関する自身の考えを『性欲論』（Freud, 1905）（懸田克躬訳、日本教文社）の第3論文で表明している。『裸のサル』（日高敏隆訳、角川文庫）からの引用は、Morris (1967) による。

(13)　**有袋類の生殖器**の発生については、Butler et al. (1999) による。

(14)　**数種の哺乳類におけるクリトリスの形状**に関する情報は、Porto et al. (2010)、Place and Glickman (2004)、Rubenstein et al. (2003)、Bassett (1961) による。

(15)　**ティム・バークヘッドの言葉**は、2012年5月11日にライデン大学で行

なわれたティンバーゲン記念講演での発言。

（16）　**膣オルガスムおよびクリトリスオルガスム**の生理機能については、Masters and Johnson (1966) および Gruenwald et al. (2007) を参照。

（17）　**オルガスム中のオキシトシン**放出については、Blaicher et al. (1999) による。

（18）　オルガスム中に**活性化する脳領域**に関する情報は、Georgiadis (2011) による。

（19）　雌ラットにおける**尿道生殖器反射**は、Marson et al. (2003) や Giraldi et al. (2004) などで報告されている。

（20）　交尾中の**雌ウシにおける子宮内圧の変化**の研究については、VanDemark and Hays (1952) に記されている。

（21）　**霊長類の雌のオルガスム**については、Burton (1971)、Hanby and Brown (1974)、Symons (1979)、Puts et al. (2012a)、Troisi and Carosi (1998) を参照。

（22）　哺乳類を用いたこれ以外の**吸い込み実験**は、19 世紀のものも含めて、Roach (2008) に書かれている。吸い込み仮説に関する部分では、Fox et al. (1970) と Baker and Bellis (1993b) を参照した。

（23）　質問票を使って**男性の魅力とペニスの長さ**がオルガスムの頻度に与える影響を調べた研究は、Puts et al. (2012b) および Costa et al. (2012)。

（24）　女性のオルガスムの**「副産物」仮説**を最初に打ち出したのは、Symons (1979) である。男女の両性においてオルガスムの痙攣が 0.8 秒間隔で生じるという話は、Masters and Johnson (1966) による。グールドの「おとこのおっぱいとおまめのしっぱい」のエッセイは、Gould (1991) に収録されている。ほかに「副産物」仮説を支持する最近の論文としては、Lloyd (2005) や Wallen and Lloyd (2008) がある。2012 年にヴェネト協会でロイドが行なった講演（www.youtube.com/watch?v=m6GMeeOFUsE）も参照。「副産物」仮説への反論は、Judson (2005)、Hosken (2008)、Lynch (2008)、Zietsch and Santtila (2011)、Puts et al. (2012a) など。

（25）　**精子輸送におけるオキシトシンの役割**は、Wildt et al. (1998) に記されている。

(26)　2008 ～ 2012 年に発表された**雌のオルガスムの生物学に関する論文**の数は、Google Scholar で「"female orgasm" AND "biology"」を検索して調べた。

(27)　たとえば元夫の精子を使って**妊娠した女性**の記事が、2012 年 9 月 24 日付のイギリスの新聞《デイリー・メール》に掲載された。

(28)　さまざまな脊椎動物における**精子の寿命**のリストが、Birkhead and Møller (1993) および Holt and Lloyd (2010) に載っている。社会性昆虫については、Boomsma et al. (2005) を利用した。

(29)　Eberhard (1996) は、ヘビなどの動物の雌がもつさまざまな**精子貯蔵器官**を挙げている。Pitnick et al. (1999) は、ハエなどの昆虫についての背景情報を与えてくれる。カタツムリについては Baur (2007, 2010) および Evanno and Madec (2007)、カメについては Gist and Jones (1989) を用いた。

(30)　**ヒメフンバエの話**については、主に Parker (2001)（パーカーの言葉もここから引用した）、Ward (1993)、Hellriegel and Bernasconi (2000)、Jann et al. (2000)、Sbilordo et al. (2009)、Bussière et al. (2010) を参照した。

(31)　**ブルース効果**は Bruce (1959, 1960) で報告された。ハタネズミのさまざまな種におけるブルース効果の例は、Eberhard (1996: 164) からとった。野生のゲラダヒヒに見られるブルース効果の研究は Roberts et al. (2012) だが、私は Yong (2012) も用いた。

(32)　**ヒトの自然流産率**に関する情報は、Forbes (1997)、Reeder (2003)、Wasser and Isenberg (1986) による。免疫系の近似性と流産との相関は、マカクについては Knapp et al. (1996)、ヒトについては Ober et al. (1998) に書かれている。中絶反対論者への言及は、アメリカ上院議員候補だったトッド・エイキンの「女性の体には妊娠プロセスをシャットダウンする機能が備わっている」という発言を指している。

第５章　気まぐれな造形家

(1)　私は**性淘汰に関する全般的な概念**を Kuijper et al. (2012) から得た。

(2)　**引用した冒頭文**（「交尾相手の選択において雌が用いる雄の特性を t とし、

雌の選好の強さを p とする」）は、Iwasa and Pomiankowski (1995) からとった。

(3)　**シュモクバエ**に関する概説の一部は、Cotton et al. (2010) と、2012 年 9 月に開催されたキナバル／クロッカー・レンジ・エクスペディションの際に行なったハンス・ファイエンおよびコビー・ファイエンへのインタビューによる。

(4)　**A・ポミアンコフスキーおよびS・サットンとフィールドトリップ**に行ったのは、2006 年 4 月 17 日。

(5)　**「少数派の雄」効果**は、Partridge (1988) や Kokko et al. (2007) などに記述されている。

(6)　Hughes et al. (1999) による**グッピーの実験**は、ここに書いたよりも実際は複雑だが（もっと多様性に富む第 3 の雄の群れも用いている）、M1 と M7 の雄だけに着目することでその本質は伝えられたと思う。本節のグッピーを扱った部分は、マイケル・ジェニオンズにチェックしてもらった。

(7)　ハンナ・コッコの**俳句**は、彼女のホームページ（biology.anu.edu.au/hosted_sites/kokko/Publ/index.html）から引用した（きちんと 3 行に分けて掲載できなかったことを彼女にお詫びする）。

(8)　**「少数派の雄」効果のコンピューターモデル**については、Kokko et al. (2007) に書かれている。私は 2013 年 2 月 15 日にライデンで行なわれた彼女の講演とインタビュー、そして彼女が本節に目を通してからくれたコメントを利用した。

(9)　**ガラパゴスフィンチの急速な変化**およびその他の最近の進化については、Weiner (1994) などに記されている。

(10)　**セックスの古生物学**を扱った本は、Long (2012)。

(11)　**交尾中のカメの化石**は、Joyce et al. (2012) による。絶滅した板皮類の繁殖については、Long et al. (2008, 2009)。

(12)　**虫入り琥珀の収集をめぐる歴史**は、Poinar (1992) に書かれている。

(13)　**シンクロトロン X 線断層撮影法**およびバルト海沿岸産の琥珀に入った甲虫の交尾器の画像化における成果の一部は、Perreau and Tafforeau (2011) および Perreau (2012) に掲載されている。ミシェル・ペローの研究を扱った段落につい

ては、本人に目を通してもらった。

（14）　**泥炭層から出土した甲虫の化石**やその他の更新世や完新世の堆積物の使用は、Coope (1979, 2004) や Schafstall (2012) で擁護されている。その歴史について、私は2013年4月17日にイギリスのケンブリッジでリチャード・プリースから説明してもらった。Coope and Angus (1975) には、そのような化石に交尾器がきわめてよい状態で保存されていることを示す例が載っている。引用は Coope (2004) による。

（15）　**断続平衡**のもとの論文は Eldredge and Gould (1972) だが、「突発的進化（エボリューション・バイ・ジャークス）」と「漸進的な進化（エボリューション・バイ・クリープス）」という表現は Jones (2008) などに出てくる。

（16）　**ダーウィンの言葉**は、『種の起源』(Darwin, 1859)（渡辺政隆訳、光文社古典新訳文庫）からの引用。

（17）　**イトトンボにおける把握器の形状進化の3D分析**に関する研究は、McPeek et al. (2008, 2009) および Shen et al. (2009) で読むことができる。

（18）　ハエとヤスデの**生殖器に「突発的」進化が起きた**ことを示す研究は、それぞれ Richmond et al. (2012) と Wojcieszek and Simmons (2011)。

（19）　**「サイズは関係ない」というフレーズ**のもととなったと思われる出どころの一つは、Masters and Johnson (1966: 91)。

（20）　**不等成長**に関する全般的な背景情報は、Klingenberg (1996) から得られる。

（21）　多くの動物種の**交尾器に見られる負の不等成長**に関する調査が Eberhard et al. (1998) や Eberhard (2008) で扱われ、クワガタの例は Tatsuta et al. (2001) に記されている。しかし Retief et al. (2013) は、哺乳類の交尾器では正の不等成長が一般的である可能性を示唆している。

（22）　**ヒトのペニスの長さと靴のサイズ**に関する研究は、Shah and Christopher (2002)。オンライン調査は、リチャード・エドワーズ（www.sizesurvey.com）が行なった。

（23）　**グッピーの交尾器の不等成長**は、Eberhard (2008) や Kelly et al. (2000) で言及されている。

(24)　**カダヤシに関する研究**は、Langerhans et al. (2005) および Kahn et al. (2010) で取り上げられている。本節でカダヤシを扱った部分については、マイケル・ジェニオンズにチェックしてもらった。

(25)　**ティダルレン属に関する背景情報**は、Knoflach and Van Harten (2000) からとった。「一度しか使えない生殖器」という言い回しは、Schneider and Michalik (2011) による。ティダルレンの精巣が成熟前に萎えることを示す証拠は、Michalik et al. (2010) による。動きやすさに関する実験は、Ramos et al. (2004) に書かれている。私がティダルレンに関して書いた部分は、ペーター・ミハリクに読んでもらった。ただし、この属における小さな雄と大きな雌の進化に関する一文だけはそのあとで加えたものであり、Hormiga et al. (2000) からとった。

第６章　ベイトマン・リターンズ

(1)　**カワトンボの交尾器の機能**は、Waage (1979)、Córdoba-Aguilar et al. (2003)、Cordero-Rivera and Córdoba-Aguilar (2010) による。

(2)　**ワーゲの経歴の詳細**は、2013年3月14日に私が彼とやりとりしたメールと、ブラウン大学の彼のホームページで公開されている経歴書による。

(3)　**アオイトトンボのレステス・ウィギラクスに関するワーゲの研究**は、Waage (1982) に記されている。

(4)　**カロプテリクス・キサントストーマに関する情報**は Siva-Jothy and Hooper (1996) により、カロプテリクス・ハエモロイダリスについては Córdoba-Aguilar (1999, 2002) による。

(5)　**イトトンボの精子排出**は、Eberhard (1996) で論じられている。

(6)　**剣と盾の比喩**は、Dawkins and Krebs (1979) からの引用。

(7)　**両性の対立を擬人化して、ヒトの性に関連した用語を使うことに伴う危険性**については、Karlsson Green and Madjidian (2011) で論じられている。

(8)　**人工ヒト生殖器を使った実験**は Gallup et al. (2003) で報告されているが、大学生へのインタビューの結果は Gallup et al. (2006) に掲載されている。

(9)　**女性の性交渉の頻度**に関する詳しい情報は、Baker and Bellis (1995) にあ

る。

（10） **単独犯または複数犯のレイプ**に関するデータは、Vetten and Haffejee (2005) など。

（11） **チンパンジーの乱交**に関する情報は、Tutin (1979) に書かれている。

（12） **代理受精**に関するベルギーとイギリスのチームによる論文は、Haubruge et al. (1999)。

（13） **サメの交尾器と交尾**に関する基本的な情報は、Gilbert and Heath (1972)、Fitzpatrick et al. (2012)、Eilperin (2012) から得た。

（14） Whitney et al. (2004) は、**サメにおける精子洗い流し仮説**を論駁できるという見解を発表したが、私はその主張に全面的には納得していない。それゆえ、精子排出をする動物のリストにサメを（いくらか慎重に）入れることにした。

（15） **コオロギとキリギリスの精子除去**は、Von Helversen and Von Helversen (1991)、Ono et al. (1989)、Eberhard (1996) に書かれている。

（16） **ヒゲブトハネカクシの交尾器**について理解を深めさせてくれたテオ・シュミットに感謝する。この属を扱った節では、Gack and Peschke (1994, 2005) と Putnam (1988) を参照した。この文章はクラウディア・ガックの閲読を経たものである。捕食寄生性昆虫に関する一般的情報源としては、Godfray (1994) をお勧めする。

（17） **同性愛屍姦**行為の詳細は、Moeliker (2001, 2009) による。この部分は、ケース・ムリカーの閲読を経ている。

（18） マクラッケンによる**コバシオタテガモ**に関する論文は、McCracken (2000) および McCracken et al. (2001)。バークヘッドの言葉は、2012 年 5 月 11 日にライデンで行なわれたティンバーゲン記念講演からの引用。

（19） 陸上でのカモの交尾に伴う**ペニス食い**に関する情報は、Birkhead (2008: 313, 385) にある。

（20） **パトリシア・ブレナンによる研究**は、Brennan et al. (2007, 2009) に書かれている。バークヘッドとブレナンの研究に言及した節は、ティム・バークヘッドにチェックしてもらった。この段落の一部は、私が *Bionieuws* に寄稿したオラ

ンダ語の記事 (Schilthuizen, 2010) をもとにしている。

(21)　**外傷的精子注入**に関する全般的な情報源は、Lange et al. (2013)。

(22)　**ハルパクテア・サディスティカの交尾**については、Řezáč (2009) に記述されている。

(23)　**トコジラミの繁殖**に関する一般的な情報源として、Reinhardt and Siva-Jothy (2007) を利用した。シヴァ＝ジョシーの言葉は、2011年8月20〜24日にドイツのチュービンゲンで開催された欧州進化生物学会で彼が行なった講演から引用した。Rivnay (1933) は、移動する雌を雄が見つける方法を記述している。雄のトコジラミが別の雄に精子注入するという話は Lloyd (1979) に書かれているが、Judson (2002) はそんなことはありそうにないと考えている。雌が同時に12匹の雄と同じ場所に入れられるとどのようにして死に至るかを報告しているのは Mellanby (1939)。交尾による寿命短縮については、Stutt and Siva-Jothy (2001) に書かれている。トコジラミのペニスのレプリカを使った実験は、Morrow and Arnqvist (2003) などに記載されている。

(24)　**ダニの血液中で見つかった精子**については、2012年12月18日にドイツのグライフスヴァルトでインタビューした際に、ゲルト・アルベルティとアントネッラ・ディ・パルマが教えてくれた。Alberti (2002) にも書かれている。

(25)　**鳥類と哺乳類における注射による精子注入**に関する情報は、Rowlands (1957) にある。

(26)　**非交通性副角子宮をもつ女性の妊娠**に関する研究は、Nahum et al. (2004)。

第７章　将来の求愛者

(1)　**グライフスヴァルト動物研究所を訪問**してゲルト・アルベルティ、アントネッラ・ディ・パルマ、ガブリエレ・ウール、マルティン・ハーゼ、ペーター・ミハリク、テオ・シュミットにインタビューしたのは、2012年12月17〜19日。

(2)　**クモとダニの生殖に関する基本的な情報**は、Alberti (2002)、Alberti and Coons (1999)、Alberti and Michalik (2004) にある。アルベルティとディ・パルマへのインタビューを扱った部分については、アルベルティの閲読を得た。

(3)　**クモの交尾栓**の概要は、Uhl et al. (2010) にある。

(4)　**クモの交尾栓に関する部分すべて**は、ガブリエレ・ウールの閲読を経たもの。

(5)　**ナガコガネグモ**のごちそうについては、Kumschick et al. (2011) に記録がある。この種における交尾栓の働きについては、Nessler et al. (2007) および Uhl et al. (2007) に書かれている。

(6)　**ティダルレン属の研究**は、Knoflach and Van Harten (2001)、Knoflach and Benjamin (2003)、Michalik et al. (2010) に記載されている。

(7)　モルモットの**交尾栓に関する最初の観察**は Leuckart（1847; Dean, 2013 による）、チンパンジーについては Tinklepaugh (1930) に書かれている。

(8)　**哺乳類の交尾栓**については、主に以下から情報を得た。Kingan et al. (2003)、Carnahan and Jensen-Seaman (2008)、Tauber et al. (1975)、Hernández-Lopez et al. (2008)、Dean (2013)、Murer et al. (2001)、Koprowski (1992)、Dixson and Anderson (2002). 私はキンガンの研究に関する記事を書いたことがある（Schilthuizen, 2003）。

(9)　**精液に対する女性のアレルギー反応**に関する情報は、seminalplasmaallergy.org で得られる。

(10)　ショウジョウバエの精液に含まれる**タンパク質の種類の数**に関する情報は Findlay et al. (2008)、ヒトの精液については Pilch and Mann (2006) から得た。

(11)　**ラマ・シンの言葉**は、1996 年にブダペストで開催された国際系統分類学・進化生物学会議で彼が行なった講演から引用した。このテーマに関する彼のグループによる最近の論文としては、Haerty et al. (2007) がある。

(12)　**ショウジョウバエの性ペプチドの働き**は、Eberhard (1996)、Gillott (2003)、Liu and Kubli (2003) などにまとめられている。

(13)　**ほかの昆虫における精液タンパク質の作用機序**は、Gillott (2003) と Eberhard (1996) による。ネオピロクロア・フラベルラタ、アメリカタバコガ、マダニに関する個別の研究は、それぞれ Eisner et al. (1996)、Kingan et al. (1995)、Leahy and Galun (1972) に書かれている。

(14)　女子大学生において**精液が心理に与えうる影響**を調べた研究は、Gallup et al. (2002)。

(15)　**精液と子癇前症の関係**の概要は、Robertson et al. (2003) に述べられている。

(16)　**バッタの実験**は、Hartmann and Loher (1999) による。

(17)　**精液タンパク質が雌のイエバエにもたらす作用**は、Leopold et al. (1971) および Riemann and Thorson (1969) に書かれている。

(18)　**ショウジョウバエの精液**に関する研究としてここで言及されているのは、Chapman et al. (1995) と Civetta and Clark (2000)。

(19)　**マメゾウムシの精液**については、Eady et al. (2007) や Yamane and Miyatake (2012) で論じられている。

(20)　**とげの生えたカミキリムシの交尾器**に関する論文は、Hubweber and Schmitt (2010)。

(21)　**動物界で見られるとげの生えたペニス**の概要は、Eberhard (1985) および Cordero and Miller (2012) にある。後者の論文は、ガのカルトロプ・コルヌティに関する情報源でもある。シモフリアカコウモリのペニスのとげは、Cryan et al. (2012) で鑑賞できる。

(22)　**ヨーラン・アーンクヴィストと話した**のは、2013 年 1 月 18 日、フローニンゲン大学のリナエウスボルフ棟でブラム・カウパーの博士論文口頭試問会が行なわれたときだった。

(23)　**《ネイチャー》に発表された論文**とは、Crudgington and Siva-Jothy (2000)。

(24)　アーンクヴィストらが負わせた**交尾後の傷**については、Morrow et al. (2003) に記述されている。

(25)　**マイクロレーザー実験**は、Hotzy et al. (2012) に書かれている。

(26)　**マメゾウムシを用いてアーンクヴィストのチームが行なったほかの研究**は、Rönn et al. (2007) および Hotzy and Arnqvist (2009)。

(27)　**ミシャル・ポラクに会って**実験装置（Polak and Rashed, 2010 を参照）の

話を聞いたのは、2011年8月20～24日にドイツのチュービンゲンで開かれた欧州進化生物学会で彼が講演をしたあとだった。

(28)　**霊長類のペニスのとげ**に関する全般的な情報はZarrow and Clark (1968)、Prasad (1970)、Stockley (2002) から、また特にガラゴについての情報はAnderson (2000)、Perkin (2007)、Veerman (2010) から得た。イギリスのオックスフォード・ブルックス大学の夜行性霊長類研究グループのウェブサイトも利用した。

(29)　とげの生えたペニスをもつ**齧歯類における膣損傷**については、Van der Schoot et al. (1992) で言及されている。

(30)　**マーモセットのとげ除去**実験は、Dixson (1991) で報告されている。

(31)　**ヒトのペニスにとげがないことをめぐる遺伝学的研究**を扱った論文は、McLean et al.(2011)。

(32)　キングズリーは自身の研究室のウェブサイト（kingsley.stanford.edu/SpinesVsPapules.html）にて、**「陰茎小丘疹」対「とげ」の問題**を報告している。

第８章　性のアンビバレンス

(1)　ここで描写されている**ヨーリス・クーネの講義**は、2010年11月23日にライデンで行なわれた。

(2)　**デロケラス・プラエコクスの交尾行動**は、Reise (2007) やHutchinson and Reise (2009) に記述されている。

(3)　自己受精を防ぐために**一部のナメクジが使う「コンドーム」**については、Bojat et al. (2001) に記述がある。

(4)　**デロケラス・プラエコクスに関する分類学の論文**は、Wiktor (1966)。

(5)　**陰茎腺による分泌物のため込み**は、（デロケラス属の別の種についてのものだが）Benke et al. (2010) に記述されている。

(6)　**ヨーリス・クーネへのインタビュー**は、研究室への２度の訪問から構成した。1度めは2008年、2度めは2013年4月11日。

(7)　**雌雄同体動物におけるベイトマンの原理の働き**は、実際にはもっと複雑である。Leonard (2005) などを参照。

(8)　雌雄異体動物よりも**雌雄同体動物のほうが性的操作にすぐれる理由**に関する理論は、Koene (2005) や Michiels and Koene (2006) で述べられている。

(9)　**扁形動物のペニスのフェンシング**は、Michiels and Newman (1998) に記述されている。

(10)　カタツムリの**恋矢に関する全般的情報**は、Koene and Schulenburg (2005)、Davison et al. (2005)、Schilthuizen (2005)、Koene et al. (2013) など。ミミズについては Koene et al. (2002, 2005)、ウミウシについては Lange et al. (2012) に情報がある。

(11)　**ジョーンズの言葉**は、Jones (1841: 399) からの引用。

(12)　**ヒメリンゴマイマイにおける恋矢の真の機能**を論じた論文は、Koene and Chase (1998a, b) および Chase and Blanchard (2006)。

(13)　**恋矢の進化と雌性交尾器による対抗手段とのあいだで起きる性の軍拡競争**については、Koene and Schulenburg (2005) に書かれている。

(14)　**本節と前節**は、ヨーリス・クーネの閲読を経たもの。

(15)　**ナメクジとラットに関する言葉**は、アンソニー・クックが 1992 年にイタリアのシエナで開催された世界軟体動物会議での講演で語ったもの。

(16)　**マルティン・ハーゼへのインタビュー**は、2012 年 12 月 17 ～ 19 日に行なった。

(17)　**アエオリディエルラに関する研究**は、Haase and Karlsson (2000, 2004) や Karlsson and Haase (2002) で報告されている。私自身もこれらより前にアエオリディエルラの研究について執筆している（Schilthuizen, 2001）。

(18)　**使い捨てのペニスをもつウミウシ**は、Sekizawa et al. (2013) および Milius (2013) に書かれている。

(19)　**自分でペニスを切断するデロケラス**は、Leonard (2006) で言及されている。

(20)　**ナメクジにおけるペニスかみ切り行動**は、Reise and Hutchinson (2002) にまとめられている。バナナナメクジのペニスかみ切り行動については、Leonard et al. (2002) に書かれている。

(21)　**リマクス属に関する部分**は、Lister (1678: 129-30)、Redi (1684)、Gerhardt (1933)、Glaubrecht and Zorn (2012) の各論文と、ウェブサイト www.naturamediterraneo.com および www.wirbellose.at に掲載された資料をもとにした。

(22)　**カタツムリの渦巻きの方向に関する全般的な論文**としては、Gittenberger (1988) や Schilthuizen and Davison (2005) などがある。

(23)　マイゼンハイマーによる実験は、Meisenheimer (1912) に書かれている。

(24)　カパス島の**マレーマイマイに関する私たちの研究**は、Schilthuizen et al. (2005, 2007, 2009, 2012) などで報告されている。研究には多くの共同研究者が参加した。本文中では１人（ポール・クレイズ）の名前しか挙げていないが、ほかにもリリアン・ワン、シルフィア・ローイエスタイン、シフリット・ヘンドリクセ、ケース・コープス、ブロンウェン・スコット、アナデル・カバンバン、マルティン・ハーゼ、レイチェル・エスナー、アンゲラ・シュミッツ＝オルネスも、主にフィールドで協力してくれた。

あとがき（アフタープレイ）

(1)　《サイエンス》に発表した論文に対する**メディア報道についてのワーゲの記憶**は、2013 年 3 月 14 日に彼からもらったメールに書かれていた。

(2)　「ダックペニスゲート事件」の**発端となった CNS の記事**は、http://dev.cnsnews.com/news/article/384949-federal-study-looks-plasticity-duck-penis-length で閲覧できる。カール・ジンマーはこれについてブログ、*The Loom*（http://phenomena.nationalgeographic.com/2013/03/25/ducks-meet-the-culture-wars/）に記事を書いている。パトリシア・ブレナンはこれに対し、2013 年 4 月 2 日に *Slate*（www.slate.com/articles/health_and_science/science/2013/04/duck_penis_controversy_nsf_is_right_to_fund_basic_research_that_conservatives.html）で応じている。

(3)　**人工授精に関するエバーハードの論文**は、Eberhard (1991)。

(4)　**ヒトの性行動の進化**を扱った思慮深いエッセイの一つに、Hrdy (1997) がある。

（5）　De Waal (1986) に、オランダのアーネムにあるブルヘルス動物園で起きた**アルファ雄の去勢**事件が記されている。

（6）　《サイエンティフィック・アメリカン》の投稿が**フェイスブック社によって削除**された件は、2013 年 4 月 10 日に slantist.com/facebook-censors-scientific-american/ で言及されている。

（7）　**「雌による密かな選択」対「性拮抗的共進化」の議論**は、Cordero and Eberhard (2003)、Chapman et al. (2003)、Eberhard (2004a, b; 2010b) などで展開されている。エバーハードの言葉は、2013 年 4 月 25 日に彼がくれたメールからの引用。

（8）　**ガワティの言葉**は、Gowaty (1997: 353) からの引用。

（9）　**マメゾウムシの種分化**に関する研究は、Brown and Eady (2001)、Rönn et al. (2007)、Hotzy and Arnqvist (2009) に記されている。種の分岐において雌雄の共進化が果たす役割については、拙著『カエル、ハエ、タンポポ』（Schilthuizen, 2000）に詳しく書かれている。

（10）　チンパンジーおよびボノボの生殖器の進化において**同性愛行動が果たす役割**は、Hrdy (1997) に書かれている。Bagemihl (2000)、Scharf & Martin (2013) も参照。

参考文献

Alberti, G. 2002. "Ultrastructural Investigations of Sperm and Genital Systems in Gamasida (Acari: Anactinotrichida): Current State and Perspectives for Future Research." *Acarologia* 42:107-26.

Alberti, G., and L. B. Coons. 1999. "Acari-Mites." In *Microscopic Anatomy of Invertebrates,* vol. 8c, edited by F. W. Harrison and Rainer F. Foelix, 515-1265. New York: Wiley-Liss.

Alberti, G., and P. Michalik. 2004. "Feinstrukturelle Aspekte der Fortpflanzungssysteme von Spinnentieren (Arachnida)." *Denisia* 12:1-62.

Anderson, M. J. 2000. "Penile Morphology and Classification of Bush Babies (Subfamily Galagoninae)." *International Journal of Primatology* 21:815-36.

Araújo-Siqueira, M., and L. M. de Almeida. 2006. "Estudo das espécies brasileiras de *Cycloneda* Crotch (Coleoptera, Coccinellidae)." *Revista Brasileira de Zoologia* 23:550-68.

Arnqvist, G. 1997. "The Evolution of Animal Genitalia: Distinguishing Between Hypotheses by Single Species Studies." *Biological Journal of the Linnean Society* 60:365-79.

Bagemihl, B. 2000. *Biological Exuberance: Animal Homosexuality and Natural Diversity.* New York: Stonewall Inn.

Baker, R. R., and M. A. Bellis. 1993a. "Human Sperm Competition: Ejaculate Adjustment by Males and the Function of Masturbation." *Animal Behaviour* 46:861-85.

Baker, R. R., and M. A. Bellis. 1993b. "Human Sperm Competition: Ejaculate Manipulation by Females and a Function for the Female Orgasm." *Animal Behaviour* 46:887-909.

Baker, R. R., and M. A. Bellis. 1995. *Human Sperm Competition: Copulation, Masturbation and Infidelity.* London: Chapman and Hall.

Barker, D. M. 1994. "Copulatory Plugs and Paternity Assurance in the Nematode *Caenorhabditis elegans.*" *Animal Behaviour* 48:147-56.

Barlow, N. 1958. *The Autobiography of Charles Darwin, 1809-1882. With the Original Omissions Restored. Edited and with Appendix and Notes by his Grand-Daughter Nora Barlow.* London: Collins.（『ダーウィン自伝』八杉龍一・江上生子訳、ちくま学芸文庫）

Barr, M. M., and L. R. Garcia. 2006. "Male Mating Behavior." In *WormBook,* edited by the *C. elegans* Research Community, doi:10.1895/wormbook.1.78.1, www.wormbook.org.

Barron, A. B., and M. J. F. Brown. 2012. "Science Journalism: Let's Talk About Sex." *Nature* 488:151-52.

Bassett, E. G. 1961. "Observations on the Retractor Clitoridis and Retractor Penis Muscles of Mammals, with Special Reference to the Ewe." *Journal of Anatomy* 95:61-77, pl. 1-3.

Bateman, A. J. 1948. "Intra-Sexual Selection in *Drosophila.*" *Heredity* 2:349-68.

Baur, B. 2007. "Reproductive Biology and Mating Conflict in the Simultaneously Hermaphroditic Land Snail *Arianta arbustorum.*" *American Malacological Bulletin* 23:157-72.

Baur, B. 2010. "Stylommatophoran Gastropods." In *The Evolution of Primary Sexual Characters in Animals,* edited by J. L. Leonard and A. Córdoba-Aguilar, 197-217. Oxford: Oxford University Press.

Benke, M., H. Reise, K. Montagne-Wajer, and J. M. Koene. 2010. "Cutaneous Application of an Accessory-Gland Secretion After Sperm Exchange in a Terrestrial Slug (Mollusca: Pulmonata)." *Zoology* 113:118-24.

Birkhead, T. R. 1995. "Human Sperm Competition: Copulation, Masturbation, and Infidelity" (book review). *Animal Behaviour* 50:1141-42.

Birkhead, T. R. 2007. "Promiscuity." *Daedalus* 136(2):13-22.

Birkhead, T. R. 2008. *The Wisdom of Birds: An Illustrated History of Ornithology.* London: Bloomsbury.

Birkhead, T. R. 2009. "Sex and Sensibility." *Times Higher Education Supplement,* February 5, 2009.

Birkhead, T. R., and A. P. Møller. 1993. "Sexual Selection and the Temporal Separation of Reproductive Events." *Biological Journal of the Linnean Society* 50:295-311.

Birkhead, T. R., H. D. M. Moore, and J. M. Bedford. 1997. "Sex, Science, and Sensationalism." *Trends in Ecology and Evolution* 12:121-22.

Blaicher, W, D. Gruber, C. Bieglmayer, A. M. Blaicher, W. Knogler, and J. C. Huber. 1999. "The Role of Oxytocin in Relation to Female Sexual Arousal." *Gynecologic and Obstetric Investigation* 47:125-26.

Bohme, W. 1983. "The Tucano Indians of Colombia and the Iguanid Lizard *Plica plica:* Ethnological, Herpetological and Ethological Implications." *Biotropica* 15:148-50.

Bojat, N. C, U. Sauder, and M. Haase. 2001. "The Spermathecal Epithelium, Sperm and Their Interactions in the Hermaphroditic Land Snail *Arianta arbustorum* (Pulmonata, Stylommatophora)." *Zoomorphology* 120:149-57.

Boomsma, J. J., B. Baer, and J. Heinze. 2005. "The Evolution of Male Traits in Social Insects." *Annual Review of Entomology* 50:395-420.

Boulangé, H. 1924. "Recherches sur l'appareil copulateur des Hymenoptères et spécialement des Chalastrogastres." *Mémoires et Travaux de la Faculté Catholique de I'Université de Lille* 28:1-444.

Brennan, P. L. R., C. J. Clark, and P. O. Prum. 2010. "Explosive Eversion and Functional Morphology of the Duck Penis Supports Sexual Conflict in Waterfowl Genitalia." *Proceedings of the Royal Society B* 277:1309-14.

Brennan, P. L. R., R. O. Prum, K. G. McCracken, M. D. Sorenson, R. E. Wilson, and T.

R. Birkhead. 2007. "Coevolution of Male and Female Genital Morphology in Waterfowl." *PLOS ONE* 2:e418.

Brown, D. V., and P. E. Eady. 2001. "Functional Incompatibility Between the Fertilization Systems of Two Allopatric Populations of *Callosobruchus maculatus* (Coleoptera: Bruchidae)." *Evolution* 55:2257-62.

Bruce, H. M. 1959. "An Exteroceptive Block to Pregnancy in the Mouse." *Nature* 184:105.

Bruce, H. M. 1960. "A Block to Pregnancy in the Mouse Caused by Proximity of Strange Males." *Journal of Reproduction and Fertility* 1:96-103.

Bullini, L., and G. Nascetti. 1990. "Speciation by Hybridization in Phasmids and Other Insects." *Canadian Journal of Zoology* 68:1747-60.

Burger, M. 2007. "Sperm Dumping in a Haplogyne Spider." *Journal of Zoology* 273:74-81.

Burger, M., W. Graber, P. Michalik, and C. Kropf. 2006. "*Silhouettella loricatula* (Arachnida, Araneae, Oonopidae): A Haplogyne Spider with Complex Female Genitalia." *Journal of Morphology* 267:663-77.

Burley, N. 1988. "The Differential-Allocation Hypothesis: An Experimental Test." *American Naturalist* 132:611-28.

Burley, N., G. Krantzberg, and P. Radman. 1982. "Influence of Color-Banding on the Conspecific Preferences of Zebra Finches." *Animal Behaviour* 30:444-55.

Burley, N. T., and R. Symanski. 1998. "'A Taste for the Beautiful': Latent Aesthetic Mate Preferences for White Crests in Two Species of Australian Grassfinches." *American Naturalist* 152:792-802.

Burns, E. 1953.*The Sex Life of Wild Animals: A North American Study.* New York: Rinehart.（『野獣の性』大島正満訳、法政大学出版局）

Burton, F. D. 1971. "Sexual Climax in Female *Macaca mulatta.*" In *Proceedings of the 3rd International Congress of Primatology, Zurich, 1970,* vol. 3:180-91.

Bussière, L. F., M. Demont, A. J. Pemberton, M. D. Hall, and P. I. Ward. 2010. "The Assessment of Insemination Success in Yellow Dung Flies Using Competitive

PCR." *Molecular Ecology Resources* 10:292-303.

Butler, C. M., G. Shaw, and M. B. Renfree. 1999. "Development of the Penis and Clitoris in the Tammar Wallaby, *Macropus eugenii*." *Anatomy and Embryology* 199:451-57.

Calzada, J.-P. V., C. F. Crane, and D. M. Stelly. 1996. "Apomixis: The Asexual Revolution." *Science* 274:1322-23.

Carnahan, S. J., and M. I. Jensen-Seaman. 2008. "Hominoid Seminal Protein Evolution and Ancestral Mating Behavior." *American Journal of Primatology* 70:939-48.

Chapman, T., G. Arnqvist, J. Bangham, and L. Rowe. 2003. "Response to Eberhard and Cordero, and Córdoba-Aguilar and Contreras-Garduno: Sexual Conflict and Female Choice." *Trends in Ecology and Evolution* 18:440-41.

Chapman, T., L. F. Liddle, J. M. Kalb, M. F. Wolfner, and L. Partridge. 1995. "Cost of Mating in *Drosophila melanogaster* Females Is Mediated by Male Accessory Gland Products." *Nature* 373:241-44.

Chase, R., and K. C. Blanchard. 2006. "The Snail's Love-Dart Delivers Mucus to Increase Paternity." *Proceedings of the Royal Society B* 273:1471-75.

Civetta, A., and A. G. Clark. 2000. "Correlated Effects of Sperm Competition and Postmating Female Mortality." *Proceedings of the National Academy of Sciences* 97:13162-65.

Clark, W. C. 1981. "Sperm Transfer Mechanisms: Some Correlates and Consequences." *New Zealand Journal of Zoology* 8:49-65.

Cold, C. J., and K. A. McGrath. 1999. "Anatomy and Histology of the Penile and Clitoral Prepuce in Primates: An Evolutionary Perspective of the Specialised Sensory Tissue of the External Genitalia." In *Male and Female Circumcision*, edited by G. C. Denniston, F. M. Hodges, and M. F. Milos, 19-25. New York: Kluwer Academic/Plenum.

Conner, W. E. 1999. "'Un Chant d'Appel Amoureux': Acoustic Communication in

Moths." *Journal of Experimental Biology* 202:1711-23.

Coope, G. R. 1979. "Late Cenozoic Fossil Coleoptera: Evolution, Biogeography, and Ecology." *Annual Review of Ecology and Systematics* 10:247-67.

Coope, G. R. 2004. "Several Million Years of Stability Among Insect Species Because of, or in Spite of, Ice Age Climatic Instability?" *Philosophical Transactions of the Royal Society B* 359:209-14.

Coope, G. R., and R. B. Angus. 1975. "An Ecological Study of a Temperate Interlude in the Middle of the Last Glaciation, Based on Fossil Coleoptera from Isleworth, Middlesex." *Journal of Animal Ecology* 44:365-91.

Cordero, C., and W. G. Eberhard. 2003. "Female Choice of Sexually Antagonistic Male Adaptations: A Critical Review of Some Current Research." *Journal of Evolutionary Biology* 16:1-6.

Cordero, C., and J. S. Miller. 2012. "On the Evolution and Function of Caltrop Cornuti in Lepidoptera-Potentially Damaging Male Genital Structures Transferred to Females During Copulation." *Journal of Natural History* 46:701-15.

Cordero-Rivera, A., and A. Córdoba-Aguilar. 2010. "Selective Forces Propelling Genitalic Evolution in Odonata." In *The Evolution of Primary Sexual Characters in Animals,* edited by J. L. Leonard and A. Córdoba-Aguilar, 332-52. Oxford: Oxford University Press.

Cordoba-Aguilar, A. 1999. "Male Copulatory Sensory Stimulation Induces Female Ejection of Rival Sperm in a Damselfly." *Proceedings of the Royal Society B* 266:779-84.

Córdoba-Aguilar, A. 2002. "Sensory Trap as the Mechanism of Sexual Selection in a Damselfly Genitalic Trait (Insecta: Calopterygidae)." *American Naturalist* 160:594-601.

Córdoba-Aguilar, A. 2005. "Possible Coevolution of Male and Female Genital Form and Function in a Calopterygid Damselfly." *Journal of Evolutionary Biology* 18:132-37.

Córdoba-Aguilar, A., E. Uhia, and A. Cordero-Rivera. 2003. "Sperm Competition in Odonata (Insecta): The Evolution of Female Sperm Storage and Rivals' Sperm Displacement." *Journal of Zoology* 261:381-98.

Costa, R. M., G. F. Miller, and S. Brody. 2012. "Women Who Prefer Longer Penises Are More Likely to Have Vaginal Orgasms (But Not Clitoral Orgasms): Implications for an Evolutionary Theory of Vaginal Orgasm." *Journal of Sexual Medicine* 9:3079-88.

Cotton, S., J. Small, R. Hashim, and A. Pomiankowski. 2010. "Eyespan Reflects Reproductive Quality in Wild Stalk-Eyed Flies." *Evolutionary Ecology* 24:83-95.

Cryan, P. M., J. W. Jameson, E. F. Baerwald, C. K. R. Willis, R. M. R. Barclay, E. A. Snider, and E. G. Crichton. 2012. "Evidence of Late-Summer Mating Readiness and Early Sexual Maturation in Migratory Tree-Roosting Bats Found Dead at Wind Turbines." *PLOS ONE* 7:e47586.

Crudgington, H. S., and M. T. Siva-Jothy. 2000. "Genital Damage, Kicking, and Early Death." *Nature* 407:855-56.

Cuvier, G. 1829. *Iconographie du Règne Animal; ou, Représentation d'après Nature de l'une des espèces les plus et souvent non encore figurées de chaque genre d'animaux.* Paris: Baillière.

D'Aguilar, K. 2007. "René Jeannel, l' homme des cavernicoles." *Insectes* 146:31-32.

Dahl, J. F. 1985. "The External Genitalia of Female Pygmy Chimpanzees." *Anatomical Record* 211:24-28.

Darwin, C. R. 1851. *A Monograph of the Sub-Class Cirripedia, with Figures of all the Species. The Lepadidae; or, the Pedunculated Cirripedes.* London: Ray Society.

Darwin, C. R. 1854.*A Monograph of the Sub-Class Cirripedia, with Figures of all the Species. The Balanidae (or Sessile Cirripedes); the Verrucidae, etc.* London: Ray Society.

Darwin, C. R. 1859. *On the Origin of Species by Means of Natural Selection, or The Preservation of Favoured Races in the Struggle for Life.* London: John Murray.（『種

の起源』渡辺政隆訳、光文社古典新訳文庫、2009年など）

Darwin, C. R. 1871. *The Descent of Man, and Selection in Relation to Sex.* London: John Murray.（『人間の進化と性淘汰』長谷川眞理子訳、文一総合出版、第Ⅰ巻1999年、第Ⅱ巻2000年）

Davison, A., C. M. Wade, P. B. Mordan, and S. Chiba. 2005. "Sex and Darts in Slugs and Snails (Mollusca: Gastropoda: Stylommatophora)." *Journal of Zoology* 267:329-38.

Dawkins, R. 2004. *The Ancestor's Tale: A Pilgrimage to the Dawn of Life.* London: Weidenfeld and Nicolson.（『祖先の物語――ドーキンスの生命史』垂水雄二訳、小学館、2006年）

Dawkins, R., and J. R. Krebs. 1979. "Arms Races Between and Within Species." *Proceedings of the Royal Society B* 205:489-511.

Dean, M. D. 2013. "Genetic Disruption of the Copulatory Plug in Mice Leads to Severely Reduced Fertility." *PLOS Genetics* 9:e1003185.

Dean, R., S. Nakagawa, and T. Pizzari. 2011. "The Risk and Intensity of Sperm Ejection in Female Birds." *American Naturalist* 178:343-54.

De Wilde, J. 1964. "Reproduction-Endocrine Control." In *The Physiology of Insecta,* vol. 1, edited by M. Rockstein, 59-90. New York: Academic Press.

Dewsbury, D. A. 1971. "Copulatory Behaviour of Old-Field Mice (*Peromyscus polionotus subgriseus*)." *Animal Behaviour* 19:192-204.

Dewsbury, D. A. 1974. "Copulatory Behavior of California Mice (*Peromyscus californicus*)." *Brain, Behavior, and Evolution* 9:95-106.

Dixson, A. F. 1991. "Penile Spines Affect Copulatory Behaviour in a Primate (*Callithrix jacchus*)." *Physiology and Behavior* 49:557-62.

Dixson, A. F., and M. J. Anderson. 2002. "Sexual Selection, Seminal Coagulation and Copulatory Plug Formation in Primates." *Folia Primatologica* 73:63-69.

Düngelhoef, S., and M. Schmitt. 2010. "Genital Feelers: The Putative Role of Parameres and Aedeagal Sensilla in Coleoptera Phytophaga (Insecta)." *Genetica*

138:45-57.

Dybas, H. S. 1978. "The Systematics, Geographical and Ecological Distribution of *Ptiliopycna*, a Nearctic Genus of Parthenogenetic Featherwing Beetles (Coleoptera: Ptiliidae)." *American Midland Naturalist* 99:83-100.

Eady, P. E., I. Hamilton, and R. E. Lyons. 2007. "Copulation, Genital Damage and Early Death in *Callosobruchus maculatus*." *Proceedings of the Royal Society B* 272:247-52.

Eberhard, W. G. 1985. *Sexual Selection and Animal Genitalia*. Cambridge, MA: Harvard University Press.

Eberhard, W. G. 1991. "Artificial Insemination: Can Appropriate Stimulation Improve Success Rates?" *Medical Hypotheses* 36:152-54.

Eberhard, W. G. 1996. *Female Control: Sexual Selection by Cryptic Female Choice*. Princeton, NJ: Princeton University Press.

Eberhard, W. G. 2004a. "Rapid Divergent Evolution of Sexual Morphology: Comparative Tests of Antagonistic Coevolution and Traditional Female Choice." *Evolution* 58:1947-70.

Eberhard, W. G. 2004b. "Male-Female Conflict and Genitalia: Failure to Confirm Predictions in Insects and Spiders." *Biological Reviews* 79:121-86.

Eberhard, W. G. 2008. "Static Allometry and Animal Genitalia." *Evolution* 63:48-66.

Eberhard, W. G. 2010a. "Rapid Divergent Evolution of Genitalia: Theory and Data Updated." In *The Evolution of Primary Sexual Characters in Animals*, edited by J. L. Leonard and A. Córdoba-Aguilar, 40-78. Oxford: Oxford University Press.

Eberhard, W. G. 2010b. "Evolution of Genitalia: Theory, Evidence, and New Directions." *Genetica* 138:5-18.

Eberhard, W. G., and J. K. Gelhaus. 2009. "Genitalic Stridulation During Copulation in a Species of Crane Fly, *Tipula* (*Bellardina*) sp. (Diptera: Tipulidae)." *International Journal of Tropical Biology* 57 (Suppl. 1):251-56.

Eberhard, W. G., and B. A. Huber. 2010. "Spider Genitalia: Precise Maneuvers with a

Numb Structure in a Complex Lock." In *The Evolution of Primary Sexual Characters in Animals,* J. L. Leonard and A. Córdoba-Aguilar, 249-84. Oxford: Oxford University Press.

Eberhard, W. G., B. A. Huber, R. L. Rodriguez S., R. D. Briceno, I. Salas, and V. Rodriguez. 1998. "One Size Fits All? Relationships Between the Size and Degree of Variation in Genitalia and Other Body Parts in Twenty Species of Insects and Spiders." *Evolution* 52:415-31.

Eilperin, J. 2012. *Demon Fish: Travels Through the Hidden World of Sharks.* New York: Anchor.

Eisner, T., S. R. Smedley, D. K. Young, M. Eisner, B. Roach, and J. Meinwald. 1996. "Chemical Basis of Courtship in a Beetle (*Neopyrochroa flabellata*): Cantharidin as 'Nuptial Gift.'" *Proceedings of the National Academy of Sciences* 93:6499-503.

Eldredge, N., and S. J. Gould. 1972. "Punctuated Equilibria: An Alternative to Phyletic Gradualism." In *Models in Paleobiology,* edited by T. J. M. Schopf, 82-115. San Francisco: Freeman, Cooper.

Endler, J. A., and A. L. Basolo. 1998. "Sensory Ecology, Receiver Biases and Sexual Selection." *Trends in Ecology and Evolution* 13:415-20.

Evanno, G., and L. Madec. 2007. "Variation morphologique de la spermathèque chez l'escargot terrestre *Cantareus aspersus.*" *Comptes Rendus Biologies* 330:722-27.

Evans, L. E., and D. S. McKenna. 1986. "Artificial Insemination of Swine." In *Current Therapy in Theriogenology,* edited by D. Morrow, 946-49. Philadelphia: W. B. Saunders.

Findlay, G. D., X. Yi, M. J. MacCoss, and W. J. Swanson. 2008. "Proteomics Reveals Novel *Drosophila* Seminal Fluid Proteins Transferred at Mating." *PLOS Biology* 6:e178.

Fitzpatrick, J. L., R. M. Kempster, T. S. Daly-Engel, S. P. Collin, and J. P. Evans. 2012. "Assessing the Potential for Post-Copulatory Sexual Selection in Elasmobranchs." *Journal of Fish Biology* 80:1141-58.

Foldes, P., and O. Buisson. 2009. "The Clitoral Complex: A Dynamic Sonographic Study." *Journal of Sexual Medicine* 6:1223-31.

Fontaneto, D., E. A. Herniou, C. Boscheti, M. Caprioli, G. Melone, C. Ricci, and T. G. Barraclough. 2007. "Independently Evolving Species in Asexual Bdelloid Rotifers." *PLOS Biology* 5:e87.

Fooden, J. 1967. "Complementary Specialization of Male and Female Reproductive Structures in the Bear Macaque, *Macaca arctoides.*" *Nature* 214:939-41.

Forbes, L. S. 1997. "The Evolutionary Biology of Spontaneous Abortion in Humans." *Trends in Ecology and Evolution* 12:446-50.

Fox, C. A., H. S. Wolff, and J. A. Baker. 1970. "Measurement of Intra-Vaginal and Intra-Uterine Pressures During Human Coitus by Radio-Telemetry." *Journal of Reproduction and Fertility* 22:243-51.

Freud, S. 1905. *Drei Abhandlungen zur Sexualtheorie.* Vienna: Deuticke.（『性欲論』懸田克躬訳、日本教文社、2014 年）

Freude, H., K. Harde, and G. Lohse. 1971. *Die Käfer Mitteleuropas, Band 3: Adephaga II (Hygrobiidae-Rhysodidae), Palpicornia (Hydraenidae-Hydrophilidae), Histeroidea, Staphylinoidea (exkl. Staphylinidae).* Krefeld, Germany: Goecke and Evers.

Gack, C., and K. Peschke. 1994. "Spermathecal Morphology, Sperm Transfer and a Novel Mechanism of Sperm Displacement in the Rove Beetle, *Aleochara curtula* (Coleoptera, Staphylinidae)." *Zoomorphology* 114:227-37.

Gack, C., and K. Peschke. 2005. "'Shouldering' Exaggerated Genitalia: A Unique Behavioural Adaptation for the Retraction of the Elongate Intromittant Organ by the Male Rove Beetle (*Aleochara tristis* Gravenhorst)." *Biological Journal of the Linnean Society* 84:307-12.

Gallup, G. G., R. L. Burch, and T. J. B. Mitchell. 2006. "Semen Displacement as a Sperm Competition Strategy." *Human Nature* 17:253-64.

Gallup, G. G., R. L. Burch, and S. M. Platek. 2002. "Does Semen Have Antidepressant

Properties?" *Archives of Sexual Behavior* 31:289-93.

Gallup, G. G., R. L. Burch, M. L. Zappieri, R. A. Parvez, M. L. Stockwell, and J. A. Davis. 2003. "The Human Penis as a Semen Displacement Device." *Evolution and Human Behavior* 24:277-89.

Georgiadis, J. R. 2011. "Exposing Orgasm in the Brain: A Critical Eye." *Sexual and Relationship Therapy* 26:342-55.

Gerhardt, U. 1933. "Zur Kopulation der Limaciden. I. Mitteilung." *Zeitschrift für Morphologie und Ökologie der Tiere* 27:401-50.

Gerlach, N. M., J. W. McGlothlin, P. G. Parker, and E. D. Ketterson. 2012. "Reinterpreting Bateman Gradients: Multiple Mating and Selection in Both Sexes of a Songbird Species." *Behavioral Ecology* 23:1078-88.

Ghiselin, M. T. 1984. "'Definition,' 'Character,' and Other Equivocal Terms." *Systematic Zoology* 33:104-10.

Ghiselin, M. T. 2010. "The Distinction Between Primary and Secondary Sexual Characters." In *The Evolution of Primary Sexual Characters in Animals,* edited by J. L. Leonard and A. Córdoba-Aguilar, 9-14. Oxford: Oxford University Press.

Gilbert, P. W., and G. W. Heath. 1972. "The Clasper-Siphon Sac Mechanism in *Squalus acanthias* and*Mustelus canis.*" *Comparative Biochemistry and Physiology* 42A:97-119.

Gillott, C. 2003. "Male Accessory Gland Secretions: Modulators of Female Reproductive Physiology and Behavior." *Annual Review of Entomology* 48:163-84.

Ginsberg, J. R., and U. W. Huck. 1989. "Sperm Competition in Mammals." *Trends in Ecology and Evolution* 4:74-79.

Ginsberg, J. R., and D. I. Rubenstein. 1990. "Sperm Competition and Variation in Zebra Mating Behavior." *Behavioral Ecology and Sociobiology* 26:427-34.

Giraldi, A., L. Marson, R. Nappi, J. Pfaus, A. M. Traish, Y. Vardi, and I. Goldstein. 2004. "Physiology of Female Sexual Function: Animal Models." *Journal of Sexual Medicine* 1:237-52.

Gist, D. H., and J. M. Jones. 1989. "Sperm Storage Within the Oviduct of Turtles." *Journal of Morphology* 199:379-84.

Gittenberger, E. 1988. "Sympatric Speciation in Snails: A Largely Neglected Model." *Evolution* 42:826-28.

Glaubrecht, M., and C. Zorn. 2012. "More Slug(gish) Science: Another Annotated Catalogue on Types of Tropical Pulmonate Slugs (Mollusca, Gastropoda) in the Collection of the Natural History Museum Berlin." *Zoosystematics and Evolution* 88:33-51.

Godfray, H. C. J. 1994. *Parasitoids: Behavioral and Evolutionary Ecology.* Princeton, NJ: Princeton University Press.

Gosse, P. H. 1883. "On the Clasping-Organs Ancillary to Generation in Certain Groups of the Lepidoptera." *Transactions of the Linnean Society of London (Zoology)* 2:265-345.

Gould, S. J. 1991. *Bully for Brontosaurus: Reflections in Natural History.* New York: Norton.（『がんばれカミナリ竜――進化生物学と去りゆく生きものたち』廣野喜幸・石橋百枝・松本文雄訳、早川書房、1995 年）

Gowaty, P. A. 1997. *Feminism and Evolutionary Biology: Boundaries, Intersections and Frontiers.* Heidelberg, Germany: Springer.

Gowaty, P. A., Y.-K. Kim, and W. W. Anderson. 2012. "No Evidence of Sexual Selection in a Repetition of Bateman's Classic Study of *Drosophila melanogaster.*" *Proceedings of the National Academy of Sciences* 109:11740-45.

Gruenwald, I., L. Lowenstein, I. Gartman, and Y. Vardi. 2007. "Physiological Changes in Female Genital Sensation During Sexual Stimulation." *Journal of Sexual Medicine* 4:390-94.

Haase, M., and A. Karlsson. 2000. "Mating and the Inferred Function of the Genital System of the Nudibranch, *Aeolidiella glauca* (Gastropoda: Opisthobranchia: Aeolidiodea)." *Invertebrate Biology* 119:287-98.

Haase, M., and A. Karlsson. 2004. "Mate Choice in a Hermaphrodite: You Won't

Score with a Spermatophore." *Animal Behaviour* 67:287-91.

Haeberle, E. J. 1983. *The Sex Atlas: New Popular Reference Edition.* New York: Continuum.

Haerty, W, S. Jagadeeshan, R. J. Kulathinal, A. Wong, K. R. Ram, L. K. Sirot, L. Levesque, C. G. Artieri, M. F. Wolfner, A. Civetta, and R. S. Singh. 2007. "Evolution in the Fast Lane: Rapidly Evolving Sex-Related Genes in *Drosophila.*" *Genetics* 177:1321-35.

Hanby, J. P., and C. E. Brown. 1974. "The Development of Sociosexual Behaviors in Japanese Macaques *Macaca fuscata.*" *Behaviour* 49:152-95.

Harrison, P. L., R. C. Babcock, G. D. Bull, J. K. Oliver, C. C. Wallace, and B. L. Willis. 1984. "Mass Spawning in Tropical Coral Reefs." *Science* 223:1186-89.

Harrisson, T. 1959.*World Within: A Borneo Story.* London: Cresset Press.

Hartmann, R., and W. Loher. 1999. "Post-Mating Effects in the Grasshopper, *Gomphocerus rufus* L. Mediated by the Spermatheca." *Journal of Comparative Physiology A* 184:325-32.

Haubruge, E., L. Arnaud, J. Mignon, and M. J. G. Gage. 1999. "Fertilization by Proxy: Rival Sperm Removal and Translocation in a Beetle." *Proceedings of the Royal Society B* 266:1183-87.

Heller, K.-G., and R. Krahe. 1994. "Sound Production and Hearing in the Pyralid Moth *Symmoracma minoralis.*" *Journal of Experimental Biology* 187:101-11.

Hellriegel, B., and G. Bernasconi. 2000. "Female-Mediated Differential Sperm Storage in a Fly with Complex Spermathecae, *Scatophaga stercoraria.*" *Animal Behaviour* 59:311-17.

Helsdingen, P. J. van. 1965. "Sexual Behaviour of *Lepthyphantes leprosus* (Ohlert) (Araneida, Linyphiidae), with Notes on the Function of the Genital Organs." *Zoologische Mededelingen* (Leiden) 41:15-42.

Helversen, D. von, and O. von Helversen. 1991. "Pre-Mating Sperm Removal in the Bushcricket *Metaplastes ornatus* Ramme 1931 (Orthoptera, Tettigonoidea,

Phaneropteridae)." *Behavioral Ecology and Sociobiology* 28:391-96.

Hernández-Lopez, L., A. L. Cerda-Molina, D. L. Páez-Ponce, and R. Mondragón-Ceballos. 2008. "The Seminal Coagulum Favours Passage of Fast-Moving Sperm into the Uterus in the Black-Handed Spider Monkey." *Reproduction* 136:411-21.

Highnam, K. C. 1964. *Insect Reproduction.* London: Royal Entomological Society.

Hoch, J. M. 2008. "Variation in Penis Morphology and Mating Ability in the Acorn Barnacle, *Semibalanus balanoides.*" *Journal of Experimental Marine Biology and Ecology* 359:126-30.

Hoekstra, R. F. 1987. "The Evolution of Sexes." In *The Evolution of Sex and Its Consequences,* edited by S. C. Stearns, 59-91. Basel, Switzerland: Birkhäuser.

Holt, W. V., and R. E. Lloyd. 2010. "Sperm Storage in the Vertebrate Female Reproductive Tract: How Does It Work So Well?" *Theriogenology* 73:713-22.

Holwell, G. I., and M. E. Herberstein. 2010. "Chirally Dimorphic Male Genitalia in Praying Mantids (*Ciulfina:* Liturgusidae)." *Journal of Morphology* 271:1176-84.

Hormiga, G., and N. Scharff. 2005. "Monophyly and Phylogenetic Placement of the Spider Genus *Labulla* Simon, 1884 (Araneae, Linyphiidae) and Description of the New Genus *Pecado.*" *Zoological Journal of the Linnean Society* 143: 359-404.

Hormiga, G., N. Scharff, and J. A. Coddington. 2000. "The Phylogenetic Basis of Sexual Size Dimorphism in Orb-Weaving Spiders (Araneae, Oribiculariae)." *Systematic Biology* 49:435-62.

Hosken, D. J. 2008. "Clitoral Variation Says Nothing About Female Orgasm." *Evolution and Development* 10:393-95.

Hotzy, C., and G. Arnqvist. 2009. "Sperm Competition Favors Harmful Males in Seed Beetles." *Current Biology* 19:404-7.

Hotzy, C., M. Polak, J. L. Rönn, and G. Arnqvist. 2012. "Phenotypic Engineering Unveils the Function of Genital Morphology." *Current Biology* 22:2258-61.

Houck, L. D., and P. A. Verrell. 2010. "Evolution of Primary Sexual Characters in Amphibians." In *The Evolution of Primary Sexual Characters in Animals,* edited by

J. L. Leonard and A. Córdoba-Aguilar, 409-24. Oxford: Oxford University Press.

Hrdy, S. B. 1997. "Raising Darwin's Consciousness: Female Sexuality and the Prehominid Origins of Patriarchy." *Human Nature* 8:1-49.

Hubweber, L., and M. Schmitt. 2010. "Differences in Genitalia Structure and Function Between Subfamilies of Longhorn Beetles (Coleoptera: Cerambycidae)." *Genetica* 138:37-43.

Hughes, K. A., L. Du, H. Rodd, and D. N. Reznick. 1999. "Familiarity Leads to Female Mate Preference for Novel Males in the Guppy, *Poecilia reticulata*." *Animal Behaviour* 58:907-16.

Hunter, J. 1780. "Account of an Extraordinary Pheasant." *Philosophical Transactions of the Royal Society of London* 70:527-35.

Hutchinson, J. M. C, and H. Reise. 2009. "Mating Behaviour Clarifies the Taxonomy of Slug Species Denned by Genital Anatomy: The *Deroceras rodnae* Complex in the Sächsische Schweiz and Elsewhere." *Mollusca* 27:183-200.

Iwasa, Y., and A. Pomiankowski. 1995. "Continual Change in Mate Preferences." *Nature* 377:420-22.

Jann, P., W. U. Blanckenhorn, and P. I. Ward. 2000. "Temporal and Microspatial Variation in the Intensities of Natural and Sexual Selection in the Yellow Dung Fly *Scathophaga stercoraria*." *Journal of Evolutionary Biology* 13:927-38.

Jeannel, R. 1911. "Biospeologica 19: Révision des Bathysciinae (Coléoptères Silphides): morphologie, distribution géographique, systématique." *Archives de Zoologie Expérimentale et Générale 5, Série* 7:1-641, pl. i-xxiv.

Jeannel, R. 1936. "Monographie des Catopidae." *Mémoires du Muséum National d'Histoire Naturelle,* N. S. 1:1-435.

Jeannel, R. 1941. "L'isolement, facteur de l'évolution." *Revue Française d'Entomologie* 8:101-10.

Jeannel, R. 1955. *L'Édéage: initiation aux recherches sur la systématique des Coléoptères.* Paris: Publications du Muséum National d'Histoire Naturelle.

Jeyarajasingam, A., and A. Pearson. 1999. *A Field Guide to the Birds of West Malaysia and Singapore.* Oxford: Oxford University Press.

Jones, S. 2008. "A Wonderful Life by Leaps and Bounds." *Nature* 456:873-74.

Jones, T. R. 1841. *A General Outline of the Organisation of the Animal Kingdom, and Manual of Comparative Anatomy.* London: John van Voorst.

Joyce, W. G., N. Micklich, S. F. K. Schaal, and T. M. Scheyer. 2012. "Caught in the Act: The First Record of Copulating Fossil Vertebrates." *Biology Letters* 8:846-48.

Judson, O. P. 2002. *Dr. Tatiana's Sex Advice to All Creation.* London: Random House. (『ドクター・タチアナの男と女の生物学講座——セックスが生物を進化させた』渡辺政隆訳、光文社、2004 年)

Judson, O. P. 2005. "Anticlimax." *Nature* 436:916-17.

Kahn, A. T., B. Mautz, and M. D. Jennions. 2010. "Females Prefer to Associate with Males with Longer Intromittent Organs in Mosquitofish." *Biology Letters* 6:55-58.

Kamimura, Y., and H. Mitsumoto. "Lock-and-Key Structural Isolation Between Sibling *Drosophila* Species." *Entomological Science* 15:197-201.

Karlsson, A., and M. Haase. 2002. "The Enigmatic Mating Behaviour and Reproduction of a Simultaneous Hermaphrodite, the Nudibranch *Aeolidiella glauca* (Gastropoda, Opisthobranchia)." *Canadian Journal of Zoology* 80:260-70.

Karlsson Green, K., and J. A. Madjidian. 2011. "Active Males, Reactive Females: Stereotypic Sex Roles in Sexual Conflict Research?" *Animal Behaviour* 81:901-7.

Kelly, C. D., J.-G. J. Godin, and G. Abdallah. 2000. "Geographical Variation in the Male Intromittent Organ of the Trinidadian Guppy (*Poecilia reticulata*)." *Canadian Journal of Zoology* 78:1674-80.

Kingan, S. B., M. Tatar, and D. M. Rand. 2003. "Reduced Polymorphism in the Chimpanzee Semen Coagulating Protein, Semenogelin I." *Journal of Molecular Evolution* 57:159-69.

Kingan, T. G., W. M. Bodnar, A. K. Raina, J. Shabanowitz, and D. F. Hunt. 1995. "The Loss of Female Sex Pheromone After Mating in the Corn Earworm Moth

Helicoverpa zea: Identification of a Male Pheromonostatic Peptide." *Proceedings of the National Academy of Sciences* 92:5082-86.

Kleukers, R. M. J. C, E. J. van Nieukerken, B. Odé, L. P. M. Willemse, and W. K. R. E. van Wingerden. 1997. *De Sprinkhanen en Krekels van Nederland (Orthoptera).* Leiden, the Netherlands: Nationaal Natuurhistorisch Museum, KNNV Uitgeverij and EIS-Nederland.

Klingenberg, C. P. 1996. "Multivariate Allometry." In *Advances in Morphometrics,* edited by L. F. Markus, M. Corti, A. Loy, G. J. P. Naylor, and D. E. Slice, 23-49. Heidelberg, Germany: Springer.

Knapp, L. A., J. C. Ha, and J. P. Sackett. 1996. "Parental MHC Antigen Sharing and Pregnancy Wastage in Captive Pigtailed Macaques." *Journal of Reproductive Immunology* 32:73-88.

Knoflach, B., and A. van Harten. 2000. "Palpal Loss, Single Palp Copulation and Obligatory Mate Consumption in *Tidarren cuneolatum* (Tullgren, 1910) (Araneae, Theridiidae)." *Journal of Natural History* 34:1639-59.

Knoflach, B., and S. P. Benjamin. 2003. "Mating Without Sexual Cannibalism in *Tidarren sisyphoides* (Araneae, Theridiidae)." *Journal of Arachnology* 31:445-48.

Kobelt, G. L. 1844. *Die männlichen und weiblichen Wollust-Organe des Menschen und einiger Säugetiere.* Freiburg: n.p.

Kočárek, P. 2002. "Diel Activity Patterns of Carrion-Visiting Coleoptera Studied by Time-Sorting Pitfall Traps." *Biologia* (Bratislava) 57:199-211.

Koene, J. M. 2005. "Allohormones and Sensory Traps: A Fundamental Difference Between Hermaphrodites and Gonochorists?" *Invertebrate Reproduction and Development* 48:101-7.

Koene, J. M., and R. Chase. 1998a. "The Love Dart of *Helix aspersa* Müller Is Not a Gift of Calcium." *Journal of Molluscan Studies* 64:75-80.

Koene, J. M., and R. Chase. 1998b. "Changes in the Reproductive System of the Snail *Helix aspersa* Caused by Mucus from the Love Dart." *Journal of Experimental*

Biology 201:2313-19.

Koene, J. M., T.-S. Liew, K. Montagne-Wajer, and M. Schilthuizen. 2013. "A Syringe-Like Love Dart Injects Male Accessory Gland Products in a Tropical Hermaphrodite." *PLOS ONE* 8:e69968.

Koene, J. M., T. Pförtner, and N. K. Michiels. 2005. "Piercing the Partner's Skin Influences Sperm Uptake in the Earthworm *Lumbricus terrestris*." *Behavioral Ecology and Sociobiology* 59:243-49.

Koene, J. M., and H. Schulenburg. 2005. "Shooting Darts: Co-Evolution and Counter-Adaptation in Hermaphroditic Snails." *BMC Evolutionary Biology* 5:e25.

Koene, J. M., G. Sundermann, and N. K. Michiels. 2002. "On the Function of Body Piercing During Copulation in Earthworms." *Invertebrate Reproduction and Development* 41:35-40.

Kokko, H., R. Brooks, M. D. Jennions, and J. Morley. 2003. "The Evolution of Mate Choice and Mating Biases." *Proceedings of the Royal Society B* 270:653-64.

Kokko, H., M. D. Jennions, and A. Houde. 2007. "Evolution of Frequency-Dependent Mate Choice: Keeping Up with Fashion Trends." *Proceedings of the Royal Society B* 274:1317-24.

Koprowski, J. L. 1992. "Removal of Copulatory Plugs by Female Tree Squirrels." *Journal of Mammalogy* 73:572-76.

Kuijper, B., I. Pen, and F. J. Weissing. 2012. "A Guide to Sexual Selection Theory." *Annual Review of Ecology, Evolution and Systematics* 43:287-311.

Kullmann, E. 1964. "Neue Ergebnisse über den Netzbau und das Sexualverhalten einiger Spinnenarten." *Zeitschrift für Zoologische Systematik und Evolutionsforschung* 2:41-122.

Kumschick, S., S. Fronzek, M. H. Entling, and W. Nentwig. 2011. "Rapid Spread of the Wasp Spider *Argiope bruennichi* Across Europe: A Consequence of Climate Change?" *Climate Change* 109:319-29.

Lange, R., T. Gerlach, J. Beninde, J. Werminghausen, V. Reichel, and N. Anthes. 2012.

"Female Fitness Optimum at Intermediate Mating Rates Under Traumatic Mating." *PLOS ONE* 7:e43234.

Lange, R., K. Reinhardt, N. K. Michiels, and N. Anthes. 2013. "Functions, Diversity, and Evolution of Traumatic Mating," *Biological Reviews* 88:585-601.

Langerhans, R. B., C. A. Layman, and T. J. DeWitt. 2005. "Male Genital Size Reflects a Tradeoff Between Attracting Males and Avoiding Predators in Two Live-Bearing Fish Species." *Proceedings of the National Academy of Sciences* 102:7618-23.

Langtimm, C. A., and D. A. Dewsbury. 1991. "Phylogeny and Evolution of Rodent Copulatory Behaviour." *Animal Behaviour* 41:217-24.

Laptikhovsky, V. V., and A. Salman. 2003. "On Reproductive Strategies of the Epipelagic Octopods of the Superfamily Argonautoidea (Cephalopoda: Octopoda)." *Marine Biology* 142:321-26.

Lawson, A. J. 2012. *Painted Caves: Palaeolithic Rock Art in Western Europe.* Oxford: Oxford University Press.

Leahy, M. G., and R. Galun. 1972. "Effect of Mating on Oogenesis and Oviposition in the Tick *Argas persicus* (Oken)." *Parasitology* 65:167-78.

Leeuwenhoek, A. van. 1678. "Observationes D. Anthonii Lewenhoeck de natis e semini genitali animalculis." *Philosophical Transactions of the Royal Society of London* 12:1040-46.

Leonard, J. L. 2005. "Bateman's Principle and Simultaneous Hermaphrodites: A Paradox." *Integrative and Comparative Biology* 45:856-73.

Leonard, J. L. 2006. "Sexual Selection: Lessons from Hermaphrodite Mating Systems." *Integrative and Comparative Biology* 46:349-67.

Leonard, J. L., J. S. Pearse, and A. B. Harper. 2002. "Comparative Reproductive Biology of *Ariolimax californicus* and *A. dolichophallus* (Gastropoda: Stylommatophora)." *Invertebrate Reproduction and Development* 41:83-93.

Leopold, R. A., A. C. Terranova, B. J. Thorson, and M. E. Degrugillier. 1971. "The Biosynthesis of the Male Housefly Accessory Secretion and Its Fate in the Mated

Female." *Journal of Insect Physiology* 17:987-1003.

Leuckart, R. 1847. "Zur Morphologie und Anatomie der Geschlechtsorgane." Göttingen, Germany: Vandenhoeck und Ruprecht.

Lindroth, A. 1947. "Time of Activity of Freshwater Fish Spermatozoa in Relation to Temperature." *Zoologiska Bidrag fran Uppsala* 25:165-68.

Lister, M. 1678. *Historia Animalium Angliae tres tractatus.* London.

Litchfield, R. B. 1922. "Charles Darwin's Death-Bed: Story of Conversion Denied." *The Christian,* February 23, 1922, 12.

Liu, H., and E. Kubli. 2003. "Sex-Peptide Is the Molecular Basis of the Sperm Effect in *Drosophila melanogaster.*" *Proceedings of the National Academy of Sciences* 100:9929-33.

Lloyd, E. A. 2005. *The Case of the Female Orgasm: Bias in the Science of Evolution.* Cambridge, MA: Harvard University Press.

Lloyd, J. E. 1979. "Mating Behavior and Natural Selection." *Florida Entomologist* 62:17-34.

Long, J. A. 2012. *The Dawn of the Deed: The Prehistoric Origins of Sex.* Chicago: University of Chicago Press.

Long, J. A., K. Trinajstic, G. C. Young, and T. Senden. 2008. "Live Birth in the Devonian Period." *Nature* 453:650-52.

Long, J. A., K. Trinajstic, and Z. Johanson. 2009. "Devonian Arthrodire Embryos and the Origin of Internal Fertilization in Vertebrates." *Nature* 457:1124-27.

Lynch, V. J. 2008. "Clitoral and Penile Size Variability Are Not Significantly Different: Lack of Evidence for the Byproduct Theory of the Female Orgasm." *Evolution and Development* 10:396-97.

Maan, M. E., and M. E. Cummings. 2008. "Female Preferences for Aposematic Signal Components in a Polymorphic Poison Frog." *Evolution* 62:2334-45.

Maan, M. E., and M. E. Cummings. 2009. "Sexual Dimorphism and Directional Sexual Selection on Aposematic Signals in a Poison Frog." *Proceedings of the*

National Academy of Sciences 106:19072-77.

Maan, M. E., and M. E. Cummings. 2012. "Poison Frog Colors Are Honest Signals of Toxicity, Particularly for Bird Predators." *American Naturalist* 179:e1-e14.

Marian, J. E. A. R., Y. Shiraki, K. Kawai, S. Kojima, Y. Suzuki, and K. Ono. 2012. "Revisiting a Medical Case of 'Stinging' in the Human Oral Cavity Caused by Ingestion of Raw Squid (Cephalopoda: Teuthida): New Data on the Functioning of Squid's Spermatophores." *Zoomorphology* 131:293-301.

Marson, L., R. Cai, and N. Makhanova. 2003. "Identification of Spinal Neurons Involved in the Urethrogenital Reflex in the Female Rat." *Journal of Comparative Neurology* 462:355-70.

Masters, W. H., and V. E. Johnson. 1966. *Human Sexual Response.* Boston: Little, Brown.（『人間の性反応――マスターズ報告 1』謝国権、ロバート・Y・竜岡訳、池田書店、1980 年）

Mautz, B. S., B. B. M. Wong, R. A. Peters, and M. D. Jennions. 2013. "Penis Size Interacts with Body Shape and Height to Influence Male Attractiveness." *Proceedings of the National Academy of Sciences* 110:6925-30.

McCracken, K. G. 2000. "The 20-cm Spiny Penis of the Argentine Lake Duck (*Oxyura vittata*)." *The Auk* 117:820-25.

McCracken, K. G., R. E. Wilson, P. J. McCracken, and K. P. Johnson. 2001. "Sexual Selection: Are Ducks Impressed by Drakes' Display?" *Nature* 413:128.

McLean, C. Y., P. L. Reno, A. A. Pollen, A. I. Bassan, T. D. Capellini, C. Guenther, V. B. Indjeian, X. Lim, D. B. Menke, B. T. Schaar, A. M. Wenger, G. Bejerano, and D. M. Kingsley. 2011. "Human-Specific Loss of Regulatory DNA and the Evolution of Human-Specific Traits." *Nature* 471:216-19.

McPeek, M. A., L. Shen, and H. Farid. 2009. "The Correlated Evolution of Three-Dimensional Reproductive Structures Between Male and Female Damselflies." *Evolution* 63:73-83.

McPeek, M. A., L. Shen, J. Z. Torrey, and H. Farid. 2008. "The Tempo and Mode of

Three-Dimensional Morphological Evolution in Male Reproductive Structures." *American Naturalist* 171:e158-e178.

Meisenheimer, J. 1912. "Die Weinbergschnecke *Helix pomatia* L." In *Monographien einheimischer Tiere,* edited by H. E. Ziegler and R. Wolterek, 1-140. Leipzig, Germany: Werner Klinkhardt.

Mellanby, K. 1939. "Fertilization and Egg-Production in the Bed-Bug, *Cimex lectularius* L." *Parasitology* 31:193-99.

Michalik, P., B. Knoflach, K. Thaler, and G. Alberti. 2010. "Live for the Moment: Adaptations in the Male Genital System of a Sexually Cannibalistic Spider (Theridiidae, Araneae)." *Tissue and Cell* 42:32-36.

Michiels, N. K., and J. M. Koene. 2006. "Sexual Selection Favors Harmful Mating in Hermaphrodites More Than in Gonochorists." *Integrative and Comparative Biology* 46:473-80.

Michiels, N. K., and L. J. Newman. 1998. "Sex and Violence in Hermaphrodites." *Nature* 391:647.

Milius, S. 2013. "Sea Slug Carries Disposable Penis, Plus Spares." *Science News* 183(6):9.

Moeliker, C. W. 2001. "The First Case of Homosexual Necrophilia in the Mallard *Anas platyrhynchos* (Aves: Anatidae)." *Deinsea* 8:243-47.

Moeliker, C. W. 2009. *De Eendenman.* Amsterdam: Nieuw Amsterdam.

Møller, A. P. 1990. "Effects of a Haematophagous Mite on Secondary Sexual Tail Ornaments in the Barn Swallow (*Hirundo rustica*): A Test of the Hamilton and Zuk Hypothesis." *Evolution* 44:771-84.

Morris, D. 1967. *The Naked Ape.* London: Jonathan Cape.（『裸のサル――動物学的人間像』日高敏隆訳、角川文庫、1996年など）

Morrow, E. H., and G. Arnqvist. 2003. "Costly Traumatic Insemination and a Female Counter-Adaptation in Bed Bugs." *Proceedings of the Royal Society B* 270:2377-81.

Morrow, E. H., G. Arnqvist, and S. Pitnick. 2003. "Adaptation Versus Pleiotropy: Why

Do Males Harm Their Mates?" *Behavioral Ecology* 14:802-6.

Motas, C. 1966. "Hommage à la mémoire de René Jeannel." *International Journal of Speleology* 2:229-67.

Murer, V, J. F. Spetz, U. Hengst, L. M. Altrogge, A. de Agostini, and D. Monard. 2001. "Male Fertility Defects in Mice Lacking the Serine Protease Inhibitor Protease Nexin-1." *Proceedings of the National Academy of Sciences* 98:3029-33.

Myers, C. W., and J. W. Daly. 1976. "Preliminary Evaluation of Skin Toxins and Vocalization in Taxonomic and Evolutionary Studies of Poison-Dart Frogs (Dendrobatidae)." *Bulletin of the American Museum of Natural History* 157:173-262.

Naef, A. 1921. "Die Cephalopoden, Systematik." *Flora Fauna Golf. Neapel* 35:1-863.

Nahum, G. G., H. Stanislaw, and C. McMahon. 2004. "Preventing Ectopic Pregnancies: How Often Does Transperitoneal Transmigration of Sperm Occur in Effecting Human Pregnancy?" *BJOG: An International Journal of Obstetrics and Gynaecology* 111:706-14.

Negrea, Ş. 2007. "Historical Development of Biospeleology in Romania After the Death of Emile Racovitza." *Travaux de l'Institut de Spéologie 《Émile Racovitza》* 45/46:131-67.

Nessler, S. H., G. Uhl, and J. M. Schneider. 2007. "Genital Damage in the Orb-Web Spider *Argiope bruennichi* (Araneae: Araneidae) Increases Paternity Success." *Behavioral Ecology* 18:174-81.

Neufeld, C. J., and A. R. Palmer. 2008. "Precisely Proportioned: Intertidal Barnacles Alter Penis Form to Suit Coastal Wave Action." *Proceedings of the Royal Society B* 275:1081-87.

Ober, C., T. Hyslop, S. Elias, L. R. Weitkamp, and W. W. Hauck. 1998. "Human Leucocyte Antigen Matching and Fetal Loss: Results of a 10-Year Prospective Study." *Human Reproduction* 13:33-38.

O'Connell, H. E., J. M. Hutson, C. R. Anderson, and R. J. Pletner. 1998. "Anatomical

Relationship Between Urethra and Clitoris." *Journal of Urology* 159:1892-97.

O'Connell, H. E., K. V. Sanjeevan, and J. M. Hutson. 2005. "Anatomy of the Clitoris." *Journal of Urology* 174:1189-95.

Olsen, M. W. 1966. "Segregation and Replication of Chromosomes in Turkey Parthenogenesis." *Nature* 212:435-36.

Ono, T., M. T. Siva-Jothy, and A. Kato. 1989. "Removal and Subsequent Ingestion of Rivals' Semen During Copulation in a Tree Cricket." *Physiological Entomology* 14:195-202.

Park, G. M., J. Y. Kim, J. H. Kim, and J. K. Huh. 2012. "Penetration of the Oral Mucosa by Parasite-Like Sperm Bags of Squid: A Case Report in a Korean Woman." *Journal of Parasitology* 98:222-23.

Parker, G. A. 1970. "Sperm Competition and Its Evolutionary Consequences in the Insects." *Biological Reviews* 45:525-67.

Parker, G. A. 2001. "Golden Flies, Sunlit Meadows: A Tribute to the Yellow Dungfly." In *Model Systems in Behavioral Ecology: Integrating Conceptual, Theoretical, and Empirical Approaches,* edited by L. A. Dugatkin, 3-26. Princeton, NJ: Princeton University Press.

Partridge, L. 1988. "The Rare-Male Effect: What Is Its Evolutionary Significance?" *Philosophical Transactions of the Royal Society B* 319:525-39.

Pauls, R., G. Mutema, J. Segal, W. A. Silva, S. Kleeman, V. Dryfhout, and M. Karram. 2006. "A Prospective Study Examining the Anatomic Distribution of Nerve Density in the Human Vagina." *Journal of Sexual Medicine* 3:979-87.

Peretti, A. V., and W. G. Eberhard. 2009. "Cryptic Female Choice via Sperm Dumping Favours Male Copulatory Courtship in a Spider." *Journal of Evolutionary Biology* 23:271-81.

Perkin, A. 2007. "Comparative Penile Morphology of East African Galagos of the Genus *Galagoides* (Family Galagidae): Implications for Taxonomy." *American Journal of Primatology* 69:16-26.

Perreau, M. 2012. "Description of a New Genus and Two New Species of Leiodidae (Coleoptera) from Baltic Amber Using Phase Contrast Synchrotron X-ray Microtomography." *Zootaxa* 3455:81-88.

Perreau, M., and P. Tafforeau. 2011. "Virtual Dissection Using Phase-Contrast X-ray Synchrotron Microtomography: Reducing the Gap Between Fossils and Extant Species." *Systematic Entomology* 36:573-80.

Petrie, M. 1994. "Improved Growth and Survival of Offspring of Peacocks with More Elaborate Trains." *Nature* 371:598-99.

Pilch, B., and M. Mann. 2006. "Large-Scale and High-Confidence Proteomic Analysis of Human Seminal Plasma." *Genome Biology* 7:r40.

Pitnick, S., T. Markow, and G. S. Spicer, 1999. "Evolution of Multiple Kinds of Female Sperm Storage Organs in *Drosophila*." *Evolution* 53:1804-22.

Place, N. J., and S. E. Glickman. 2004. "Masculinization of Female Mammals: Lessons from Nature." *Advances in Experimental Medicine and Biology* 545:243-53.

Ploog, D. W, and P. D. MacLean. 1963. "Display of Penile Erection in Squirrel Monkey (*Saimiri sciureus*)" *Animal Behaviour* 11:32-39.

Poinar, G. O. 1992. *Life in Amber.* Stanford, CA: Stanford University Press.

Polak, M., and A. Rashed. 2010. "Microscale Laser Surgery Reveals Adaptive Function of Male Intromittent Genitalia." *Proceedings of the Royal Society B* 277:1371-76.

Porto, M., A. Pissinatti, C. H. F. Burity, R. Tortelly, and L. Pissinatti. 2010. "Morphological Description of the Clitoris from the *Leontopithecus rosalia* (Linnaeus, 1766), *Leontopithecus chrysomelas* (Kuhl, 1820), and *Leontopithecus chrysopygus* (Mikan, 1823) (Primates, Platyrrhini, Callitrichidae)." *Annals of the National Academy of Medicine* 180(2):1-9.

Prasad, M. R. N. 1970. "Männliche Geschlechtsorgane." *Handbuch der Zoologie* 9(2):1-150.

Prasad Narra, H., and H. Ochman. 2006. "Of What Use Is Sex to Bacteria?" *Current*

Biology 16:r705-r710.

Prum, R. O., and R. H. Torres. 2004. "Structural Colouration of Mammalian Skin: Convergent Evolution of Coherently Scattering Dermal Collagen Rays." *Journal of Experimental Biology* 207:2157-72.

Putnam, C. 1988. "A Little Knowledge Is a Wonderful Thing." *New Scientist* 120(1633):62-63.

Puts, D. A., K. Dawood, and L. L. M. Welling. 2012a. "Why Do Women Have Orgasms: An Evolutionary Analysis." *Archives of Sexual Behavior* 41:1127-43.

Puts, D. A., L. L. M. Welling, R. P. Burriss, and K. Dawood. 2012b. "Men's Masculinity and Attractiveness Predict Their Female Partners' Reported Orgasm Frequency and Timing." *Evolution and Human Behavior* 33:1-9.

Radtkey, R. R., S. C. Donnellan, R. N. Fisher, C. Moritz, K. A. Hanley, and T. J. Case. 1995. "When Species Collide: The Origin and Spread of an Asexual Species of Gecko." *Proceedings of the Royal Society B* 259:145-52.

Ramos, M., D. J. Irschick, and T. E. Christenson. 2004. "Overcoming an Evolutionary Conflict: Removal of a Reproductive Organ Greatly Increases Locomotor Performance." *Proceedings of the National Academy of Sciences* 101:4883-87.

Randerson, J., and L. Hurst. 2001. "The Uncertain Evolution of the Sexes." *Trends in Ecology and Evolution* 16:571-79.

Raverat, G. 1952. *Period Piece: A Cambridge Childhood.* London: Faber and Faber.

Redi, F. 1684. *Osservazioni intorno agli animali viventi.* Florence: Piero Matini.

Reeder, D. M. 2003. "The Potential for Cryptic Female Choice in Primates: Behavioral, Physiological, and Anatomical Considerations." In *Sexual Selection and Reproductive Competition in Primates: New Perspectives and Directions,* edited by C. B. Jones, 255-303. Norman, OK: American Society of Primatologists.

Reinhard, J., and D. M. Rowell. 2005. "Social Behaviour in an Australian Velvet Worm, *Euperipatoides rowelli* (Onychophora: Peripatopsidae)." *Journal of Zoology* 267:1-7.

Reinhardt, K., and M. T. Siva-Jothy. 2007. "Biology of the Bed Bugs (Cimicidae)."

Annual Review of Entomology 52:351-74.

Reise, H. 2007. "A Review of Mating Behavior in Slugs of the Genus *Deroceras* (Pulmonata: Agriolimacidae)." *American Malacological Bulletin* 23:137-56.

Reise, H., and J. M. C. Hutchinson. 2002. "Penis-Biting Slugs: Wild Claims and Confusion." *Trends in Ecology and Evolution* 17:163.

Retief, T. A., N. C. Bennett, A. A. Kinahan, and P. W. Bateman. 2013. "Sexual Selection and Genital Allometry in the Hottentot Golden Mole (*Amblysomus hottentotus*)." *Mammalian Biology* 78:356-60.

Řezáč, M. 2009. "The Spider *Harpactea sadistica:* Co-Evolution of Traumatic Insemination and Complex Female Genital Morphology in Spiders." *Proceedings of the Royal Society B* 276:2697-701.

Rice, W. R. 1998. "Intergenomic Conflict, Interlocus Antagonistic Coevolution, and the Evolution of Reproductive Isolation." In *Endless Forms: Species and Speciation,* edited by D. J. Howard and S. J. Berlocher, 261-70. Oxford: Oxford University Press.

Richards, O. W. 1927. "The Specific Characters of the British Humblebees (Hymenoptera)." *Transactions of the Royal Entomological Society of London* 75:233-68.

Richmond, M. P., S. Johnson, and T. A. Markow. 2012. "Evolution of Reproductive Morphology Among Recently Diverged Taxa in the *Drosophila mojavensis* Species Cluster." *Ecology and Evolution* 2:397-408.

Ridley, M. 1993. *The Red Queen: Sex and the Evolution of Human Nature.* London: Harper.（『赤の女王——性とヒトの進化』長谷川眞理子訳、ハヤカワ・ノンフィクション文庫、2014 年）

Riemann, J. G., and B. J. Thorson. 1969. "Effect of Male Accessory Material on Oviposition and Mating by Female House Flies." *Annals of the Entomological Society of America* 62:828-34.

Rivnay, E. 1933. "The Tropisms Effecting Copulation in the Bed Bug." *Psyche* 40:115-

20.

Roach, M. 2008. *Bonk: The Curious Coupling of Science and Sex.* New York: Norton.（『セックスと科学のイケない関係』池田真紀子訳、日本放送出版協会、2008年）

Roberts, E. K., A. Lu, T. J. Bergman, and J. C. Beehner. 2012. "A Bruce Effect in Wild Geladas." *Science* 335:1222-25.

Robertson, S. A., J. J. Bromfield, and K. P. Tremellen. 2003. "Seminal 'Priming' for Protection from Pre-Eclampsia: A Unifying Hypothesis." *Journal of Reproductive Immunology* 59:253-65.

Rodriguez, V., D. M. Windsor, and W. G. Eberhard. 2004. "Tortoise Beetle Genitalia and Demonstrations of a Sexually Selected Advantage for Flagellum Length in *Chelymorpha alternans* (Chrysomelidae, Cassidini, Stolaini)." In *New Developments in the Biology of Chrysomelidae,* edited by P. Jolivet, J. A. Santiago-Blay, and M. Schmitt, 739-48. The Hague: SBP Academic Publishing.

Rönn, J. L., M. Katvala, and G. Arnqvist. 2007. "Coevolution Between Harmful Male Genitalia and Female Resistance in Seed Beetles." *Proceedings of the National Academy of Sciences* 104:10921-25.

Rowlands, I. W. 1957. "Insemination of the Guinea-Pig by Intraperitoneal Injection." *Journal of Endocrinology* 16:98-106.

Rozendaal, S. 2006. "Over eitjes en dierckens." *Elsevier* 48:86.

Rubenstein, N. M., G. R. Cunha, Y. Z. Wang, K. L. Campbell, A. J. Conley, K. C. Catania, S. E. Glickman, and N. J. Place. 2003. "Variation in Ovarian Morphology in Four Species of New World Moles with a Peniform Clitoris." *Reproduction* 126:713-19.

Sasabe, M., Y. Takami, and T. Sota. 2007. "The Genetic Basis of Interspecific Differences in Genital Morphology of Closely Related Carabid Beetles." *Heredity* 98:385-91.

Sbilordo, S. H., M. A. Schäfer, and P. I. Ward. 2009. "Sperm Release and Use at

Fertilization by Yellow Dung Fly Females (*Scathophaga stercoraria*)." *Biological Journal of the Linnean Society* 98:511-18.

Schafstall, N. B. 2012. "Opportunities for Palaeoclimate Research on Coleoptera in Northwestern Europe." M. Sc. thesis, Utrecht University, the Netherlands.

Schaller, R. 1971. "Indirect Sperm Transfer by Soil Arthropods." *Annual Review of Entomology* 16:407-46.

Scharf, I., and O. Y. Martin. 2013. "Same-Sex Sexual Behavior in Insects and Arachnids: Prevalence, Causes, and Consequences." *Behavioral Ecology and Sociobiology* 67:1719-30.

Schilthuizen, M. 2000. *Frogs, Flies, and Dandelions: The Making of Species.* Oxford: Oxford University Press.

Schilthuizen, M. 2001. "Slug Sex Shocker." *Science Now* online, September 6, 2001, http://news.sciencemag.org/2001/09/slug-sex-shocker.

Schilthuizen, M. 2003. "The Race for Solid Semen." *Science Now* online, November 24, 2003, http://news.sciencemag.org/2003/11/race-solid-semen.

Schilthuizen, M. 2004. "Why Two Sexes Are Better Than One." *Science Now* online, October 6, 2004, http://news.sciencemag.org/2004/10/why-two-sexes-are-better-one.

Schilthuizen, M. 2005. "The Darting Game in Snails and Slugs." *Trends in Ecology and Evolution* 20:581-84.

Schilthuizen, M. 2009. *The Loom of Life: Unravelling Ecosystems.* Berlin: Springer.

Schilthuizen, M. 2010. "Darwins Peepshow." *Bionieuws,* 20(18):8-9.

Schilthuizen, M. 2013. "Pelgrim in Parijs." *Entomologische Berichten* 73:41.

Schilthuizen, M., P. G. Craze, A. S. Cabanban, A. Davison, E. Gittenberger, J. Stone, and B. J. Scott. 2007. "Sexual Selection Maintains Whole-Body Chiral Dimorphism." *Journal of Evolutionary Biology* 20:1941-49.

Schilthuizen, M., and A. Davison. 2005. "The Convoluted Evolution of Snail Chirality." *Naturwissenschaften* 92:504-15.

Schilthuizen, M., M. Haase, K. Koops, S. Looijestijn, and S. Hendrikse. 2012. "The Ecology of Shell Shape Difference in Chirally Dimorphic Snails." *Contributions to Zoology* 81:95-101.

Schilthuizen, M., and S. Looijestijn. 2009. "The Sexology of the Chirally Dimorphic Snail Species *Amphidromus inversus* (Gastropoda: Camaenidae)." *Malacologia* 51:379-87.

Schilthuizen, M., B. J. Scott, A. S. Cabanban, and P. G. Craze. 2005. "Population Structure and Coil Dimorphism in a Tropical Land Snail." *Heredity* 95:216-20.

Schneider, J. M., and P. Michalik. 2011. "One-Shot Genitalia Are Not an Evolutionary Dead End: Regained Male Polygamy in a Sperm Limited Spider Species." *BMC Evolutionary Biology* 11:e197.

Schoot, P. van der, J. van Ophemert, and R. Baumgarten. 1992. "Copulatory Stimuli in Rats Induce Heat Abbreviation Through Effects on Genitalia but Not Through Effects on Central Nervous Mechanisms Supporting the Steroid Hormone-Induced Sexual Responsiveness." *Behavioural Brain Research* 49:213-23.

Sedgwick, A. 1885. "The Development of *Peripatus capensis*." *Proceedings of the Royal Society* 38:354-61.

Sekizawa, A., S. Seki, M. Tokuzato, S. Shiga, and Y. Nakashima. 2013. "Disposable Penis and Its Replenishment in a Simultaneous Hermaphrodite." *Biology Letters* 9:20121150.

Shah, J., and N. Christopher. 2002. "Can Shoe Size Predict Penile Length?" *BJU International* 90:586-87.

Shapiro, A. M., and A. H. Porter. 1989. "The Lock and Key Hypothesis: Evolutionary and Biosystematic Interpretation of Insect Genitalia." *Annual Review of Entomology* 34:231-45.

Shen, L., H. Farid, and M. A. McPeek. 2009. "Modeling Three-Dimensional Morphological Structures Using Spherical Harmonics." *Evolution* 63:1003-16.

Siva-Jothy, M. T., and R. E. Hooper. 1996. "Differential Use of Stored Sperm During

Oviposition in the Damselfly *Calopteryx splendens xanthostoma* (Charpentier)." *Behavioral Ecology and Sociobiology* 39:389-93.

Springer, M. S., G. C. Cleven, O. Madsen, W. W. de Jong, V. G. Waddell, H. M. Amrine, and M. J. Stanhope. 1997. "Endemic African Mammals Shake the Phylogenetic Tree." *Nature* 388:61-64.

Stockley, P. 2002. "Sperm Competition Risk and Male Genital Anatomy: Comparative Evidence for Reduced Duration of Female Sexual Receptivity in Primates with Penile Spines." *Evolutionary Ecology* 16:123-37.

Stutt, A. D., and M. T. Siva-Jothy. 2001. "Traumatic Insemination and Sexual Conflict in the Bed Bug *Cimex lectularius*." *Proceedings of the National Academy of Sciences* 98:5683-87.

Sukhsangchan, C., and J. Nabhitabhat. 2007. "Embryonic Development of Muddy Paper Nautilus, *Argonauta hians* Lightfoot, 1786, from Andaman Sea, Thailand." *Kasetsart Journal: Natural Science* 41:531-38.

Summers, K. 2004. "Cross-Breeding of Distinct Color Morphs of the Strawberry Poison Frog (*Dendrobates pumilio*) from the Bocas del Toro Archipelago, Panama." *Journal of Herpetology* 38:1-8.

Symons, D. 1979. *The Evolution of Human Sexuality*. Oxford: Oxford University Press.

Tait, N. N., and D. A. Briscoe. 1990. "Sexual Head Structures in the Onychophora: Unique Modifications for Sperm Transfer." *Journal of Natural History* 24:1517-27.

Tait, N. N., and J. M. Norman. 2001. "Novel Mating Behaviour in *Florelliceps stutchburyae* Gen. Nov., Sp. Nov. (Onychophora: Peripatopsidae) from Australia." *Journal of Zoology* 253:301-8.

Tallamy, D. W., B. E. Powell, and J. A. McClafferty. 2001. "Male Traits Under Cryptic Female Choice in the Spotted Cucumber Beetle (Coleoptera: Chrysomelidae)." *Behavioral Ecology* 13:511-18.

Tanabe, T., and T. Sota. 2008. "Complex Copulatory Behavior and the Proximate

Effect of Genital and Body Size Differences on Mechanical Reproductive Isolation in the Millipede Genus *Parafontaria*." *American Naturalist* 171:692-99.

Tatsuta, H., K. Mizota, and S.-I. Akimoto. 2001. "Allometric Patterns of Heads and Genitalia in the Stag Beetle *Lucanus maculifemoratus* (Coleoptera: Lucanidae)." *Annals of the Entomological Society of America* 94:462-66.

Tauber, P. F., L. J. D. Zaneveld, D. Propping, and G. F. B. Schumacher. 1975. "Components of Human Split Ejaculates: I. Spermatozoa, Fructose, Immunoglobulins, Albumin, Lactoferrin, Transferrin and Other Plasma Proteins." *Journal of Reproduction and Fertility* 43:249-67.

Tinbergen, L. 1939. "Zur Fortpflanzungsethologie von *Sepia officinalis* L." *Archives Néerlandaises de Zoologie* 3:323-64.

Tinklepaugh, O. L. 1930. "Occurrence of Vaginal Plug in a Chimpanzee." *Anatomical Record* 46:329-32.

Tripp, H. R. H. 1971. "Reproduction in Elephant-Shrews (Macroscelididae) with Special Reference to Ovulation and Implantation." *Journal of Reproduction and Fertility* 26:149-59.

Trivers, R. L. 1972. "Parental Investment and Sexual Selection." In *Sexual Selection and the Descent of Man* 1871-1971, edited by B. Campbell, 136-79. Chicago: Aldine.

Troisi, A., and M. Carosi. 1998. "Female Orgasm Rate Increases with Male Dominance in Japanese Macaques." *Animal Behaviour* 56:1261-66.

Tutin, C. E. G. 1979. "Mating Patterns and Reproductive Strategies in a Community of Wild Chimpanzees (*Pan troglodytes schweinfurthii*)." *Behavioral Ecology and Sociobiology* 6:29-38.

Uhl, G., S. H. Nessler, and J. M. Schneider. 2007. "Copulatory Mechanism in a Sexually Cannibalistic Spider with Genital Mutilation (Araneae: Araneidae: *Argiope bruennichi*)." *Zoology* 110:398-408.

Uhl, G., S. H. Nessler, and J. M. Schneider. 2010. "Securing Paternity in Spiders? A Review on Occurrence and Effects of Mating Plugs and Male Genital Mutilation."

Genetica 138:75-104.

VanDemark, N. L., and R. L. Hays. 1952. "Uterine Motility Responses to Mating." *American Journal of Physiology* 170:518-21.

Veerman, E. 2010. "Onderscheidende penissen." *Noorderlicht,* September 22, 2010, www.wetenschap24.nl/nieuws/artikelen/2010/september/Onderscheidende-penissen.html.

Vetten, L., and S. Haffejee. 2005. "Gang Rape: A Study in Inner-City Johannesburg." *SA Crime Quarterly* 12:31-36.

Waage, J. K. 1979. "Dual Function of the Damselfly Penis: Sperm Removal and Transfer." *Science* 203:916-18.

Waage, J. K. 1982. "Sperm Displacement by Male *Lestes vigilax* Hagen (Odonata: Zygoptera)." *Odonatologica* 11:201-9.

Waal, F. B. M. de. 1986. "The Brutal Elimination of a Rival Among Captive Chimpanzees." *Ethology and Sociobiology* 7:237-51.

Walker, M. H., E. M. Roberts, T. Roberts, G. Spitteri, M. J. Streubig, J. L. Hartland, and N. N. Tait. 2006. "Observations on the Structure and Function of the Seminal Receptacles and Associated Accessory Pouches in Ovoviviparous Onychophorans from Australia (Peripatopsidae; Onychophora)." *Journal of Zoology* 270:531-42.

Wallen, K., and E. A. Lloyd. 2008. "Clitoral Variability Compared with Penile Variability Supports Nonadaptation of Female Orgasm." *Evolution and Development* 10:1-2.

Ward, P. I.1993. "Females Influence Sperm Storage and Use in the Yellow Dung Fly *Scatophaga stercoraria* (L.)." *Behavioral Ecology and Sociobiology* 32:313-19.

Wasser, S. K., and D. Y. Isenberg. 1986. "Reproductive Failure Among Women: Pathology or Adaptation?" *Journal of Psychosomatic Obstetrics and Gynaecology* 5:153-75.

Watson, P. J. 1991. "Multiple Paternity as Genetic Bet-Hedging in Female Sierra Dome Spiders, *Linyphia litigiosa* (Linyphiidae)." *Animal Behaviour* 41:343-60.

Watson, P. J. 1995. "Dancing in the Dome." *Natural History* 104(3):40-43.

Watson, P. J. and J. R. B. Lighton. 1994. "Sexual Selection and the Energetics of Copulatory Courtship in the Sierra Dome Spider, *Linyphia litigiosa*." *Animal Behaviour* 48:615-26.

Weiner, J. 1994. *The Beak of the Finch: A Story of Evolution in Our Time.* New York: Knopf.（『フィンチの嘴——ガラパゴスで起きている種の変貌』樋口広芳・黒沢令子訳、ハヤカワ・ノンフィクション文庫、2001年）

West-Eberhard, M. J. 1984. "Sexual Selection, Social Communication, and Species-Specific Signals in Insects." In *Insect Communication,* edited by T. Lewis, 283-324. London: Academic Press.

Weygoldt, P. 1969. *The Biology of Pseudoscorpions.* Cambridge, MA: Harvard University Press.

Whitney, N. M., H. L. Pratt, and J. C. Carrier. 2004. "Group Courtship, Mating Behaviour and Siphon Sac Function in the White-Tip Reef Shark, *Triaenodon obesus*." *Animal Behaviour* 68:1435-42.

Wickler, W. 1966. "Ursprung und biologische Deutung des Genitalpräsentierens männlicher Primaten." *Zeitschrift für Tierpsychologie* 23:422-37.

Wiktor, A. 1966. "Eine neue Nacktschneckenart (Gastropoda, Limacidae) aus Polen." *Annales Zoologici* 23:449-57.

Wildt, L., S. Kissler, P. Licht, and W. Becker. 1998. "Sperm Transport in the Human Female Genital Tract and Its Modulation by Oxytocin as Assessed by Hysterosalpingoscintigraphy, Hysterotonography, Electrohysterography, and Doppler Sonography." *Human Reproduction Update* 4:655-66.

Williams, P. H. 1991. "The Bumble Bees of the Kashmir Himalaya (Hymenoptera: Apidae: Bombini)." *Bulletin of the British Museum of Natural History: Entomology* 60:1-204.

Williamson, S. 1998. "The Truth About Women." *New Scientist* 159(2145):34.

Winterbottom, M., T. Burke, and T. R. Birkhead. 1999. "A Stimulatory Phalloid Organ

in a Weaver Bird." *Nature* 399:28.

Winterbottom, M., T. Burke, and T. R. Birkhead. 2001. "The Phalloid Organ, Orgasm and Sperm Competition in a Polygynandrous Bird: The Red-Billed Buffalo Weaver (*Bubalornis niger*)." *Behavioral Ecology and Sociobiology* 50:474-82.

Wojcieszek, J. M., and L. W. Simmons. 2011. "Evidence for Stabilizing Selection and Slow Divergent Evolution of Male Genitalia in a Millipede (*Antichiropus variabilis*)." *Evolution* 66:1138-53.

Woodall, P. F. 1995. "The Penis of Elephant Shrews (Mammalia: Macroscelididae)." *Journal of Zoology* 237:399-410.

Yamane, T., and T. Miyatake. 2012. "Evolutionary Correlation Between Male Substances and Female Remating Frequency in a Seed Beetle." *Behavioral Ecology* 23:715-22.

Yanagimachi, R., and M. C. Chang. 1963. "Sperm Ascent Through the Oviduct of the Hamster and Rabbit in Relation to the Time of Ovulation." *Journal of Reproduction and Fertility* 6:413-20.

Yong, E. 2012. "The Bruce Effect: Why Some Pregnant Monkeys Abort When New Males Arrive." *Discover* online, February 23, 2012, http://blogs.discovermagazine.com/notrocketscience/2012/02/23/the-bruce-effect-why-some-pregnant-monkeys-abort-when-new-males-arrive/.

Zarrow, M. X., and J. H. Clark. 1968. "Ovulation Following Vaginal Stimulation in a Spontaneous Ovulator and Its Implications." *Journal of Endocrinology* 40:343-52.

Zietsch, B. P., and P. Santtila. 2011. "Genetic Analysis of Orgasmic Function in Twins and Siblings Does Not Support the By-Product Theory of Female Orgasm." *Animal Behaviour* 82:1097-1101.

ダーウィンの覗(のぞ)き穴(あな)
性的器官はいかに進化したか
2016年1月20日　初版印刷
2016年1月25日　初版発行
*
著　者　メノ・スヒルトハウゼン
訳　者　田沢恭子(たざわきょうこ)
発行者　早川　浩
*
印刷所　株式会社精興社
製本所　大口製本印刷株式会社
*
発行所　株式会社　早川書房
東京都千代田区神田多町2-2
電話　03-3252-3111（大代表）
振替　00160-3-47799
http://www.hayakawa-online.co.jp
定価はカバーに表示してあります
ISBN978-4-15-209596-1　C0045
Printed and bound in Japan
乱丁・落丁本は小社制作部宛お送り下さい。
送料小社負担にてお取りかえいたします。

ハヤカワ・ポピュラー・サイエンス

盲目の時計職人

——自然淘汰は偶然か？

（『ブラインド・ウォッチメイカー』改題・新装版）

THE BLIND WATCHMAKER

リチャード・ドーキンス

日高敏隆監修

中嶋康裕・遠藤彰・遠藤知二・疋田努訳

46判上製

リチャード・ドーキンス
盲目の時計職人
自然淘汰は偶然か？
中嶋康裕・遠藤彰・遠藤知二・疋田努 訳
日高敏隆 監修
早川書房

鮮烈なるダーウィン主義擁護の書

各種の精緻な生物たちを造りあげた職人が自然界に存在するとしたら、それこそが「自然淘汰」である！　『利己的な遺伝子』で生物学界のみならず世界の思想界をも震撼させた著者が、いまだにダーウィン主義に寄せられる異論のひとつひとつを徹底的に論破する。